U0249370

住房和城乡建设部"十四五"规划教材
高等学校建筑环境与能源应用工程专业推荐教材

室内空气净化

张　舸　吴传东　盛　颖　曹国庆　编著
马洪亭　主审

中国建筑工业出版社

图书在版编目（CIP）数据

室内空气净化 / 张舸等编著. — 北京：中国建筑
工业出版社，2023.8
住房和城乡建设部"十四五"规划教材 高等学校建
筑环境与能源应用工程专业推荐教材
ISBN 978-7-112-28979-0

Ⅰ．①室… Ⅱ．①张… Ⅲ．①室内空气－空气净化－
高等学校－教材 Ⅳ．①TU834

中国国家版本馆 CIP 数据核字（2023）第 142455 号

本书共分七章，分别是：室内空气质量基本知识、室内颗粒物污染、化学污染、微生物污染物、室内环境污染物检测方法、净化技术、洁净室，文后还有附录。本书内容体现了较强的学科交叉性。除了包含建筑环境领域知识点之外，在化学污染反应机理、微生物繁殖传播等方面有比较深入的论述。附录中包含有各类污染物的检测实验及一些净化设备性能检测实验，便于高校设置相应的实验课程。

本书可供高等学校建筑环境与能源应用工程专业的师生使用，也可供相关专业工程技术人员参考。

责任编辑：齐庆梅
文字编辑：胡欣蕊
责任校对：党 蕾

住房和城乡建设部"十四五"规划教材
高等学校建筑环境与能源应用工程专业推荐教材
室内空气净化
张 舸 吴传东 盛 颖 曹国庆 编著
马洪亭 主审

*

中国建筑工业出版社出版、发行（北京海淀三里河路9号）
各地新华书店、建筑书店经销
北京红光制版公司制版
建工社（河北）印刷有限公司印刷

*

开本：787毫米×1092毫米 1/16 印张：12¾ 字数：317千字
2023年8月第一版 2023年8月第一次印刷
定价：**38.00**元（赠教师课件）
ISBN 978-7-112-28979-0
（41699）

出　版　说　明

党和国家高度重视教材建设。2016 年，中办国办印发了《关于加强和改进新形势下大中小学教材建设的意见》，提出要健全国家教材制度。2019 年 12 月，教育部牵头制定了《普通高等学校教材管理办法》和《职业院校教材管理办法》，旨在全面加强党的领导，切实提高教材建设的科学化水平，打造精品教材。住房和城乡建设部历来重视土建类学科专业教材建设，从"九五"开始组织部级规划教材立项工作，经过近 30 年的不断建设，规划教材提升了住房和城乡建设行业教材质量和认可度，出版了一系列精品教材，有效促进了行业部门引导专业教育，推动了行业高质量发展。

为进一步加强高等教育、职业教育住房和城乡建设领域学科专业教材建设工作，提高住房和城乡建设行业人才培养质量，2020 年 12 月，住房和城乡建设部办公厅印发《关于申报高等教育职业教育住房和城乡建设领域学科专业"十四五"规划教材的通知》（建办人函〔2020〕656 号），开展了住房和城乡建设部"十四五"规划教材选题的申报工作。经过专家评审和部人事司审核，512 项选题列入住房和城乡建设领域学科专业"十四五"规划教材（简称规划教材）。2021 年 9 月，住房和城乡建设部印发了《高等教育职业教育住房和城乡建设领域学科专业"十四五"规划教材选题的通知》（建人函〔2021〕36 号），以下简称为《通知》。为做好"十四五"规划教材的编写、审核、出版等工作，《通知》要求：（1）规划教材的编著者应依据《住房和城乡建设领域学科专业"十四五"规划教材申请书》（简称《申请书》）中的立项目标、申报依据、工作安排及进度，按时编写出高质量的教材；（2）规划教材编著者所在单位应履行《申请书》中的学校保证计划实施的主要条件，支持编著者按计划完成书稿编写工作；（3）高等学校土建类专业课程教材与教学资源专家委员会、全国住房和城乡建设职业教育教学指导委员会、住房和城乡建设部中等职业教育专业指导委员会应做好规划教材的指导、协调和审稿等工作，保证编写质量；（4）规划教材出版单位应积极配合，做好编辑、出版、发行等工作；（5）规划教材封面和书脊应标注"住房和城乡建设部'十四五'规划教材"字样和统一标识；（6）规划教材应在"十四五"期间完成出版，逾期不能完成的，不再作为《住房和城乡建设领域学科专业"十四五"规划教材》。

住房和城乡建设领域学科专业"十四五"规划教材的特点：一是重点以修订教育部、住房和城乡建设部"十二五""十三五"规划教材为主；二是严格按照专业标准规范要求编写，体现新发展理念；三是系列教材具有明显特点，满足不同层次和类型的学校专业教学要求；四是配备了数字资源，适应现代化教学的要求。规划教材的出版凝聚了作者、主审及编辑的心血，得到了有关院校、出版单位的大力支持，教材建设管理过程有严格保障。希望广大院校及各专业师生在选用、使用过程中，对规划教材的编写、出版质量进行反馈，以促进规划教材建设质量不断提高。

住房和城乡建设部"十四五"规划教材办公室
2021 年 11 月

前　言

随着生活水平的提高，人们对室内空气污染越来越重视。继供暖、空调、燃气、洁净❶之后，室内空气净化❷成为建筑环境与能源应用工程专业的一个新的专业方向。在2023版的《高等学校建筑环境与能源应用工程本科专业指南》中，涉及空气净化的有建筑环境学、建筑环境与能源系统测试技术、工业及特殊建筑环境保障技术三个知识单元，包含了空气质量概念与评价、气体组分测定、有害气体净化等知识点。

在教学实践中，本书编写团队发现当前空气净化方向的教材存在一些问题：一方面，教材种类偏少，不便于各高校根据办学特点、知识体系等作出选择；另一方面，空气净化涉及化学、生物等交叉学科，但目前的教材内容偏重本学科，交叉深度不够。针对这些不足，本团队策划编写了本教材。

编写团队由北京科技大学的张舸、吴传东，天津大学的盛颖，中国建筑科学研究院有限公司的曹国庆组成。编写团队召开行业专家与教育专家参加的编写论证会，对编写工作进行了认真的分工，第1章、第4章和附录部分由张舸撰写，第2章由盛颖撰写，第3章、第5章和第6章由吴传东撰写，第7章由曹国庆和张舸共同撰写。感谢主审马洪亭教授对本书的审阅和宝贵建议，为书稿质量和内容提供了重要支持。

在编写过程中，本书得到了北京科技大学教材建设经费资助，以及北京科技大学教务处和中国建筑工业出版社的全程支持。

在知识结构安排上，本书参考了"空气调节"和"供热工程"两门主要专业课程的结构，按照工程应用的思路，强调各污染物在建筑中形成的负荷特征及治理方法中的计算问题。教材内容体现了较强的学科交叉性。除了包含建筑环境领域知识点外，在化学污染反应机理、微生物繁殖传播等方面有比较深入的论述。附录中包含有各类污染物的检测实验及一些净化设备性能检测实验，便于高校设置相应的实验课程。

限于编写水平和经验，书中难免有疏漏之处，欢迎广大高校师生及读者批评指正。意见建议请发至 zhangge@ustb.edu.cn。

---

❶ 洁净用于描述控制空气中允许存在的微粒物质的数量和大小。

❷ 净化是通过技术手段去除空气中的细菌、病毒、有毒气体、灰尘等污染物，提高空气质量。

目　　录

第1章　室内空气质量基本知识

一般而言，人们将空气视为由氮气、氧气、各种稀有气体以及其他物质（如水蒸气、二氧化碳、杂质等）组合而成。在空气调节领域，空气被划分为干空气和水蒸气两种成分，主要考虑空气温度、湿度对人的影响及处理方法。而在空气质量领域，主要考虑空气中的颗粒物、二氧化碳、氮氧化物、挥发性有机物（Volatile Organic Compounds，VOCs）及微生物等。这些成分在空气当中含量微少，但与人的健康及工业生产过程息息相关。

生活在封闭环境里的人，时常会出现各种不舒服的症状，称为病态建筑综合征（Sick Building Syndrome，SBS）。病态建筑综合征是指人因建筑物的结构特点和室内环境而产生不适或疾病的一种综合征，常见症状有眼睛、鼻腔和咽喉不适、呼吸困难、过敏以及四肢乏力等。自世界卫生组织（World Health Organization，WHO）在 1983 年对病态建筑综合征进行定义后，已经有大量研究证明，病态建筑综合征普遍存在于办公室职员。病态建筑综合征并不会对人造成永久的伤害，往往离开建筑物后症状会有所缓解或消失，但是会对人的舒适度以及工作效率有影响。另外，改善室内空气质量不仅可以缓解和除去病态建筑综合征，对无病态建筑综合征的人同样有提高舒适度及工作效率的作用[1-6]。

病态建筑综合征的出现不能归结到单一因素，而是由多种因素共同作用的结果。例如：室内温湿度、建筑物的通风方式和除湿方式、建筑材料释放的污染物、室内滋生的微生物、噪声、灯光以及人自身的心理状态等。

1.1　室内空气质量的定义

室内空气质量（Indoor Air Quality，IAQ）指的是室内污染物水平。对室内空气质量给出客观严格的定义，目的是评估室内污染水平对人健康的影响，指导相关标准和规范的制定，以及评价室内净化技术和净化设备的性能优劣。

美国供热、制冷空调工程师学会标准《可接受室内空气质量的通风》ASHRAE 62.1—2019 中为合格的室内空气质量划分了两个等级：

（1）良好的室内空气质量

空气中没有已知的污染物达到公认的权威机构所确定的有害浓度指标，并且处于这种空气中的绝大多数人（≥80%）对此没有表示不满意。

（2）可接受的室内空气质量

空调空间中绝大多数人没有对室内空气表示不满意，并且空气中没有已知的污染物达到了可能对人体产生严重健康威胁的浓度。

《建筑环境设计—室内空气质量—人类居住室内空气质量的表示方法》ISO 16814 标准规定，IAQ（Indoor Air Quality 室内空气质量）还要满足人员健康要求和可察觉空气质量要求的最小通风量，用实际风量与规定最小风量的大小关系来描述 IAQ。

1.1.1　客观空气质量

客观空气质量用各种污染物在空气当中的含量表示污染物水平，比较直观。但由于室内污染物种类众多，对各种污染物一一进行测量不现实，把各种污染物水平都当作空气质量的指标也过于复杂，因而需要构造新的物理量来表征客观空气质量。

1. 单项指标法

这种方法选择具有代表性的污染物作为评价指标，从某种程度上全面、公正地反映室内空气质量的状况。通常选用二氧化碳、一氧化碳、甲醛、可吸入颗粒物（IP）、氮氧化物、二氧化硫、空气环境细菌总数，加上温度、相对湿度、风速、照度以及噪声共 12 个指标来定量地反映室内环境质量。

需注意的是，只有达到一定浓度水平的污染物才会对人体形成健康效应，因而有污染物阈值的概念。所谓阈值就是空气中传播的物质的最大浓度，在该浓度下日复一日地停留在这种环境中的所有工作人员几乎均无有害影响。在工业环境中，卫生学家已经确定了单一化合物的阈值，其所涉及的化学品通常由工业生产产生。该阈值依据化学品剂量与工人反应之间的关系来确定，并据此确定了一个健康风险可接受的限度。这些限度通常处于相对较高的水平，在该水平下化学品很容易用仪器测量。

阈值一般有如下三种定义：

（1）时间加权平均阈值。它表示正常的 8h 工作日或 35h 工作周的时间加权平均浓度值，长期处于该浓度下的所有工作人员几乎均无有害影响。

（2）短期暴露极限阈值。它表示工作人员暴露时间为 15min 以内的最大允许浓度。

（3）最高限度阈值。它表示即使是瞬间也不应超过的浓度。

2. 综合评价指数法

当室内存在多种污染物，且各种污染物浓度水平均未达到阈值时，室内人员有时也会感到不适，其原因被认为与各种污染物间的综合效应有关。单项指标法的优点是容易操作，但缺点是反映不了各污染物间的综合效应。而由分指数有机结合而成的综合评价指数，能综合反映室内空气质量的优劣。

一种常用的综合评价指数按如式（1-1）方法定义：

$$I = \sqrt{\left(\max \left| \frac{C_1}{S_1}, \frac{C_2}{S_2}, \cdots\cdots, \frac{C_n}{S_n} \right| \right) \cdot \left(\frac{1}{n} \sum \frac{C_i}{S_i} \right)} \tag{1-1}$$

式中　I——综合评价指数；

C_i——环境中污染物 i 的实测数据，$i=1, 2, 3, \cdots\cdots, n$；

S_i——污染物 i 的评价标准，$i=1, 2, 3, \cdots\cdots, n$，与污染物的阈值有关。

利用综合评价指数 I 可对空气质量进行分级，如表 1-1 所示。

按综合评价指数划分空气质量等级

表 1-1

综合评价指数 I	室内空气质量等级	等级评价	特点
≤0.49	I	清洁	适宜于人类居住
0.5~0.99	II	未污染	各环境污染要素的污染物均不超标，人类正常生活
1.0~1.49	III	轻度污染	至少有一个环境污染要素的污染物超标，除了敏感者之外，一般不会发生急慢性中毒

综合评价指数 I	室内空气质量等级	等级评价	特点
1.5～1.99	Ⅳ	中度污染	一般有 2～3 个环境污染要素的污染物超标，人群健康明显受害，敏感者严重受害
≥2.0	Ⅴ	重度污染	一般有 3～4 个环境污染要素的污染物超标，人群健康严重受害，敏感者可能死亡

1.1.2 主观空气质量

在民用建筑中，病态建筑综合征通常由室内空气中多种化学物质引起，这些化学物质的浓度可能比在工业厂房中低几个数量级，难以通过普通的化学分析来测量。即使能够进行完整的化学分析，在如此低的浓度上也只有极少的数据可用于研究单一化合物对于人类的影响。而且，即使有关每种化合物的这些信息都可知，我们仍然不知道在成千上万种化合物一起出现时该如何处理它们，不知道它们如何综合影响人类对空气质量的感受。

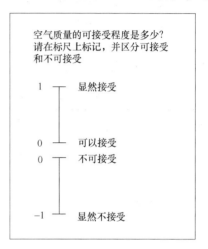

丹麦技术大学 P. O. Fanger 教授（图 1-1）设计了用于评价主观空气质量的打分表和计算公式。

如图 1-1 所示，打分表将空气质量量化为 -1～1 的区间，对应空气质量明显不可接受到明显可接受。中间值 0 表示对空气的感受模棱两可，对评价空气质量的参考价值最小。为了避免打分人习惯性地画在中间，打分表采用了两段式设计，迫使打分人必须给出正面或者负面的评价。

图 1-1　主观空气质量打分表

该方法要求评价人数大于 40 人且算术平均得到空气质量评价（Acceptability of Air Quality，ACC）值。ACC 值与不满意率的关系为：

$$PD = \frac{e^{-0.18-5.28ACC}}{1+e^{-0.18-5.28ACC}} \times 100 \tag{1-2}$$

因为人们的敏感性变化很大，所以即使是浓度处在阈值以下，还是会有少数人由于某种物质的存在而感到不舒适，由图 1-2 中的曲线看出这一规律。

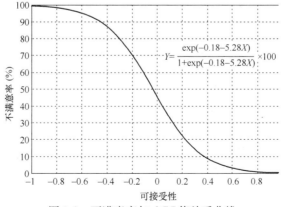

图 1-2　不满意率与 ACC 值关系曲线

1.2　建筑环境空气质量标准与规范

目前，我国在室内空气质量领域的标准和规范有《室内空气质量标准》GB/T 18883—2022（表1-2）、《民用建筑工程室内环境污染控制标准》GB 50325—2020及室内装饰装修材料有害物质限量系列标准，这些标准共同构成了一个比较完整的室内环境污染控制和评价体系。《室内空气质量标准》GB/T 18883—2022是国家市场监督管理总局和国家标准化委员会发布的强制性标准。针对的是家庭和精装修的房间，包括18项室内空气质量参数的检测，其中有关污染物的有16项。《民用建筑工程室内环境污染物控制标准》GB 50325—2020是住房和城乡建设部发布的强制性标准，主要适用于住宅、办公楼、车站等公共设施、民用设施的竣工验收检测，共包括7项，要求在项目竣工7天后检测。两个标准规定的空气污染项目及限值见表1-2和表1-3。

《室内空气质量标准》GB/T 18883—2022 规定的污染物及标准值　　表 1-2

序号	指标分类	指标	计量单位	要求	备注
1	物理性	温度	℃	22～28	夏季
				16～24	冬季
2		相对湿度	%	40～80	夏季
				30～60	冬季
3		风速	m/s	≤0.3	夏季
				≤0.2	冬季
4		新风量	m³/(h·人)	≥30	—
5	化学性	臭氧 O_3	mg/m³	≤0.16	1h平均
6		二氧化氮 NO_2	mg/m³	≤0.20	1h平均
7		二氧化硫 SO_2	mg/m³	≤0.50	1h平均
8		二氧化碳 CO_2	%	≤0.10	1h平均
9		一氧化碳 CO	mg/m³	≤10	1h平均
10		氨 NH_3	mg/m³	≤0.20	1h平均
11		甲醛 HCHO	mg/m³	≤0.08	1h平均
12		苯 C_6H_6	mg/m³	≤0.03	1h平均
13		甲苯 C_7H_8	mg/m³	≤0.20	1h平均
14		二甲苯 C_8H_{10}	mg/m³	≤0.20	1h平均
15		总挥发性有机物 TVOC	mg/m³	≤0.60	8h平均
16		三氯乙烯 C_2HCl_3	mg/m³	≤0.006	8h平均
17		四氯乙烯 C_2Cl_4	mg/m³	≤0.12	8h平均
18		苯并[a]芘 BaP	ng/m³	≤1.0	24h平均
19		可吸入颗粒 PM10	mg/m³	≤0.10	24h平均
20		细颗粒物 PM2.5	mg/m³	≤0.05	24h平均
21	生物性	细菌总数	CFU/m³	≤1500	—
22	放射性	氡 Rn	Bq/m³	≤300	年平均

《民用建筑工程室内环境污染控制标准》GB 50325—2020 规定的污染物种类及限值 表 1-3

污染物	Ⅰ类民用建筑工程	Ⅱ类民用建筑工程
氡(Bq/m³)	≤150	≤150
甲醛(mg/m³)	≤0.07	≤0.08
氨(mg/m³)	≤0.15	≤0.20
苯(mg/m³)	≤0.06	≤0.09
甲苯(mg/m³)	≤0.15	≤0.20
二甲苯(mg/m³)	≤0.20	≤0.20
TVOC(mg/m³)	≤0.45	≤0.50

国际标准化组织 ISO 出台了室内环境品质新标准《建筑物的能源性能》ISO 17772—2017，其整合了所有室内环境品质（*IEQ*）的主要要求。《建筑物的能源性能》ISO 17772—2017 提出的 *IEQ* 参数要求包括：温度、室内空气质量、照明和噪声，并规定了如何为环境设计建立这些参数。该标准适用于人类活动的室内环境和生产或工艺不会对室内环境造成重大影响的建筑。

1.3 民用建筑工程室内环境污染的防治手段

在中国古代，人们就非常重视室内空气质量，还发明了一些可改善空气质量的装置。图 1-3 显示的是我国汉代发明的长信宫灯。灯在燃烧时，烟炱❶通过其右臂形成的虹管进入盛水的人体躯干内，利用清水来吸收油烟，不污染室内环境，体现了古代劳动人民的智慧。

现代的室内空气污染控制方法主要包括源头控制、通风换气和空气净化，这三种方法经常联合使用。

1.3.1 源头控制

减少和消除室内污染源是改善室内空气质量、提高舒适性的最经济有效的途径。

室内环境中的污染源有些是可避免的，有些是不可避免的。例如，散发有毒化合物的家具、引发室内化学反应二次污染的空气清新剂等是可通过提高产品性能或减少使用来避免的，而像体表排放物、历史文博库房中的藏品等虽然也散发污染物，却是无法避免的。

图 1-3 我国汉代长信宫灯

建筑材料和室内装饰材料是导致室内空气污染的主要原因。减少这两种污染源，需要科研工作者、材料生产者、施工人员和管理人员的共同努力，推动使用绿色环保建材。

此外，室内不允许吸烟，慎用或少用化学化妆品、各种气雾剂，都可以使室内污染源大幅减少。

---

❶ 炱：烟气凝积而成的黑灰（俗称"烟子"或"煤子"）。

1.3.2　通风换气

一方面通风换气是用室外新鲜空气来稀释室内空气污染物，从而降低它们在建筑空间中的浓度。但另一方面，室外空气也含有可影响健康的污染物（如沙尘暴、雾霾），经过通风引入到室内。总的来说，室内污染物水平对通风率的依赖程度因污染物而异，一般来说，通风可改善室内总体空气质量。

一个研究小组回顾了 2005—2011 年中关于通风率对室内环境健康影响的科学文献[7]，发现人员健康与通风率之间存在生物学上的相关性。办公室较高的通风率（每人 25L/s 以上）与病态建筑综合征（SBS）症状的发病率降低具有相关性，炎症、呼吸道感染、哮喘症状和短期病假随换气率的降低而增加。北欧国家家庭中 $0.5h^{-1}$ 以上的换气次数可减轻由室内污染物引起的哮喘和过敏症状。

通风换气方法最大的优点是普适性。只要是室内产生的污染，不论有多少种污染物，都可以通过通风换气来改善。

ISO 16814 标准提出用总通风量和通风有效性两个参数描述通风的效果。

总通风量的计算需要先指定典型的污染物，确定其允许浓度、建筑物内污染源发生量和目标浓度，通过计算得出所需的总通风量。

整个通风区域的空气质量在空间上并不一定均匀，人们最关注的是呼吸区的空气质量，为此引入通风有效性的概念，其定义为[8]：

$$\varepsilon_v = \frac{C_e - C_s}{C_i - C_s} \tag{1-3}$$

式中　ε_v——通风有效性；

C_e——排风中的污染物浓度；

C_s——送风中的污染物浓度；

C_i——呼吸区的污染物浓度。

通风有效性与空气末端装置的种类及污染源位置有关，可以通过数值模拟或实验测试计算。

1.3.3　空气净化

空气净化和通风换气都是后处理手段，可以与通风换气共同使用，也可以单独使用。

下列情况应考虑空气净化技术：

（1）在室内外温度，湿度相差较大的情况下，大量通风换气会增加空调系统的负荷，或降低建筑内的热舒适性。

（2）室内产生的空气污染物不适合排放到室外环境中，如传染性病毒、高浓度的有毒化合物等。

室内空气净化领域常用的净化技术有吸附、膜分离、低温等离子体、纳米材料光催化等，各自技术的具体原理及特点将在后面章节中介绍。

本 章 参 考 文 献

[1]　MICHELLE M. Sick Building Syndrome and the Problem of Uncertainty：Environmental Politics，Technoscience，and Women Workers[M]. Durham：Duke University Press，2006.

[2]　CHUNYING Z，LIN L，WEIWEI L. Effects of increased humidity on physiological responses，ther-

mal comfort，perceived air quality，and Sick Building Syndrome symptoms at elevated indoor temperatures for subjects in a hot-humid climate. [J]. Indoor air，2021，2(31)：524-540.

[3] KETEMA R M，ARAKI A，BAMAI Y A，et al. Lifestyle behaviors and home and school environment in association with sick building syndrome among elementary school children：a cross-sectional study [J]. Environmental Health and Preventive Medicine，2020，25(1)：530-540.

[4] 蒋婧，王登甲，刘艳峰，等. 室内二氧化碳浓度对学习效率影响实验研究[J]. 建筑科学，2020，36(6)：81-87.

[5] BABAOGLU U T，SEZGIN F M，YAG F. Sick building symptoms among hospital workers associated with indoor air quality and personal factors[J]. Indoor and Built Environment，2020，29(5)：645-655.

[6] QUOC C H，HUONG G V，DUC H N. Working Conditions and Sick Building Syndrome among Health Care Workers in Vietnam[J]. International Journal of Environmental Research and Public Health，2020，17(10)：17103635.

[7] SUNDELL J，LEVIN H，NAZAROFF W W，et al. Ventilation rates and health：multidisciplinary review of the scientific literature[J]. Indoor Air，2011，21(3)：191-204.

[8] 沈晋明，饶松涛，马晓琼. 国际标准《建筑环境设计-室内空气质量-人居环境室内空气质量的表述方法》附录简介[J]. 暖通空调，2008，38(4)：42-48.

第 2 章　室内颗粒物污染

人的一生有 70%～90% 的时间在室内度过，室内空气质量直接影响了人体健康。在室内众多的污染物当中，颗粒物污染在某种程度上对人的影响很大。然而，由于室内空间小，颗粒物污染的视觉效果不明显，人们潜意识认为室内颗粒物污染较少，缺少防护措施。事实上，颗粒物污染对人的健康会造成更大的危害。

因此，本章将具体介绍颗粒物的基本知识，阐述颗粒物污染的健康效应，同时，从室内颗粒物的散发和颗粒物的传输过程分析颗粒物污染的特性，为室内颗粒物污染防治奠定科学基础。

2.1　颗粒物的定义和特性

2.1.1　颗粒物的定义和分类

颗粒物（PM，Particulate Matter 的缩写）是指在空气中浮游的微粒。

按照颗粒物的存在状态可分为液体颗粒物和固体颗粒物。

按照环境空气质量，颗粒物可分为总悬浮颗粒物（TSP，Total Suspended Particles）、粗悬浮颗粒物（PM10）、细悬浮颗粒物（PM2.5）和超细悬浮颗粒物（PM0.1）。其中，TSP 的空气动力学当量直径≤100μm；PM10 的空气动力学当量直径≤10μm，也称为可吸入颗粒物，被人体吸入后会积累在呼吸系统中引发多种疾病，危害人体健康；PM2.5 的空气动力学当量直径≤2.5μm；PM0.1 的空气动力学当量直径≤0.1μm。

按照颗粒物的化学组成成分可分为无机颗粒物和有机颗粒物。

2.1.2　颗粒物的特性

室内颗粒物污染危害人体健康，其危害性与颗粒物的特性有密切关系，如颗粒物的粒径和成分。颗粒物的特性还会决定颗粒物净化的机理和净化性能，如带电性、粒径分布等。以下对颗粒物的特性进行阐述。

1. 密度

根据测试方法的不同，颗粒物的密度分为真密度和容积密度。

真密度是在密实状态下测出的单位体积颗粒物的质量。密实状态下的颗粒物的体积是指不包括颗粒物之间的空隙的体积。容积密度是在松散状态下测出的单位体积颗粒物的质量。松散状态下的颗粒物的体积是指自然状态下堆积起来的颗粒物体积，在颗粒之间及颗粒内部充满空隙。因此，颗粒物的容积密度一般要小于颗粒物的真密度。

2. 黏附性

颗粒物附着在固体表面上或颗粒相互附着的现象称为黏附，后者亦称自黏。颗粒物的黏附性是颗粒物与颗粒物之间或颗粒物与器壁之间的力的表现。这种力主要包括范德华力、静电力和毛细黏附力等。

黏附性与颗粒物的形状、大小及吸湿性等状况有关。一般情况下，颗粒粒径小、形状不规则、表面粗糙、含水率高、润湿性好和荷电量大时，易于产生黏附现象，黏附现象还与周围介质的性质和气体的运动状态有关。

3. 荷电性

颗粒物的荷电性指颗粒物可带电荷的特性。一般而言，因天然辐射、空气的电离、颗粒物之间的碰撞等作用，可使颗粒物带有电荷，可能是正电荷，也可能是负电荷。非金属颗粒物和酸性氧化物常带正电荷，金属粉尘和碱性氧化物常带负电荷。粒径小于 3.0μm 的颗粒物一般带负电荷，粗颗粒物带正电荷或呈中性；带有相同电荷的颗粒物，互相排斥，不易凝聚沉降，带有异电荷时，则相互吸引，加速沉降。因此，有效利用颗粒物的这种荷电性，也是降低颗粒物浓度，减少其危害的方法之一。

4. 润湿性

颗粒物的润湿性是指颗粒物与液体亲和的能力。液体对固体表面的湿润程度，主要取决于液体分子对固体表面作用力的大小。对于同一颗粒物来说，液体分子对颗粒物表面的作用力又与液体的力学性质即表面张力的大小有关。表面张力越小的液体，对颗粒物越容易湿润，例如，酒精、煤油的表面张力小，对颗粒物的浸润就比水好。另外，颗粒物的润湿性还与颗粒物的形状和大小有关，球形颗粒的湿润性要比不规则颗粒差，颗粒物粒径越小，润湿性越差。

润湿性决定了湿式除尘的效果，容易被水润湿的颗粒称为亲水性颗粒，不容易被水润湿的颗粒称为疏水性颗粒。对于亲水性颗粒，当颗粒物被润湿后，颗粒物相互凝聚，逐渐增大、增重，其沉降速度加速，颗粒能从气流中分离出来，可达到除尘目的。对于疏水性颗粒，一般不宜采用湿式除尘，如要采用，则多在水中添加湿润剂、增加水滴的动能等方法进行湿式除尘。

5. 颗粒物的粒径及粒径分布

颗粒物的粒径对于球形尘粒来说，是指它的直径。实际的颗粒物的形状和大小均是不规则的。为了表征颗粒物的大小，需要按照一定方法，确定一个表示颗粒物大小的代表性尺寸作为颗粒物粒径，简称粒径。例如，常用空气动力学直径作为颗粒的粒径，它的定义是若某一粒子在空气中的沉降速度与密度为 1g/cm³ 的球形粒子的沉降速度相同时，则这种球形粒子的直径即为该种粒子的空气动力学直径。再例如，用显微镜法测定粒径时有定向粒径、长轴粒径、短轴粒径；用液体沉降法测出的称为斯托克斯粒径；用筛分法测出的称为筛分粒径。

颗粒物在大气中的沉降与其粒径有关。一般来说，粒径小的颗粒物的沉降速度慢，易被吸入。不同粒径颗粒物沉降到地面所需时间分别为：10μm 的颗粒物约需 4～9h，1μm 的颗粒物约需 19～98d，0.4μm 的颗粒物约需 120～140d，小于 0.1μm 的颗粒物则需 5～10 年。

不同粒径的颗粒物在呼吸道的沉积部位不同。大于 5.0μm 的颗粒物多沉积在上呼吸道，沉积在鼻咽区、气管和支气管区，通过纤毛运动这些颗粒物被推移至咽部，或被吞咽至胃，或随咳嗽和打喷嚏而排除。小于 5.0μm 的颗粒物多沉积在细支气管和肺泡。2.5μm 以下的颗粒物 75% 在肺泡内沉积。但小于 0.4μm 的颗粒物可以较自由地出入肺泡并随呼吸排出体外，因此在呼吸道的沉积较少。有时颗粒物的大小在进入呼吸道的过程中会发生改变，亲水性的物质可在深部呼吸道温暖、湿润的空气中吸收水分而变大。

颗粒物的粒径分布是指某种颗粒物中，各种粒径的颗粒所占比例，也称颗粒物的分散度。若以颗粒的粒数表示所占的比例称为粒数分布；若以颗粒的质量表示所占的比例称为质量分布。在某一粒径间隔 Δd_p 内尘粒所占的质量百分数也称为粒径的频率分布。

粒径区间 $\Delta d_p(d_{p_i}, d_{p_{i+1}})$ 对应颗粒物质量百分数为 $\Delta\Phi(d_{p_i}, d_{p_{i+1}})$；当粒径区间 Δd_c 趋近于零时，得到颗粒物粒径的分布密度函数，表示如下：

$$f(d_p) = \lim_{\Delta d_p \to 0} \frac{\Delta\Phi}{\Delta d_p} = \frac{\mathrm{d}\Phi}{\mathrm{d}(d_p)} \tag{2-1}$$

颗粒物累积质量百分数可表示为：

$$\Phi(0, d_{p_i}) = \sum_{k=1}^{i} \Delta\Phi_k = \int_0^{d_{p_i}} f(d_p)\mathrm{d}(d_p) \tag{2-2}$$

在整个分布范围内，颗粒物累积质量百分数为 100%，故：

$$\Phi = \sum_{k=1}^{n} \Delta\Phi_k = \int_0^{+\infty} f(d_p)\mathrm{d}(d_p) = 1 \tag{2-3}$$

掌握颗粒物的粒径分布对选择净化设备、评价净化性能、粒子群的扩散与凝聚行为，以及对环境造成的污染影响等方面具有重要的意义。

6. 颗粒物的化学成分

颗粒物的化学成分多达数百种以上，一般可分为有机成分和无机成分两大类。颗粒物的毒性与其化学成分密切相关。颗粒物上还可吸附细菌、病毒等病原微生物。

颗粒物的无机成分主要指元素及其他无机化合物，如金属、金属氧化物、无机离子等，存在形式主要是硫酸盐、硝酸盐、铵盐、痕量金属和炭黑等。一般来说，自然来源的颗粒物（例如地壳风化和火山爆发等）所含无机成分较多，来自土壤的颗粒主要含 Si、Al、Fe 等，燃煤颗粒主要含 Si、Al、S、Se、F、As 等，燃油颗粒主要含 S、Pb、S、V、Ni 等，汽车尾气颗粒主要含 Pb、Br、Ba 等，冶金工业排放的颗粒物则主要含 Mn、Al、Fe 等。

颗粒物的有机成分包括碳氢化合物、羟基化合物、含氮氧硫的有机物、有机金属化合物、有机卤素等。来自煤和石油燃料的燃烧，以及焦化、石油等工业的颗粒物，其有机成分含量较高。有机成分中以多环芳烃最引人注目，该物质对人体有致癌作用，研究中还发现颗粒物中能检出多种硝基多环芳烃，它们可能是大气中的多环芳烃和氮氧化物反应生成的，也可能是在燃烧过程中直接生成的。

颗粒物的粒径不同，其有害物质的含量也有所不同。研究发现，60%～90% 的有害物质存在于 PM10 中。一些元素如 Pb、Cd、Ni、Mn、V、Br、Zn 以及多环芳烃等主要附着在空气动力学直径小于 2.0μm 的颗粒物上。有机颗粒物的粒径一般都较小，多数分布在 0.1～5.0μm 的范围内，其中有 55.7% 的粒子集中于粒径≤2.0μm 的范围。许多对人体致癌的物质，如多环芳烃和亚硝胺类化合物等，有 70%～90% 分布在粒径≤3.5μm 的范围内，脂肪烃等也有 80%～90% 分布在粒径≤3.0μm 的范围内。

颗粒物可作为其他污染物如 SO_2、NO_2、酸雾和甲醛等的载体，这些有毒物质都可以吸附在颗粒物上进入人体肺部。颗粒物上的一些金属成分还有催化作用，可以使大气中的其他污染物转化为毒性更大的二次污染物。例如，SO_2 转化为 SO_3，亚硫酸盐转化为硫酸盐。此外，颗粒物上的多种化学成分还可以有联合毒作用。

2.2 室内颗粒物污染对人体的危害

颗粒物对人体健康的危害主要决定于颗粒物的粒径和成分。不同粒径的颗粒物进入人体的部位不同，从而引发人体健康危害的机理和程度不同。不同的颗粒物成分将引发人体出现不同的病症。

2.2.1 颗粒物对呼吸系统的影响

进入人体的颗粒物会引发一系列呼吸道炎症，如支气管炎、肺气肿和支气管哮喘等，从而对肺通气功能造成影响。不同粒径颗粒物在呼吸道沉积部位有较大差异，粒径 $0.5\sim2.0\,\mu m$ 的颗粒容易沉积在肺泡区，约占沉积在肺实质内粒子的96%。粒径小于 $0.02\,\mu m$ 的颗粒可穿透肺泡壁进入肺间质，并通过淋巴系统进入血液，从而达到其他脏器，引起脏器的损伤。由于肺泡壁有丰富的毛细血管网，颗粒物中的可溶性部分很容易被吸收而带到全身；而不溶性部分沉积在肺泡区，作为异物，会引起免疫细胞反应。肺泡巨噬细胞（Alveolar Macrophage Cells，AMC）的吞噬作用是肺脏一种重要的清除机制。AMC作为肺内炎症的调控者，具有强大的生物学活性，可分泌50多种生物活性因子，其中多数为重要的炎症介质。同时，被致敏的AMC会对颗粒物产生超敏反应，释放更多的炎症因子，导致更严重、更广泛的损伤。

2.2.2 颗粒物对心血管系统的影响

颗粒物在进入人体后，可通过激发系统性的炎症反应和氧化应激，增加血液黏度和形成血栓，导致动脉粥样硬化，出现一系列缺血性疾病。通过肺部的自主神经反射弧，改变心脏的自主神经传导系统，增加心率、降低心率变异性，出现心律失常，甚至心脏骤停。系统性炎症反应可激活血管内皮细胞，改变其功能，引起动脉血管收缩，血压升高。颗粒物对呼吸系统和心血管系统的影响如图2-1所示。

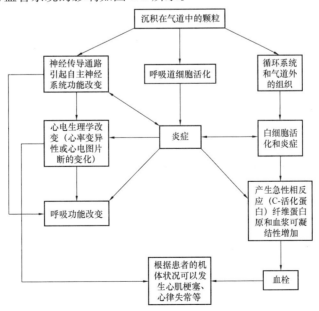

图2-1　颗粒物对呼吸系统和心血管系统的影响[1]

颗粒物对心血管毒作用的主要研究集中在颗粒物浓度增高与一些心血管系统因素水平的关系，如与血黏度、血浆纤维蛋白原水平、C-反应蛋白（CRP）、内皮素水平、血压等存在密切相关。血黏度、CRP 皆是人体急性期反应的标志物。血黏度主要由血浆纤维蛋白原水平决定。颗粒物经一系列反应刺激血浆纤维蛋白原水平升高，从而引起血黏度增高，使血液处于高凝状态，更易形成血栓。CRP 是人体肝脏合成的典型急性期反应蛋白，由细胞因子 IL-6 等所诱导产生，血中 CPR 的浓度几乎与炎症、组织损伤成正比。内皮素是一种血管收缩肽，可对血管和心脏产生强而持续的加压作用，并具有较强的收缩支气管作用，还能促进神经递质的释放。可见，颗粒物的吸入可引发机体急性反应，并可改变机体血循环系统一些重要物质浓度，从而导致心血管事件的发生。

2.2.3　颗粒物对生殖系统的影响

大量的流行病学证据表明，母体若在孕期暴露于高浓度的颗粒物，颗粒物可能通过氧化应激、炎症反应、凝血功能异常、内皮功能紊乱及血液动力学改变等生物学机制[2]对胎儿产生危害，进而导致一系列的不良妊娠，包括宫内发育迟缓、早产、死产、低出生体重和新生儿婴儿死亡率升高等[3]。也有人认为颗粒物可能通过干扰孕妇的内分泌系统、损害胎盘的氧气及营养运输，从而导致低出生体重和早产。颗粒物上附着很多重金属及多环芳烃等有害物质，造成孕妇胎盘血毒性，易导致胎儿宫内发育迟缓和低出生体重，以及先天性功能缺陷。毒物还可通过胎盘直接毒害胎儿，造成早产儿、新生儿死亡率的上升。

除了不良妊娠外，颗粒物还可能升高男女不孕不育的发生率。在著名的护士队列研究中发现：居住地沿主干道者比远离主干道者发生不孕不育的概率显著高出 11%，其中原发性不孕概率高出 5%，继发性不孕的概率高出 21%[4]。颗粒物的累积暴露量可能与不孕不育的发生更具相关性。颗粒物导致不孕不育可能与生殖细胞的直接损害有关，也可能与颗粒物中的某些组分干扰或抑制"下丘脑-垂体-性腺轴"，进而对生殖腺产生不良影响有关。已有部分研究发现颗粒物污染可导致精子活力降低、精子形态异常及精子的染色质异常[5]。这可能是造成男性生殖能力下降或者不育的重要原因之一。

2.2.4　颗粒物的致癌作用

2013 年 10 月，世界卫生组织下属的国际癌症研究机构（International Agency for Research on Cancer，IARC）发布报告，把空气颗粒物确认定为一级致癌物（一级的定义：对人类为确定的致癌物）。大量的流行病学研究证据一致表明，颗粒物污染与肺癌死亡率密切相关。在著名的美国癌症协会（American Cancer Society，ACS）队列研究中发现，PM2.5 每升高 10 μg/m³，人群中肺癌死亡率将升高 13.5%[6]。在美国哈佛六城市研究中也有同样发现，与空气质量最好的城市相比，空气质量最差的城市的肺癌死亡率增加 37%[7]。此外，一些流行病学研究还发现颗粒物或其某些组分的长期暴露还与乳腺癌、卵巢癌、前列腺癌、皮肤癌、食道癌等相关，但颗粒物与这些癌症的关系还需要进一步研究来验证。

颗粒物的致癌机理研究证据表明，颗粒物中的多个成分具有致癌性或促癌性，如多环芳烃、镉、铬、镍等重金属。颗粒物的有机提取物有致突变性，且以移码突变为主。使用不同细胞的实验表明，颗粒物的有机提取物可引起细胞的染色体畸变、姊妹染色单体交换以及微核率增高、诱发程序外 DNA 合成。颗粒物的有机提取物还可引起细胞发生恶性转化。

2.2.5 颗粒物对儿童健康的影响

较高的颗粒物污染水平与婴儿的死亡率升高存在显著相关,尤其与出生28d后的婴儿因呼吸系统疾病导致的死亡关联尤为紧密。研究发现,颗粒物对婴儿死亡率的影响甚至高于对成人死亡率的影响。对1952年12月伦敦烟雾事件的健康效应进行重新分析,结果显示排除了流感的影响,婴儿的死亡率在此期间翻了一番,这一发现验证了人们对于颗粒物与婴儿死亡率之间关联的假设。除此以外,高浓度颗粒物暴露还可能引起喘息、咳嗽等呼吸系统症状,增加儿童罹患呼吸系统疾病和过敏性疾病的风险,如肺炎、急性支气管炎、哮喘、特异性过敏等。颗粒物污染还与儿童肺功能受损有关,尤其在患有哮喘症状和气道高反应性的儿童中,颗粒物导致的肺功能损害效应更明显。一项针对南加州大气颗粒物的队列研究发现,搬到颗粒物高污染区居住的儿童的肺功能年增长率较低,而搬到空气清洁区居住的儿童肺功能年增长率较高,提示颗粒物污染与儿童肺功能发育受限相关,改善空气质量或将有利于儿童肺功能发育[8]。

儿童期甚至成年期的健康也可能受到产前颗粒物暴露的影响。研究发现,产前暴露于PM2.5会增加儿童早期对呼吸道感染的易感性。除此以外,免疫系统的发育,尤其在围产期,将会对儿童早期及整个生命过程的健康产生深远影响。环境因素导致的Th1细胞和Th2细胞平衡紊乱可能改变免疫系统的正常发育,引起儿童期的特异性过敏、哮喘和抗感染能力受损。

2.2.6 颗粒物污染治理

人类历史上出现过几次大规模的以颗粒物为罪魁祸首的空气污染事件,如比利时马斯河谷烟雾事件(1930年),美国洛杉矶光化学烟雾事件(1943年),美国多诺拉烟雾事件(1948年),以及英国伦敦烟雾事件(1952年),给人类带来了无法磨灭的伤痛。西方各国政府在吸收惨痛教训后,制定了相关的空气质量标准,着力空气污染的治理,并通过立法保证空气污染治理工作的实施。例如,自20世纪中叶以来,美国一直在探索空气污染控制的法律治理经验。1943年开始出现的洛杉矶光化学烟雾事件开启了美国通过州和地方政府治理空气污染的立法历程。由于州和地方政府在治理空气污染中的失败,联邦政府开始介入,并先后颁布了《空气污染控制法》(1955年)、《清洁空气法》(1963年)、《空气质量控制法》(1967年)等多部法律,建构起美国治理空气污染的基本法律框架,并取得了显著的治理效果。

我国遵循可持续发展道路,没有重蹈西方国家先污染后治理的老路,不断与国际社会接轨,更新我国的环境空气质量标准。我国于1979年颁布了《中华人民共和国环境保护法(试行)》,保证在社会主义现代化建设中合理地利用自然环境,防治环境污染和生态破坏,为人民创造清洁适宜的生活和劳动环境。1982年制定了《大气环境质量标准》GB 3095—82,确定了三类功能区的环境控制要求,明确总悬浮颗粒物、飘尘等污染物的控制限值。1987年颁布了《中华人民共和国大气污染防治法》,1989年《中华人民共和国环境保护法》正式实施。1996年更新《环境空气质量标准》GB 3095—1996,其中污染物控制名单与国际接轨,不但控制限值更加严格,而且进一步增加了污染物的控制种类。2012年,《环境空气质量标准》GB 3095—2012取消了第三类功能区,增加PM2.5和臭氧8h平均浓度限制,收紧PM10和NO_2限值,进一步提升空气质量。由此可见,我国对空气质量的保障和空气污染的治理力度。良好生态本身蕴含着无穷的经济价值,能够源源不断创造综合效益，实现经济社会可持续发展。

2.3 室内颗粒物的散发特性

室内颗粒物污染极大地降低室内空气质量，危害人体健康，欲有效控制室内颗粒物污染，首先需掌握室内颗粒物的来源及散发特性。

2.3.1 室内颗粒物的来源

1. 室外颗粒物

室外颗粒物主要通过自然通风或门窗等围护结构缝隙的渗透，机械通风的新风以及人员带入室内，从而形成室内颗粒物的分布。室外颗粒物是室外空气污染的一部分，而室外空气污染物中的来源主要有两大类：自然散发和人的生产、生活活动。室外颗粒物会随季节变化、地理位置、能源结构的不同而不同。

2. 室内发生源

除了室外颗粒物的影响以外，室内人员的身体及其活动、运行的室内设备是室内颗粒物的另一主要来源。

研究表明，室内人员自身代谢产生的皮屑占到室内 PM10 浓度的 10%，皮屑释放的速率与性别、着装、皮肤表面油脂、关键皮肤部位的细菌定植以及活动强度等有关，室内人员总的释放速率与室内人员数量线性相关，释放颗粒物粒径以 2~4μm 为最多。实测得到室内人员颗粒物释放速率约为 0.3mg/（人·h），且皮肤保湿霜可能会增加皮肤颗粒物的释放。

室内人员的活动，如吸烟、烹饪、清扫、养宠物等，均会影响室内颗粒物浓度，是室内重要的污染源。另外，室内人员的活动强度如躺、静坐、走路和跑步等除了影响自身代谢产生的颗粒物外，还会导致颗粒物再悬浮，影响室内颗粒物浓度。

室内打印机、复印机等设备是重要的室内颗粒物释放源，可释放大量粒径较小的颗粒物。除了污染源以外，部分设备如净化器也是室内颗粒物的汇，对室内颗粒物浓度和分布有重要影响。

此外，室内建筑材料表面的挥发也可能是室内颗粒物的主要来源。供热通风空调系统也可能因其适宜的温度和湿度，滋生微生物颗粒。室内一些污染物之间的化学反应也能产生颗粒物质，如室内的臭氧和萜烯反应后产生很微小的颗粒，增加室内颗粒物的浓度。

2.3.2 室内颗粒物散发规律

室内颗粒物的散发规律以质量守恒方程为理论基础，结合颗粒物的空气动力学方程进行分析。在室内源颗粒物混合状态良好，忽略渗透过程中气态物质的蒸发和室内外环境温湿度变化等因素的条件下，室内颗粒物质量守恒方程为：

$$\frac{\mathrm{d}C_{in}(t)}{\mathrm{d}t} = a \cdot p \cdot C_{out}(t) - (a+k) \cdot C_{in}(t) + \frac{Q_{is}}{V} \tag{2-4}$$

式中　$C_{in}(t)$ —— t 时刻室内颗粒物的质量浓度，μg/m³；

　　　　$C_{out}(t)$ —— t 时刻室外颗粒物的质量浓度，μg/m³；

　　　　Q_{is} —— 室内颗粒物源的散发率，μg/h；

V ——房间的体积，m^3；

a ——换气次数，h^{-1}；

p ——穿透系数；

k ——沉降系数；

t ——时间，h。

【例 2-1】 实验人员在周末对某一小学教室内外的 PM2.5 进行了浓度检测，发现室外 PM2.5 的浓度比较稳定，平均值为 $210\,\mu g/m^3$；室内电子设备正常运行，室内 PM2.5 浓度变化如图 2-2 所示。已知教室的体积 $V=120m^3$，换气次数 $a=4h^{-1}$，颗粒物的散发率 $Q_{is}=1.2mg/h$，求 10：00 颗粒物的穿透系数 p。

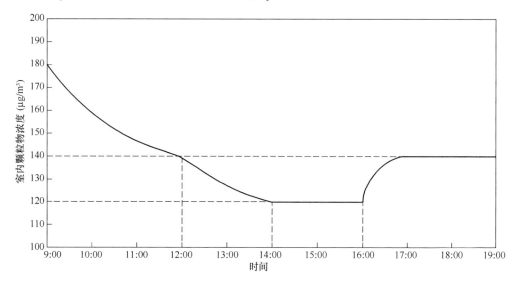

图 2-2 室内 PM2.5 浓度变化曲线

解： 测量时教室内只有实验人员，故认为悬浮颗粒物的沉降系数 $k=0$。

由室内 PM2.5 浓度变化曲线得，在 10：00，浓度的变化率为 $15\,\mu g/(m^3 \cdot h)$

即 $\dfrac{dC_{in}(t)}{dt} = 15\,\mu g/(m^3 \cdot h)$

由公式（2-4）得，$p = \dfrac{1}{a \cdot C_{out}(t)}\left(\dfrac{dC_{in}(t)}{dt} + a \cdot C_{in}(t) - \dfrac{Q_{is}}{V}\right)$

代入数值得，$p=0.76h^{-1}$。

一般室外空气中进入室内处于悬浮状态的颗粒物多采用渗透系数 F_{INF} 来表示。渗透系数由穿透系数 p、沉降系数 k 和换气次数 a 决定。

$$F_{INF} = \frac{a \cdot p}{a + k} \tag{2-5}$$

该参数可用于定量评价室外颗粒物浓度对室内颗粒物浓度的影响水平。

某 4 个城市进行的 4 次暴露评价研究成果表明，渗透系数是解释城市住宅中室内人员暴露和环境水平差异的主要因素之一，如图 2-3 所示。

换气次数 a 主要由建筑围护结构、人员行为、室内通风方式、室外气象参数等决定。穿透系数 p 和沉降系数 k 与建筑特征、室内外环境、颗粒物粒径、化学成分等密切相关。

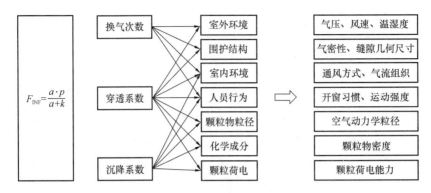

图 2-3　渗透系数的影响因素

目前，穿透系数 p 和沉降系数 k 的不确定性是预测过程中存在的最大问题。

关于系数 p，k，F_{INF} 的计算方法主要概括为稳态假设法、质量动态平衡法、模型实验法、渗透替代法四类。

1. 稳态假设法

稳态假设法是使用最广泛的方法，该方法简化了质量守恒方程，不需要连续数据。颗粒物的稳态质量守恒方程为：

$$\overline{C_{\mathrm{in}}} = \frac{a \cdot p}{a+k}\overline{C_{\mathrm{out}}} + \frac{\overline{Q_{\mathrm{is}}}}{V \cdot (a+k)} - \frac{\Delta C_{\mathrm{in}}}{\Delta t(a+t)} \tag{2-6}$$

式中　　　Δt——稳态时间段，h；

$\overline{C_{\mathrm{in}}}$、$\overline{C_{\mathrm{out}}}$、$\overline{Q_{\mathrm{is}}}$——分别为 Δt 时间段内 $C_{\mathrm{in}}(t)$，$C_{\mathrm{out}}(t)$ 和 Q_{is} 的平均值，$\mu\mathrm{g/m^3}$；

ΔC_{in}——室内质量浓度变化，$\mu\mathrm{g/m^3}$。

式（2-6）中，$\dfrac{\Delta C_{\mathrm{in}}}{\Delta t(a+t)}$ 反映了室内颗粒物浓度达到平衡的滞后时间，一般情况下，该部分可以直接忽略。式（2-6）可简化为：

$$\overline{C_{\mathrm{in}}} = \frac{a \cdot p}{a+k}\overline{C_{\mathrm{out}}} + \frac{\overline{Q_{\mathrm{is}}}}{V \cdot (a+k)} = F_{\mathrm{INF}} \cdot \overline{C_{\mathrm{out}}} + \frac{\overline{Q_{\mathrm{is}}}}{V \cdot (a+k)} \tag{2-7}$$

在忽略沉降系数 k 的情况下，室内外浓度的穿透系数 p 近似等于渗透系数 F_{INF}，可用于沉降系数 k 比较小的颗粒的计算，但不适用于室内大粒径颗粒的综合预测。

$$F_{\mathrm{INF}} = \frac{a \cdot p}{a+k} = \frac{a \cdot p}{a} = p \tag{2-8}$$

【例 2-2】在例 2-1 的背景下，求 14：00～16：00 时间段内颗粒物的穿透系数 p。

解：已知 14：00～16：00 时间段内，$\overline{C_{\mathrm{in}}} = 120\mu\mathrm{g/m^3}$，$\overline{C_{\mathrm{out}}} = 210\mu\mathrm{g/m^3}$，$\overline{Q_{\mathrm{is}}} = 1.2\mathrm{mg/h} = 1200\mu\mathrm{g/h}$，由式（2-6）得：

$$p = \frac{1}{\overline{C_{\mathrm{out}}}}\left(\overline{C_{\mathrm{in}}} - \frac{\overline{Q_{\mathrm{is}}}}{V \cdot a}\right)$$

代入数值得：$p = 0.56\mathrm{h^{-1}}$。

在考虑居住建筑室内源（抽烟、烹饪）时，室内颗粒质量守恒方程如下：

$$C_{\mathrm{in}} = \frac{a \cdot p}{a+k}C_{\mathrm{out}} + \frac{(N_{\mathrm{cig}} \cdot S_{\mathrm{cig}} + T_{\mathrm{soot}} \cdot S_{\mathrm{soot}})/t + Q_{\mathrm{other}}}{V \cdot (a+k)} \tag{2-9}$$

式中　N_{cig}——香烟数量，支；

S_{cig}——单位香烟的颗粒物散发量，μg；

T_{soot}——烹饪时间，min；

S_{soot}——烹饪时单位时间颗粒物散发量，μg/min；

Q_{other}——其他颗粒物源的散发率，μg/h。

2. 质量动态平衡法

动态质量守恒模型的研究对稳态假设法有很大的提升，该方法以颗粒物质量浓度的连续监测数据作为计算基础，以时间为变化参数，可以反映室内颗粒物浓度的动态变化。

Tung 假定室内颗粒物起始质量浓度为 $C_{in,0}$，建立了以下动态质量守恒方程：

$$C_{in} = \left(C_{in,0} - \frac{\lambda \cdot a \cdot p}{\lambda a + k} \cdot C_{out} \right) \cdot e^{-(\lambda a + k) \cdot t} + \frac{\lambda \cdot a \cdot p}{\lambda a + k} \cdot C_{out} \tag{2-10}$$

式中 t——时间，s；

λ——室内空气的混合比例，$0 < \lambda < 1$。

令：$C_f = \dfrac{\lambda \cdot a \cdot p}{\lambda a + k} \cdot C_{out}$，则式（2-10）可以转化为：

$$C_{in} - C_f = (C_{in,0} - C_f) \cdot e^{-(\lambda a + k) \cdot t}$$

则：
$$\ln(C_{in} - C_f) = -(\lambda a + k) \cdot t + \ln(C_{in,0} - C_f) \tag{2-11}$$

3. 模型实验法

特殊的实验设计可以近似忽略某项因素，减小未知参数的影响，通过实验替代方式克服或弱化质量守恒过程中存在的问题。1987 年 Roed[9] 等首次应用实验方法研究了室外颗粒物浓度对室内颗粒物浓度的影响，通过离心风机消除穿透系数的影响（$p=1$），计算室内的沉降系数 k。

$$k = a \cdot \left(\frac{C_{out}}{C_{in}} - 1 \right) \tag{2-12}$$

同样，在换气次数较大的情况下，可以忽略沉降系数 k 的影响，根据式（2-13）计算穿透系数。

$$p = \frac{a + k}{a} \cdot \frac{C_{out}}{C_{in}} \tag{2-13}$$

实验——经验公式法，对于实际建筑的预测具有很好的应用价值，缺点在于实验过程中，室外颗粒物浓度、颗粒物源特性、气象条件、室内环境扰动等各种因素均会对实验结果产生不同程度的影响。因此，该经验公式的应用过程中，受建筑功能类型和具体环境的限制较大。

4. 渗透替代法

替代法的基本原理是通过化学标记元素作为替代参数进行计算[10]。该理论的适用条件为无室内源、室内浓度可准确测量、颗粒物化学性能稳定、可连续检测。

研究证实，硫酸盐是存在于室外颗粒物中的基本物质[11]，是 PM2.5 的主要构成成分。室内人为硫酸盐是非常少的，室内硫酸盐和室外硫酸盐具有非常强的相关性[12]，随着粒径的增长呈现堆积的模式，硫酸盐可作为室内外 PM2.5 的标识物[13]。2002 年硫酸盐第一次被作为标记替代元素用于室内外颗粒物浓度相关性实验，用于计算室外颗粒物渗透系数 F_{INF}[14]。

在无室内燃烧源的条件下，室内外颗粒物的元素碳与粒径的分布显著相关。黑炭被用来测试过器的过滤效率，但示踪物质与颗粒物的粒径大小有关，例如 PM1 使用 SO_4^{2-} 作为示踪物质计算结果更准确。

替代法是采用化学元素作为示踪物质，将颗粒物的化学组分与室内外浓度联系在一起，可以较好地反映某一化学组分室内外颗粒物的穿透和沉降特性。该方法的不足之处在于示踪元素在不同粒径颗粒物上的聚集程度不同，多反映某一粒径范围特殊化学组分颗粒物的动态行为特征，对于空气中多源混合的颗粒污染物来讲，其计算结果仍然具有局限性。

2.4　预测模型

本节以单粒径颗粒物为研究对象，基于颗粒物的输运过程，从颗粒物动态行为控制角度建立建筑室内颗粒物浓度预测模型，以用于室内颗粒物的浓度预测。

该模型将室外颗粒物穿过建筑围护结构进入室内时间定义为穿透时间 t_p，穿透进入室内的时间定义为沉降时间 t_k。将 t_p 时间段内颗粒物的穿透过程进行简化，将其穿透过程看作是瞬间完成的行为，忽略穿透过程中颗粒物的实际沉降。

时间段内颗粒物的沉降过程主要发生在室内，颗粒物的动态行为时间相对较长，且与换气次数、室内人员活动及室内气流组织等密切相关。假设室外不同粒径颗粒物的质量浓度 C_{di} 的分布满足 $f(di)$ 粒径分布函数，则室外颗粒物的浓度可表述为 $C_{di} = f(di)C_{out}$。假设室外不同粒径颗粒物的围护结构穿透系数检测值为 P_{di}^E，则由室外进入室内的颗粒物的质量浓度可表示为

$$C_{Ein} = \sum_{di=0.001}^{di=10} P_{di}^E f(di) C_{out} \tag{2-14}$$

同理，通风管道输运过程中进入室内的颗粒物的浓度 C_{Din} 为

$$C_{Din} = \sum_{di=0.001}^{di=10} P_{di}^D f(di) C_{out} \tag{2-15}$$

2.5　室内颗粒物的传输特性

当一种物质的微粒分散在另一种物质之中可以构成一个分散体系，我们把固体或液体微粒分散在气体介质中而构成的分散系统称为气溶胶。在室内环境中，多为固体或液体颗粒物分散在空气中。颗粒物在空气中会以不同的形式传输和运动。

2.5.1　颗粒物在静止空气中的直线运动

处于静止空气中的具有悬浮矢量速度为 v 的球形粒子（质量为 m，密度为 ρ_p，粒径为 d_p）受到重力 G 和阻力 R，运动状态可由下式表示：

$$m \frac{\mathrm{d}v}{\mathrm{d}t} = G - R \tag{2-16}$$

R 是流体阻力，即运动粒子和流体之间产生相对速度时，使粒子随流体运动的流体相对作用力。它与球形粒子在运动方向的投影面积 $A = \dfrac{\pi}{4}d_p^2$ 和动能 $\dfrac{\rho_f}{2}v_r^2$ 的乘积成正比，一

般用下式定义：

$$R = C_D A \left(\frac{\rho_f v_r^2}{2} \right) \tag{2-17}$$

式中　ρ_f——空气密度，kg/m^3；

　　　v_r——相对速度，m/s；$v_r = v_p - v_f$，v_p 是颗粒物速度，v_f 是流体的速度；

　　　C_D——阻力系数，是雷诺数 Re 的函数，$Re = \dfrac{\rho_f d_p v_r}{\mu}$。

当 $Re \leqslant 2$ 时，$C_D = \dfrac{24}{Re}$

将其代入式（2-17），得 $R = 3\pi\mu v_r d_p$ \hfill (2-18)

当 $2 < Re \leqslant 500$ 时，$C_D = \dfrac{10}{\sqrt{Re}}$

将其代入式（2-17），得 $R = \dfrac{5\pi}{4}\sqrt{\mu\rho_f}(d_p v_r)^{1.5}$ \hfill (2-19)

当 $Re \geqslant 500$ 时，$C_D = 0.44$

将其代入式（2-17），得 $R = 0.055\pi\rho_f v_r^2 d_p^2$ \hfill (2-20)

式中　μ——空气的动力黏度，$Pa \cdot s$。

当阻力等于重力时，粒子保持匀速运动，此时粒子的沉降速度叫作最终沉降速度，以 v_s 表示。

即 $G = R$，$\dfrac{\pi}{6}d_p^2(\rho_p - \rho_f)g = C_D \dfrac{\pi}{4}d_p^2 \dfrac{\rho_p}{2}v_s^2$

得

$$v_s = \sqrt{\frac{4(\rho_p - \rho_f)gd_p}{3C_D\rho_f}} \tag{2-21}$$

当粒径小于 $1\mu m$ 的粒子在空气中运动时，粒子的大小与气体平均自由程相近，这时粒子与周围空气层发生"滑动"现象，气流对粒子运行作用的实际阻力变小。因此，对层流阻力的偏差进行了修正：

$$R = \frac{3\pi\mu v_r d_p}{K_m} \tag{2-22}$$

式中，K_m 为坎宁安修正系数，用下式表示：

$$K_m = 1 + A\frac{2\lambda}{d_p}$$
$$A = 1.246 + 0.42\exp\left(-0.87\frac{d_p}{2\lambda}\right) \tag{2-23}$$

式中，λ 为气体分子平均自由程，空气温度在 20℃时，λ 由下式表示：

$$\lambda = \frac{0.653 \times 10^{-5}}{P/(101.325\text{kPa})}(\text{cm}) \tag{2-24}$$

粒子在水平方向运行时，重力不起作用。在静止的空气中，以初速度 v_0 射出的粒子到停止时，前进的距离 S^* 可由下式求得：

$$S^* = \frac{K_m\rho_p d_p^2 v_0}{18\mu} \tag{2-25}$$

式中，S^* 也叫作停止距离，它是衡量粒子惯性大小的指标。

2.5.2　颗粒物在静止空气中的随机运动

小于 $1.0\mu m$ 的微粒子，其粒子本身即使在静止的气体中也是随机运动的。这类不规则运动也叫作布朗运动。粒子的粒径越小，布朗运动越活泼，布朗运动的极限状态就是气体分子运动。

气体分子和气溶胶粒子随机运动的主要差别在于，气体分子的大小以 Å 为数量级，

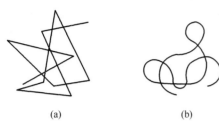

图 2-4　气体分子和气溶胶粒子运动
轨迹的差别

（a）气体分子的运动；（b）气溶胶粒子的运动

气溶胶粒子的大小通常是气体分子的 $100\sim1000$ 倍。如图 2-4 所示，对于气体分子来说，一个分子被碰撞之后直到下一次再碰撞为止的轨迹是直线。气溶胶粒子则不同，其质量远远大于与之碰撞的气体分子的质量，因此与气体分子多次碰撞过程中气溶胶粒子改变它的运动方向，其运动轨迹弯曲而平滑。

布朗扩散系数决定了布朗扩散的范围。这里采用概率论的方法表示布朗扩散系数。布朗运动中的每个粒子都独立地进行随机运动，所以可用概率论的方法表示该现象。当时间 $t=0$ 时，$x=x_0$ 以外的粒子经过 t 时间后，在 x 到 $x+\mathrm{d}x$ 的空间内存在的概率为 $W(x \cdot t)\mathrm{d}x$，W 叫作概率密度函数。

在实数直线上，根据随机运动理论可以推导出 W：

$$W(x,\ t) = \frac{1}{\sqrt{4\pi D_{\mathrm{B}}t}}\mathrm{e}^{-x^2/4D_{\mathrm{B}}t} \tag{2-26}$$

式中，D_{B} 为布朗扩散系数。

$$D_{\mathrm{B}} = \frac{K_{\mathrm{m}}kT}{3\pi\mu d_{\mathrm{p}}} \tag{2-27}$$

式中，k 是玻尔兹曼常数，$k = 1.38 \times 10^{-16}(\mathrm{erg/K})$，$1\mathrm{erg}=1\mathrm{g} \cdot \mathrm{cm/s}$，$T$ 是热力学温度，K。

由式（2-26）、式（2-27）可得均方值变位 $\overline{x^2}$：

$$\overline{x^2} = \int_{-\infty}^{\infty} x^2 W(x,\ t)\mathrm{d}x = \frac{1}{\sqrt{4\pi D_{\mathrm{B}}t}}\int_{-\infty}^{\infty} x^2 \mathrm{e}^{-x^2/4D_{\mathrm{B}}t}\mathrm{d}x = 2D_{\mathrm{B}}t \tag{2-28}$$

同样，绝对平均变位 $|\overline{x}|$ 为：

$$|\overline{x}| = \int_{-\infty}^{\infty} W(x,\ t)\mathrm{d}x = \sqrt{\frac{4D_{\mathrm{B}}t}{\pi}} \tag{2-29}$$

将式（2-26）应用于概率密度函数 W 的积分方程中，对以 v_{x} 速度做规则运动的粒子可以推导出下式：

$$\frac{\partial W}{\partial t} = -\frac{\partial(v_{\mathrm{x}}W)}{\partial x} + D_{\mathrm{B}}\frac{\partial^2 W}{\partial x^2} \tag{2-30}$$

式（2-30）叫作福克-普兰克公式，是求布朗运动粒子在任意时间、任意位置上概率的基本公式。若把单一粒子的计算公式（2-30）推广到多数粒子 N_0（个），那么 $n(x \cdot t) = N_0 W(x \cdot t)$ 表示 t 时间内 x 和 $x+\mathrm{d}x$ 之间的粒子计算浓度，所以 W 可用 n 代替，得到扩散

方程如下：

$$\frac{\partial n}{\partial t}=-\frac{\partial(v_x n)}{\partial x}+D_B\frac{\partial^2 n}{\partial x^2} \tag{2-31}$$

如果考虑 y 和 z 方向，得出三维扩散方程式：

$$\frac{\partial n}{\partial t}=-\operatorname{div}(nv)+D_B\nabla^2 n \tag{2-32}$$

在静止气体中，因为 $v=0$，则

$$\frac{\partial n}{\partial t}=D_B\nabla^2 n \tag{2-33}$$

式中

$$\operatorname{div}(nv)=\frac{\partial(nv_x)}{\partial x}+\frac{\partial(nv_y)}{\partial y}+\frac{\partial(nv_z)}{\partial z}$$

$$\nabla^2 n=\frac{\partial^2 n}{\partial x^2}+\frac{\partial^2 n}{\partial y^2}+\frac{\partial^2 n}{\partial z^2}$$

当粒子在壁面附近做布朗运动时，粒子会向壁面的扩散沉附。经过布朗运动沉附在固体或者液体表面的粒子除非施加相当大的外力，否则就不再返回原分散状态。现在只考虑浓度为 n_0 的气溶胶粒子在静止气体中向平面壁扩散沉附的最简单情况。向 x 方向扩散的方程式为：

$$\frac{\partial n}{\partial t}=D_B\frac{\partial^2 n}{\partial x^2} \tag{2-34}$$

初始条件：$n(x,\ 0)=n_0,\ x>0$

边界条件：$n(0,\ t)=0,\ n(\infty,\ t)=n_0,\ t>0$

式（2-34）的解为：

$$\begin{aligned} n(x,\ t)&=\frac{2n_0}{\sqrt{\pi}}\int_0^{x/\sqrt{4D_Bt}}e^{-\xi^2}\,\mathrm{d}\xi \\ &=n_0\,\mathrm{erf}\left(\frac{x}{\sqrt{4D_Bt}}\right) \end{aligned} \tag{2-35}$$

如果把气流接口改为突然打开的容器口，使粒子从中扩散出来，这时的边界面叫作透射壁。图 2-5 定性地表示了吸收壁和透射壁的差别，在透射壁的情况下，式（2-34）的初始条件：

$$n(x,\ 0)=n_0,\ x>0$$

$$n(x,\ 0)=0,\ x<0$$

图 2-5 吸收壁和透射壁

则：

$$n(x,\ t)=\frac{n_0}{2}\left[1+\mathrm{erf}\left(\frac{x}{\sqrt{4D_Bt}}\right)\right] \tag{2-36}$$

图 2-6 中给出了吸收壁和透射壁浓度分布的比较。

由式（2-35）、式（2-36）可得单位时间单位面积上的扩散沉附量（扩散流束）φ。

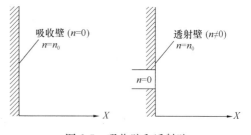

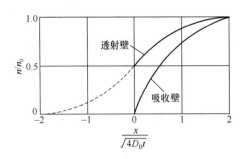

图 2-6　浓度分布的比较

吸收壁：

$$\varphi = D_{\mathrm{B}}\left(\frac{\partial n}{\partial t}\right)_{x=0} = n_0\sqrt{\frac{D_{\mathrm{B}}}{\pi t}} \qquad (2\text{-}37)$$

透射壁：

$$\varphi = D_{\mathrm{B}}\left(\frac{\partial n}{\partial t}\right)_{x=0} = \frac{n_0}{2}\sqrt{\frac{D_{\mathrm{B}}}{\pi t}} \qquad (2\text{-}38)$$

由上式可见，吸收壁的扩散沉附量为透射壁的两倍。

粒子在球表面上扩散沉附过程的理论是研究气体分子或微粒子向悬浮粉尘粒子附着过程和弄清布朗凝聚现象的基础。为了求出在半径 R 的球形表面上的扩散沉附量，将扩散方程式用极坐标表示，并且只考虑 r 方向上的分量。

$$\frac{\partial n}{\partial t} = D_{\mathrm{B}}\frac{\partial^2(nr)}{r\partial r^2} \qquad (2\text{-}39)$$

初始条件：$n(r,0) = n_0$，$r > R$
边界条件：$n(R,t) = 0$，$n(\infty,t) = n_0$，$t > 0$

解方程式（2-39）得：

$$n = n_0\left(1 - \frac{R}{r} + \frac{R}{r}\mathrm{erf}\frac{r-R}{2\sqrt{D_{\mathrm{B}}t}}\right) \qquad (2\text{-}40)$$

当球表面浓度分布达到稳定时，上式 $t \to \infty$，则：

$$n = n_0\left(1 - \frac{R}{r}\right) \qquad (2\text{-}41)$$

因此，单位时间球表面上的沉附量 φ 为：

$$\varphi = 4\pi R^2 D_{\mathrm{B}}\left(\frac{\partial n}{\partial r}\right)_{r=R} = 4\pi R D_{\mathrm{B}} n_0 \qquad (2\text{-}42)$$

2.5.3　颗粒物在流动空气中的曲线运动

1. 气溶胶粒子做曲线运动的一般理论

气溶胶粒子的曲线运动比气溶胶粒子的直线运动复杂得多，只有少数情况，可以得到方程的解。在介质阻力与粒子运动速度成正比的情况下，即对斯托克斯粒子，粒子的曲线运动理论才比较简单。

气溶胶粒子在流动介质中运动时，粒子通常要落后于流动介质，这时，斯托克斯公式为：

$$F = 3\pi\mu d_{\mathrm{p}}(V-U) \qquad (2\text{-}43)$$

式中　V、U ——分别为粒子和介质的运动矢量，m/s；

　　　　d_{p} ——粒子的半径，m；

　　　　μ ——介质的动力黏性系数，Pa·s。

如果粒子在曲线运动时，遵守斯托克斯定律，则此时的粒子运动微分方程为：

$$m\frac{\mathrm{d}v}{\mathrm{d}t} = -3\pi\mu d_{\mathrm{p}}(V-U) + F \qquad (2\text{-}44)$$

在直角坐标系中，式（2-43）的矢量形式为：

$$m \frac{\mathrm{d}v_x}{\mathrm{d}t} = -3\pi\mu d_p(v_x - U_x) + F_x$$

$$m \frac{\mathrm{d}v_y}{\mathrm{d}t} = -3\pi\mu d_p(v_y - U_y) + F_y \tag{2-45}$$

$$m \frac{\mathrm{d}v_z}{\mathrm{d}t} = -3\pi\mu d_p(v_z - U_z) + F_z$$

式（2-45）说明，沿任一轴向方向的粒子运动服从与粒子做直线运动时同样的方程，不同轴向的运动彼此无关，这样对分析粒子的曲线运动极为方便。

2. 在重力作用下的气溶胶粒子的曲线运动

在水平管作层流流动的气溶胶粒子的运动和沉降。管子的截面很小，垂直对流可以略去，若单位宽度的总流量为 Q，那么粒子在管子中沉降的效率为：

$$\eta = \frac{v_s L}{\int_0^{2h} v_x \mathrm{d}z} = \frac{v_s L}{2h\bar{U}} \tag{2-46}$$

式中　h——管子的半高度，m；

　　　$\bar{U}$——管内的平均速度，m/s；

　　　z——粒子距管底的距离，m；

　　　L——管长，m；

　　　v_x——粒子的水平速度，m/s；

　　　v_s——重力作用下粒子的垂直速度，m/s。

在这一简单模型中，沉降效率 η 不依赖于流体的速度，仅仅依赖于停留时间 $\frac{L}{U}$。对于粒子能够在管中完全沉降时，管子必要的长度为：

$$L_{cl} = \frac{2h\bar{U}}{v_s} \tag{2-47}$$

对于半径为 R 的圆管，沉降效率为：

$$\eta = \frac{3v_s L}{8R\bar{U}} \tag{2-48}$$

则完全沉降所必需的长度为：

$$L_{cl} = \frac{8R\bar{U}}{3v_s} \tag{2-49}$$

【例 2-3】气溶胶粒子在水平圆管做层流运动，粒子以 1m/s 初速度水平进入圆管，在重力作用下，粒子在竖直方向的速度 $v_s = 0.1$m/s，圆管的内径为 0.2m，圆管长度为 2m，求粒子的沉积效率和完全沉降所需的管长。

解：由式（2-46）可得：$\int_0^{2h} v_x \mathrm{d}z = 2h\bar{U}$

所以：

$$\bar{U} = \frac{\int_0^{2h} v_x \mathrm{d}z}{2h} = \frac{\int_0^{0.4} 1\mathrm{d}z}{2 \times 0.2} = 1\text{m/s}$$

代入式（2-53）得沉降效率为：

$$\eta = \frac{3v_s L}{8R\overline{U}} = \frac{3 \times 0.1 \times 2}{8 \times 0.2 \times 1} = \frac{0.6}{1.6} = 0.375$$

完全沉降所必需的长度为：

$$L_{cl} = \frac{8R\overline{U}}{3v_s} = \frac{8 \times 0.2 \times 1}{3 \times 0.1} = 5.3\text{m}$$

紊流中气溶胶粒子的运动。在除尘净化中，多数工业沉降室均属这一情况，图 2-7 是沉降室的纵剖面和横剖面。在分析前首先假设：

（1）在底面上有一层流边界层，紊流扰动不进入其中，任何粒子进入该层内即被捕获。

（2）在流动通道内所有粒子都均匀分布。

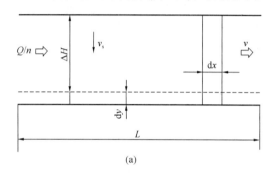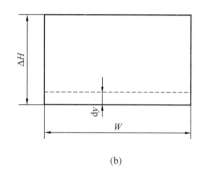

图 2-7　沉降室中粒子的运动

（a）纵剖面；（b）横剖面

考虑宽 W，高 ΔH 和长为 $\mathrm{d}x$ 的微元，如果 $\mathrm{d}y$ 表示层流边界层的厚度，那么当粒子运动到 x 方向下游一定距离，粒子穿过虚线沉降到底部，气流行进距离为：

$$\mathrm{d}x = v\mathrm{d}t \tag{2-50}$$

在同一时刻，边界层内粒子刚好沉降到底部，即：

$$\mathrm{d}y = v_s\mathrm{d}t \tag{2-51}$$

由式（2-50）和式（2-51）得：

$$\mathrm{d}y = \frac{v_s}{v}\mathrm{d}x \tag{2-52}$$

由于沉降室单位长度体积内粒子的减少等于粒子在此长度内的沉降量。得出：

$$v_s\mathrm{d}xWN = -v\Delta HW\mathrm{d}N \tag{2-53}$$

由式（2-53）得：

$$-\frac{\mathrm{d}N}{N} = \frac{v_s}{v\Delta H}\mathrm{d}x \tag{2-54}$$

从通道进口到位置 x 的整个长度积分得：

$$N = Ce^{-v_s x/v\Delta H} \tag{2-55}$$

由于式（2-55）中，当 $x = 0$ 时，$N = N_0$，故得常数 $C = N_0$。

则由式（2-55）得：

沉降室总长度为 L 的收集效率为：

$$\eta = 1 - \frac{N}{N_0} = 1 - \exp\left(-\frac{v_s L}{\Delta H v}\right) \tag{2-56}$$

从式（2-56）可知，要提高沉降室的收集效率，就要降低风速和减少高度 ΔH。因此工业沉降室中都装有隔板，以减少粒子在沉降室中的沉降高度。此外，为了方便清洗，隔板多为倾斜的。

3. 层流情况下气溶胶粒子在静电场中的运动

若通道是一水平放置的平行板电容器，如图 2-8 所示，上极板为负极，下极板为正极或接电极。

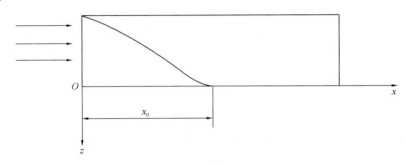

图 2-8　荷电粒子在电场中运动

那么，带有负电的气溶胶粒子就要向下极板运动，这时粒子所受到的库仑力为：

$$F = \frac{Vq}{h} \tag{2-57}$$

在该力的作用下，粒子在垂直方向上的运动速度为：

$$v_z = \frac{VqB}{h} \tag{2-58}$$

式中　h——极板间距，cm；

　　　V——电容器极板间电压，V；

　　　q——粒子上所带电荷，C；

　　　B——粒子的迁移率，cm/（s·g）。

若把荷电粒子在电场强度为 1V/cm 的电场中的运动速度，称为离子迁移率。离子迁移率为：

$$u = qB \tag{2-59}$$

此时

$$v_z = \frac{Vu}{h} = \frac{\mathrm{d}z}{\mathrm{d}t} \tag{2-60}$$

气溶胶粒子在平行于极板方向的运动速度为极板间的空气流速 $v(x)$，且

$$v(x) = \frac{\mathrm{d}x}{\mathrm{d}t} \tag{2-61}$$

若荷负电粒子在进口的最上部进入电场，由式（2-60）、式（2-61）可计算出它沉降

到下极板的距离 x_0：

$$x_0 = \frac{h}{Vu} \int_0^h v(x)\mathrm{d}z = \frac{\overline{v}h^2}{Vu} \tag{2-62}$$

式中 $\overline{v}$——气流的平均风速，m/s。

若计算重力，则式（2-62）为：

$$x_0 = \frac{h}{Vu + v_s h} \int_0^h v(z)\mathrm{d}z = \frac{vh^2}{Vu + v_s h} \tag{2-63}$$

由于 $v_z = v_s$，因此重力影响可以忽略不计，即该实验可以不考虑重力的影响。

由式（2-62）知，粒子沉降的距离 x_0 与平均风速和极板间距的平方成正比，与极间施加的电压及离子迁移率成反比。若能测出沉降距离 x_0 及粒子的大小，则在该情况下的离子迁移率 u 即可求出，即

$$u = \frac{\overline{v}h^2}{Vx_0} \tag{2-64}$$

在下极板铺上薄玻璃片以接受向下极板沉降的粒子，然后把玻璃片放到显微镜下进行观测，测出不同距离 x_0 处粒子的大小和数量，再由式（2-64）和式（2-59）可求出粒子的荷电量，即：

$$q = ne = \frac{\overline{v}h^2}{Vx_0 B} \tag{2-65}$$

式中 n——粒子上的电荷数目；
e——基本电荷，$e = 1.6 \times 10^{-19}\mathrm{C}$。

4. 在离心力场中气溶胶粒子的运动

以离心力为除尘机理的最主要的除尘设备是旋风除尘器，其基本形式如图 2-9 所示，气流经进口管进入旋风器的圆柱体呈旋转线运动，气流沿外螺旋线下降，然后又沿内螺旋线上升，经出口管排出，粒子在离心力作用下沉降于旋风器壁上并顺器壁向下运动，由排灰口排出。

旋风除尘器中气流的运动是很复杂的，本章节为进行理论分析，对离心力场中尘粒的运动进行一些简化计算。假设：

（1）尘粒的径向运动阻力由斯托克斯定律来描述，忽略尘粒之间的相互作用；

（2）气体的径向速度为 0；

（3）尘粒的切向速度与气体速度一致；

（4）尘粒到达壁面上即被捕集，不致产生二次飞扬。

在上述假设条件下，取如图 2-10 所示极坐标系中点 (r, θ) 处有一流体微元，在无摩擦时，仅有法向压力作用在此微元上。因流动为二维，则此微元单位厚度的质量为：

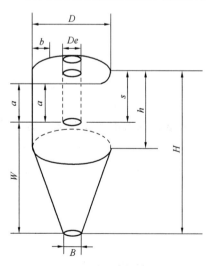

图 2-9 旋风除尘器

$$\mathrm{d}m = \rho r \mathrm{d}r \mathrm{d}\theta \qquad (2\text{-}66)$$

而粒子的加速度为：
$$a = \frac{v^2}{r}$$

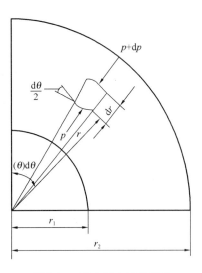

图 2-10　离心场中流体微元

则：
$$\rho r \mathrm{d}r \mathrm{d}\theta \cdot \frac{v^2}{r} = r \mathrm{d}\theta \mathrm{d}p \qquad (2\text{-}67)$$

即：
$$\frac{\mathrm{d}p}{\mathrm{d}r} = \rho \frac{v^2}{r} \qquad (2\text{-}68)$$

式中　v——气流速度，m/s；

　　　r——微元点的曲率半径，m。

从进口处到微元所在点的伯努利方程式为：
$$\frac{p_0}{\rho} + \frac{v_0^2}{2} = \frac{p}{\rho} + \frac{v^2}{2} \qquad (2\text{-}69)$$

式中　p_0——进口压力，Pa；

　　　v_0——进口速度，m/s。

式（2-69）对 r 求导数，则：
$$\frac{\mathrm{d}p}{\mathrm{d}r} = -\rho v \frac{\mathrm{d}v}{\mathrm{d}r} \qquad (2\text{-}70)$$

由式（2-68）和式（2-70）可得：
$$\frac{\mathrm{d}v}{v} = -\frac{\mathrm{d}r}{r} \qquad (2\text{-}71)$$

式（2-71）的解为：
$$v = \frac{C}{r} \qquad (2\text{-}72)$$

为了确定常数 C，先求出通过断面的流量 Q：
$$Q = W \int_{r_1}^{r_2} v \mathrm{d}r = CW \ln \frac{r_2}{r_1}$$

所以：
$$C = \frac{Q}{W \ln(r_2/r_1)} \qquad (2\text{-}73)$$

式中　W——进口管高；

　　　r_1——出口管半径，m；

　　　r_2——旋风器筒体半径，m。

把式（2-73）代入式（2-72）得：
$$v = \frac{Q}{rW \ln(r_2/r_1)} \qquad (2\text{-}74)$$

在极坐标中，速度的径向分量为零，而角分量等于 v，即
$$v_r = 0 \qquad (2\text{-}75)$$

$$v_\theta = v = \frac{Q}{rW \ln(r_2/r_1)} \qquad (2\text{-}76)$$

当粒子的运动阻力与作用其上的离心力相平衡时，可求出粒子的径向运动速度，即：
$$\frac{\pi}{6} d_p^3 \rho_p \frac{v_\theta^2}{r} = 3\pi \mu d_p v_r \qquad (2\text{-}77)$$

把式（2-76）代入式（2-77），则粒子的径向运动速度为：

$$v_r = \frac{\rho_p Q^2 d_p^2}{18\mu r^3 W^2 \left(\ln\frac{r_2}{r_1}\right)^2} \quad (2\text{-}78)$$

在 $d\theta$ 角度内粒子含量的减少等于被捕获的粒子的数量，即：

$$-(r_2 - r_1)v_{\theta_2}\,dN = r_2\,d\theta v_{r_2} N \quad (2\text{-}79a)$$

或

$$-\frac{dN}{N} = \frac{v_{r_2}}{v_{\theta_2}} \cdot \frac{r_2}{r_2 - r_1}d\theta \quad (2\text{-}79b)$$

式中　N ——气流中粒子的数量；

v_{r_2}、v_{θ_2} ——分别为外半径 r_2 处粒子的径向速度和气体的切向，m/s。

把式 (2-79) 积分得：

$$\ln N = -\frac{v_{r_2}}{v_{\theta_2}} \cdot \frac{r_2}{r_2 - r_1}\theta + C \quad (2\text{-}80)$$

在进口处 $\theta = 0$，有 $C = \ln N_0$。

所以：

$$\frac{N}{N_0} = \exp\left(-\frac{v_{r_2}}{v_{\theta_2}} \cdot \frac{r_2}{r_2 - r_1}\theta\right) \quad (2\text{-}81)$$

在 θ_1 角处的效率为：

$$\eta = 1 - \frac{N}{N_0} = 1 - \exp\left[-\frac{v_{r_2} r_2 \theta_1}{v_{\theta_2}(r_2 - r_1)}\right] \quad (2\text{-}82)$$

把外半径 r_2 处的切向速度和径向速度代入式 (2-82)，则

$$\eta = 1 - \exp\left[-\frac{\rho_p Q d_p^2 \theta_1}{18\mu r_2 W(r_2 - r_1)\ln(r_2/r_1)}\right] \quad (2\text{-}83)$$

给定粒子直径，流量和旋风器几何尺寸，根据式 (2-82) 求出到达某一给定效率时的回转角度 θ_1，即

$$\theta_1 = -\frac{18\mu r_2 W(r_2 - r_1)\left[\ln(r_2/r_1)\right]\ln(1-\eta)}{\rho_p Q d_p^2} \quad (2\text{-}84)$$

实际上旋风除尘器内的速度变化规律为：$vr^n = c$，其中指数 n 在 $0.5\sim0.9$ 之间，因而有些学者根据这一差别对旋风器的收集效率进行修正。

【例 2-4】对于旋风除尘器，每米长进口空气流量为 $5.0\text{m}^3/\text{s}$，进入 $r_1 = 20\text{cm}$，$r_2 = 40\text{cm}$ 的旋风器，流体是标准空气，粒子密度为 150kg/m^3，求对 $50\mu\text{m}$ 粒子收集效率达到 0.99 时所必需的旋转角度，并求分级效率。

解：由式 (2-84) 得：

$$\theta_1 = -\frac{18\mu r_2 W(r_2 - r_1)\left[\ln(r_2/r_1)\right]\ln(1-\eta)}{\rho_p Q d_p^2}$$

$$= -\frac{18 \times 1.84 \times 10^{-5} \times 0.4 \times 1.0 \times (0.4 - 0.2) \times \left[\ln(0.4/0.2)\right] \times \ln(1-0.99)}{150 \times 5.0 \times (50 \times 10^{-6})^2}$$

$$= 4.51\text{rad} = 258°$$

对此旋转角度，作为粒子直径的函数的分级效率，由式 (2-83) 得：

$$\eta = 1 - \exp\left[-\frac{\rho_p Q d_p^2 \theta_1}{18\mu r_2 W(r_2-r_1)\ln(r_2/r_1)}\right]$$

$$= 1 - \exp\left[-\frac{150 \times 5 \times 4.51 d_p^2}{18 \times 1.84 \times 10^{-5} \times 0.4 \times 1.0 \times (0.4-0.2) \times \ln(0.4/0.2)}\right]$$

$$= 1 - e^{-0.184 \times 10^{10} d_p^2}$$

这一曲线绘制在图 2-11 中。

5. 在热力作用下气溶胶粒子的运动

驱动气溶胶粒子从较热的地方向较冷的地方移动的力是由延德尔（Tyndall）发现的，后来瑞利（Rayleigh）又进行了观察，艾特肯（Aitken）说明了粒子自由空间绕热体伸展的原因既不是重力、表面蒸发力、静电力，也不是离心力，而是存在于不等温区域内的纯热力驱动粒子从热面向冷面运动。

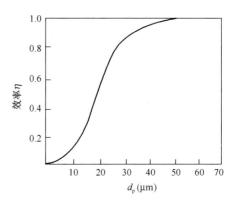

图 2-11 旋风器的效率

在粒子比气体平均自由程 λ 小的条件下，爱因斯坦（Einstein）和考武德（Cawood）提出一个关系式，后来被维尔德曼（Waldmann）加以修正，方程基于气体分子的传输运动。热从热处向冷处传导过程中，粒子朝向热处的表面比朝向冷处的表面受到更大的撞击力，爱因斯坦和考武德推导的作用于粒子上的热力为：

$$F_t = -\frac{1}{2}\lambda p \frac{\pi d_p^2}{4}\frac{dT}{dx} \tag{2-85}$$

式中　p——气体压力，Pa；

λ——气体分子平均自由程；

dT/dx——气体中的热梯度。

式（2-85）中的负号表示与温度升高方向相反。

把式 $\bar{u} = \sqrt{8RT/\pi M}$ 和 $\lambda = \mu/0.499\rho\bar{u}$ 代入式（2-85）中得：

$$F_t = -\frac{\pi}{8}\frac{p\mu d_p^2}{\rho}\sqrt{\frac{\pi M}{2RT}}\frac{dT}{dx} \tag{2-86}$$

式中　$\bar{u}$——气体分子平均速度，m/s；

M——分子量；

T——绝对温度，K；

R——气体常数。

维尔德曼对式（2-86）进行修正以后得到的更精确的公式为：

$$F_t = -\frac{4}{15}d_p^2 E\sqrt{\frac{\pi M}{2RT}}\frac{dT}{dx} \tag{2-87}$$

其中：

$$E = 2.5C_v\mu = 15R\mu/4M \tag{2-88}$$

式中　C_v——气体的定容比热，J/(kg·K)。

将式（2-88）代入式（2-87）得：

$$F_{t} = -d_{p}^{2}\mu\sqrt{\frac{\pi R}{2MT}} \cdot \frac{dT}{dx} \tag{2-89}$$

细小粒子在气体中运动的阻力，由艾泊斯坦（Epstein）方程：

$$F_{D} = \frac{4}{3}\pi d_{p}^{2}p\sqrt{\frac{M}{2\pi RT}}\left(1+\frac{\pi}{8}a\right)u_{t} \tag{2-90}$$

式中　u_{t}——粒子的运动速度，m/s；

　　　a——扩散反射系数。当 $a=0$ 时是完全弹性碰撞，$a=1$ 时是扩散撞击。

由式（2-89）及式（2-90）得在热梯度中小粒子的速度为：

$$u_{t} = -\frac{1}{5\left(1+\frac{\pi}{8}a\right)}\frac{E}{p}\frac{dT}{dx} \tag{2-91}$$

艾泊斯坦得到的对于大于气体分子平均自由程的粒子：

$$F_{t} = -\frac{9\pi d_{p}\mu^{2}}{2\rho T(2+E_{g}/E_{p})}\frac{dT}{dx} \tag{2-92}$$

式中　E_{g}——气体的热传导系数，W/(m² · K)；

　　　E_{p}——粒子的热传导系数，W/(m² · K)；

　　　ρ——气体的密度，kg/m³。

如果作用在粒子上的气体阻力服从斯托克斯定律，那么在热梯度中粒子的速度为：

$$u_{t} = -\frac{3\mu_{c}}{2\rho T(2+E_{g}/E_{p})}\frac{dT}{dx} \tag{2-93}$$

图 2-12 所示曲线表示了在热力作用下粒子的速度与温度的关系。对于 $d_{p}\geqslant 1\mu m$ 的粒子，随温度的升高粒子沉降速度增加，而对于 $d_{p}<1\mu m$ 的粒子，速度随温度的升高而减小。

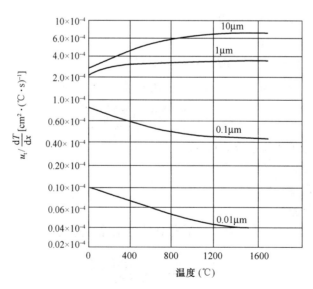

图 2-12　温度与热力之关系（粒子直径为 $0.01\sim10\mu m$ 的粒子）

2.5.4　气溶胶粒子间的凝聚

粒子的凝聚包括两个过程，即粒子和其他粒子的接近、碰撞过程和在粒子上的附着、结合过程。这两个过程的概率之积决定了凝聚常数。但其中附着、结合过程的概率在亚微米范围内大致为1，因此只需要解决碰撞过程的概率。

布朗运动半径为 r_1，r_2，粒子计数浓度为 n_1，n_2 的两种气溶胶粒子，其单位时间内的碰撞数 N 可用下式来求得：

$$N_{12} = 4\pi(r_1 + r_2)(D_1 + D_2)n_1 n_2 \tag{2-94}$$

式中 D_1——粒子1在空气中的扩散系数；

D_2——粒子2在空气中的扩散系数。

对于单分散的气溶胶粒子：

$$\begin{aligned} r_1 &= r_2 = r_p \\ D_1 &= D_2 = D_B \\ n_1 &= n_2 = n \end{aligned} \tag{2-95}$$

因此，

$$N = 8\pi D_B r_p n^2 \tag{2-96}$$

由此得：

$$\frac{dn}{dt} = -K_0 n^4 \tag{2-97}$$

这是著名的斯莫路桥伍斯基公式，是凝聚理论的基本关系式。式中：

$$K_0 = 8\pi D_B r_p = \frac{4kT}{3\mu}\left(1 + A\frac{\lambda}{r_p}\right)$$
$$A = 1.246 + 0.42\exp\left(-0.87\frac{d_p}{2\lambda}\right) \tag{2-98}$$

K_0 叫作单分散气溶胶粒子的布朗凝聚常数，或者叫作凝聚速度常数。引起粒子间相互碰撞的原因除了布朗运动以外，还有许多其他的原因。按照不同的凝聚机理对凝聚常数加以归纳，列于表2-1。除表中列举之外，还有声波和静电作用而产生的凝聚现象。

凝聚常数　　　　　　　　　　　　　　表2-1

凝聚种类	凝聚机理说明	半径为 r_1，r_2 的粒子的凝聚常数 $K(r_1, r_2)$
布朗凝聚	由于布朗运动粒子间的相互碰撞	$K(r_1, r_2) = \frac{1}{2}K_0(r_1 + r_2)\left(\frac{K_c(r_1)}{r_1} + \frac{K_c(r_2)}{r_2}\right)$
由于速度梯度产生的凝聚	在层流场以及剪切流场中，由于速度差引起粒子间相互碰撞	$K(r_1, r_2) = \frac{4}{3}\left|\frac{du}{dy}\right|(r_1 + r_2)^3$
乱流凝聚	由于两种机理同时作用而引起粒子间的碰撞：（1）乱流速度成分中所包含的空间速度差；（2）由于气体和粒子在运动中的偏离，即粒子跟随性的差别	$K(r_1, r_2) = \sqrt{8\pi}(r_1 + r_2)^2 \times \left[\left(1 - \frac{\rho_f}{\rho_p}\right)^2\{\tau(r_1) - \tau(r_2)\}^2 \right.$ $\left. \times \left(1.3\nu^{-0.5}\varepsilon_0^{1.5} + \frac{g^2}{3}\right) + \frac{1}{g}(r_1 + r_2)\frac{\varepsilon_0}{\nu}\right]^{1/2}$

续表

凝聚种类	凝聚机理说明	半径为 r_1, r_2 的粒子的凝聚常数 $K(r_1, r_2)$
沉降速度差产生的凝聚	在重力场或者离心力场中，由于粒径不同产生沉降速度差而引起粒子间的相互碰撞	$K(r_1, r_2) = \pi \eta r_1^2 [v_s(r_1) - v_s(r_2)]$

备注：$\left| \dfrac{\mathrm{d}u}{\mathrm{d}y} \right|$ 为速度梯度，$\tau(r)$ 为缓冲时间，ε_0 为乱流消散能量，$\nu = \mu/\rho_f$ 为运动黏滞系数，η 为单个球的捕集效率，$v_s(r)$ 为沉降速度

在一般情况下，凝聚使气溶胶粒子数量减少，粒径增大。粒度分布的变化可用下面的凝聚基本关系式（总体平衡式）来表示

$$\frac{\partial n(r_p, t)}{\partial t} = \int_0^{r/\sqrt[3]{2}} n(r_p', t) \times n\left(\sqrt[3]{r_p^3 - r_p'^3}, t\right) K\left(r_p', \sqrt[3]{r_p^3 - r_p'^3}\right) \times \left[\frac{r_p}{\sqrt[3]{r_p^3 - r_p'^3}}\right] \mathrm{d}r_p'$$
$$- \int_0^\infty n(r_p, t) n(r_p', t) K(r_p, r_p') \mathrm{d}r_p' \tag{2-99}$$

式中　$K(r_p, r_p')$——半径为 r_p 和 r_p' 的粒子间的凝聚常数；

$n(r_p, t)$——t 时间内半径为 r_p 的粒子计数浓度。

式（2-99）中右边第一项表示单位时间内半径为 r_p' 和 $\sqrt[3]{r_p^3 - r_p'^3}$ 的两种离子相互碰撞所形成的半径为 r_p 的粒子数量；第二项表示 r_p 粒子和其他粒子相互碰撞后 r_p 粒子减少的数量。

式（2-99）不能用解析方法求解，在布朗凝聚情况下只能假定平衡粒度分布后近似求解。另一方面对于单分散的气溶胶，如果初始浓度为 n_0，则式（2-97）可求

$$\frac{1}{n} - \frac{1}{n_0} = K_0 t \tag{2-100}$$

例如，由于布朗凝聚粒子个数减少一半的时间为 $t_{1/2}$，那么

$$t_{1/2} = \frac{1}{n_0 K_0} \tag{2-101}$$

当 $n_0 = 10^8$ 个/mL 时：

$$t_{1/2} = 30\text{s} \tag{2-102}$$

同样，式（2-100）也适用于多分散的情况。可粗略地估计由于凝聚使计数浓度降低的程度。

习　题

1. 颗粒物对人体的危害有哪些？请从多个方面进行简要阐述。
2. 颗粒物的分类方法有哪些？
3. 室内颗粒物的来源主要有哪些？
4. 影响室外颗粒物向室内渗透的因素有哪些，请通过具体的案例进行阐述。
5. 通过阅读相关的文献和书籍，搜集换气次数 a、穿透系数 p 和沉降系数 k 的影响因素以及计算方法。
6. 密度为 $\rho_p = 2700\text{kg/m}^3$ 的颗粒物在 $t = 20℃$，$P = 0.1\text{MPa}$ 的静止空气中自由沉降。请问粒径为 d_p

＝5μm 和 50μm 的颗粒物的沉降速度分别是多少？

7. 推导沉降室长度为 L 高为 H 的收集效率。

8. 对于旋风除尘器，每米长进口空气流量为 10.0m³/s，进入 r_1＝15cm，r_2＝30cm 的旋风器，流体是标准空气，粒子密度为 1500kg/m³，求粒径为 30μm 的粒子收集效率达到 0.80 时所必需的旋转角度，并求分级效率。

本 章 参 考 文 献

[1] GAO J，JIAN Y，CAO C，et al. Indoor emission，dispersion and exposure of total particle-bound polycyclic aromatic hydrocarbons during cooking [J]. Atmospheric Environment，2015，120：191-199.

[2] KANNAN S，MISRA DP，DVONCH JT，et al. Exposures to airborne particulate matter and adverse perinatal outcomes：A biologically plausible mechanistic framework for exploring potential effect modification by nutrition [J]. Environmental Health Perspectives，2006，114：1636-1642.

[3] FLEISCHER NL，MERIALDI M，VAN Donkelaar A，et al. Outdoor air pollution，preterm birth，and low birth weight：analysis of the world health organization global survey on maternal and perinatal health [J]. Environmental Health Perspective，2014，122：425-430.

[4] MAHALINGAIAH S，HART JE，LADEN F，et al. Adult air pollution exposure and risk of infertility in the Nurses' Health Study Ⅱ [J]. Human Reproductive，2016，31：638-647.

[5] LAFUENTE R，GARCIA-BLAQUEZ N，JACQUEMIN B，et al. Outdoor air pollution and sperm quality [J]. Fertil Steril，2016，106：880-896.

[6] POPE CA，BURNETT RT，TURNER MC，et al. Lung cancer and cardiovascular disease mortality associated with ambient air pollution and cigarette smoke：shape of the exposure-response relationships [J]. Environmental Health Perspective，2011，119：1616-1621.

[7] DOCKERY DW，et al. An association between air pollution and mortality in six US cities [J]. New England Journal of Medicine，1993，329：1753-2759.

[8] GAUDERMAN WJ，AVOL E，et al. The effect of air pollution on Lung development from 10 to 18 years of age [J]. New England Journal of Medicine，2004，351：1057-1067.

[9] ROED J CANNELL R. Relationship between indoor and outdoor aerosol concentration following the Chernobyl accident [J]. Radiation Protection Dosimetry，1987，21(1-3)：107-110.

[10] WILSON WE，MAGE DT，GRANT LD. Estimating separately personal exposure to ambient and nonambient particulate matter for epidemiology and risk assessment：why and how [J]. Journal of the Air and Waste Management Association，2000，50：1167-1183.

[11] MENG QY，TURPIN BJ，POLIDORI A，et al. PM2.5 of ambient origin：estimates and exposure errors relevant to PM epidemiology [J]. Environmental Science and Technology，2005，39：5105-5112.

[12] KATSOUYANNI K，TOULOUMI G，SAMOLI E，et al. Confounding and effect modification in the short-term effects of ambient particles on total mortality：results from 29 European cities within the APHEA2 project [J]. Epidemiology，2001，12：521-531.

[13] TOLOCKA MP，SOLOMON PA，MITCHELL M，et al. East versus west in the US：chemical characteristics of PM2.5 during the winter of 1999 [J]. Aerosol Science and Technology，2001，34：88-96.

[14] SARNAT JA，LONG CM，KOUTRAKIS P，et al. Using sulfur as tracer of outdoor fine particulate matter [J]. Environmental Science and Technology，2002，36：5305-5314.

第3章 化 学 污 染

按照《室内空气质量标准》GB/T 18883—2022 的分类方法，室内空气污染按照污染物的特性可以分为物理性、化学性、生物性和放射性四类。其中，室内空气化学污染是指由化学物质引起的室内空气污染。

化学污染是室内空气污染的重要方面，本章将主要介绍室内空气化学污染物的种类，化学污染物的性质与危害，化学污染物的来源，化学污染物的散发规律 4 个方面。

3.1 室内空气化学污染的种类

室内空气中的化学污染物种类众多，常见的化学污染物主要有甲醛，苯及其同系物，低级脂肪醛，多环芳烃、邻苯二甲酸酯、多溴联苯醚等半挥发性有机物，以及二氧化硫、二氧化氮、氨等无机化合物。

室内空气中大部分的化学污染物主要以分子状态存在，称为气态污染物。室内空气中的气态污染物总体上可以分为无机化合物和有机化合物两类。其中，有机化合物数目众多，因此，通常将其分为甲醛、挥发性有机物（VOCs）和半挥发性有机物（SVOCs）三个类别。各类常见的气态污染物见表 3-1。

室内空气中的常见气态污染物　　　　　　　　　　表 3-1

污染物类型	典型污染物
无机化合物	二氧化硫（SO_2）、二氧化氮（NO_2）、一氧化碳（CO）、二氧化碳（CO_2）、氨（NH_3）、臭氧（O_3）等
有机化合物	甲醛（HCHO） 挥发性有机物（VOCs）：苯（C_6H_6）、甲苯（C_7H_8）、乙苯（C_8H_{10}）、二甲苯（C_8H_{10}）、己醛（$C_6H_{12}O$）、乙醛（$C_7H_{14}O$）、柠檬烯（$C_{10}H_{16}$）等 半挥发性有机物（SVOCs）：多环芳烃（PAHs）、邻苯二甲酸酯（PAEs）等

室内环境中的多环芳烃、邻苯二甲酸酯、多溴联苯醚等半挥发性有机物由于沸点高、吸附性强，常以吸附态形式存在，例如吸附在墙壁、家具以及室内人员的身体表面等。室内空气中的 SVOCs 物质主要存在于悬浮颗粒物的表面。

3.2 室内空气化学污染物的性质与危害

3.2.1 室内空气无机化合物的性质与危害

室内空气中的无机化合物主要包括二氧化硫（SO_2）、二氧化氮（NO_2）、一氧化碳（CO）、二氧化碳（CO_2）、氨（NH_3）、臭氧（O_3）等。

1. 二氧化硫

二氧化硫（Sulfur Dioxide）是空气中的主要污染物之一，在普通状态下是一种无色、透明气体，具有刺激性气味，易溶于水和乙醇。二氧化硫的化学式是 SO_2，相对分子质量是 64.06，熔点 $-75.5\ ℃$，沸点 $-10\ ℃$。

二氧化硫具有一定的致癌性。世界卫生组织国际癌症研究机构公布的数据表明，二氧化硫在 3 类致癌物清单中。空气中二氧化硫的浓度在 0.5ppm 以上时会对人体产生潜在影响，二氧化硫浓度在 1ppm 以上时会使人感受到较为明显的刺激。由于二氧化硫易溶于水，因此在吸入人体时易被湿润的黏膜表面吸收生成亚硫酸甚至进一步氧化为硫酸和硫酸盐，会对眼睛和呼吸道黏膜产生强烈的刺激作用。若不慎吸入大量的二氧化硫气体，则会引发肺水肿、喉水肿、声带痉挛乃至窒息等急性中毒症状。长期接触低浓度的二氧化硫气体，会引发头痛、头昏、乏力等身体症状以及慢性鼻炎、咽喉炎、支气管炎、嗅觉及味觉减退等慢性中毒症状。

2. 二氧化氮

二氧化氮（Nitrogen Dioxide）是一种常见的空气污染物，在室温常压状态下是一种棕红色、有刺激性气味的气体，易溶于水。二氧化氮的化学式是 NO_2，相对分子质量是 46.01，熔点是 $-11℃$，沸点 $21℃$。

二氧化氮具有刺激性，接触或吸入二氧化氮时会对呼吸道、眼睛等皮肤和黏膜组织造成刺激性伤害。吸入二氧化氮在初期时仅有轻微的上呼吸道刺激症状，如咽部不适、干咳等，数小时至十几小时或更长时间潜伏期后，会引发迟发性肺水肿、成人呼吸窘迫综合征，出现胸闷、呼吸窘迫、咳嗽等症状。长期接触或吸入空气中的二氧化氮气体会产生慢性呼吸道炎症及神经衰弱综合征等慢性中毒症状。

3. 一氧化碳

一氧化碳（Carbon Monoxide）是一种无色、无特殊气味的气体，化学式是 CO，相对分子质量是 28.01，熔点是 $-205℃$，沸点是 $-191.5℃$。一氧化碳难溶于水，不易液化或固化，它在常温常压环境下性质比较稳定，能在空气中长期蓄积。

一氧化碳是一种有毒气体，它随空气吸入人体后，会通过肺泡进入血液循环与血液中的血红蛋白（Hb）发生结合。一氧化碳与血红蛋白的亲和力比氧与血红蛋白的亲和力大 $200\sim300$ 倍，能够把血液内氧合血红蛋白（HbO_2）中的氧排挤出来，形成更稳定的碳氧血红蛋白（COHb），从而使血液中的血红蛋白失去输氧能力，导致人体缺氧，形成所谓的一氧化碳中毒。

空气中少量的一氧化碳被吸入人体后，会引发头痛、头昏、心悸、恶心等症状，这种轻度症状在吸入新鲜空气后可迅速消失。若吸入较高浓度的一氧化碳气体，则会出现剧烈的头痛、头昏、恶心、呕吐、心悸、眼花、四肢无力、嗜睡、烦躁、步态不稳、意识障碍等中毒反应症状。当吸入高浓度的一氧化碳导致血液中的碳氧血红蛋白浓度达到 50% 以上时，人体组织会严重缺氧，出现意识障碍严重、深度昏迷、血压下降等重度中毒症状，甚至造成死亡。

4. 二氧化碳

二氧化碳（Carbon Dioxide）在常温常压条件下是一种无色、无特殊气味的气体，化学式是 CO_2，相对分子质量是 44.01。二氧化碳的熔点是 $-56.6℃$，沸点是 $-78.5℃$，密度比空气大，可溶于水，与水反应后生成碳酸（H_2CO_3）。

二氧化碳是一种常见的温室气体，也是空气的组分之一，在空气中的体积占比大约是$0.03\%\sim0.04\%$。二氧化碳对人体健康具有一定的影响。研究表明，低浓度的二氧化碳不会对人体产生明显的伤害，但高浓度的二氧化碳则会使人和动物中毒，出现头晕、头痛、乏力、全身酸软等不适症状。长时间处于高浓度二氧化碳的环境中会使人呼吸困难、心悸、神志不清、昏迷，甚至呼吸心跳停止而死亡。

5. 氨

氨（Ammonia）是一种无色气体，具有刺激性气味，极易溶于水，水溶液呈碱性。氨的化学式是NH_3，相对分子质量是17.01，熔点是$-77.73℃$，沸点是$-33.34℃$，密度小于空气。

氨极易溶于水，在常温常压条件下，1体积的水可以溶解大约700倍体积的氨。氨经吸入或皮肤接触进入人体时，会对人体的眼、鼻、喉等黏膜组织产生较强的刺激和腐蚀作用。接触或吸入大量的氨会造成流泪、鼻塞、咳嗽、咽痛、呼吸困难等症状。氨经呼吸作用进入人的肺泡后会发生溶解，除了一小部分会被体内的二氧化碳中和外，其余的大部分的氨会以氨水（$NH_3·H_2O$）的形式进入血液，与血红白蛋白结合，破坏其输氧功能，导致人体中毒。此外，氨还能破坏人体内多种酶的活性，影响组织代谢，并对中枢神经系统具有强烈的刺激作用。

6. 臭氧

臭氧（Ozone）是氧气的一种同素异形体，化学式是O_3，相对分子质量是48.00。臭氧在常温常压状态下是一种有鱼腥味的淡蓝色气体，具有强氧化性和强刺激性。臭氧具有较高的氧化性和化学反应活性，易分解，可在较低的温度下发生氧化反应，是大气中非常稀薄的一种活性气体。臭氧易溶于水，溶于水时可以作为一种强力的漂白剂。

臭氧主要存在于离地球表面$15\sim50km$之间的平流层区域。距离地球表面约20km的平流层较低层是臭氧浓度最高的区域，此处臭氧的浓度大约是50ppm，占大气中臭氧总量的90%。平流层中的臭氧可以吸收太阳光中对人体有害的短波紫外线，防止其到达地球对人体造成伤害，因此形成了人们常说的"臭氧保护层"。

在距离地面10km以下的对流层中包含有微量的臭氧，一般浓度为$10\sim100$ppb。对流层中的臭氧主要是由自然界和人类活动排放出的大量氮氧化物、碳氢化合物等气体在日光照射下发生的光化学反应产生。与高空平流层中臭氧的保护作用相反，地表空气中的臭氧对人类和动植物都具有较大的危害作用。

地表环境中的臭氧会对人的黏膜组织造成刺激性伤害，引起咳嗽、呼吸困难及肺功能下降等症状。长时间接触高浓度的臭氧会使人出现疲乏、咳嗽、胸闷胸痛、恶心头痛、视力下降等不良症状。不仅如此，臭氧具有强氧化性，氧化性甚至高于过氧化氢、高锰酸根等物质和离子，可以与多种无机物（如硫化物、氮氧化物）和有机物（如烯烃类化合物、萜烯类化合物等）发生反应，产生二次污染物，对空气环境和人体健康造成进一步的伤害。

3.2.2 室内空气有机化合物的性质与危害

1. 甲醛

甲醛（Formaldehyde）在常温常压条件下是一种无色的刺激性气体，易溶于水和乙醇。甲醛的化学式是 HCHO，熔点是 $-92℃$，沸点是 $-19.5℃$，相对分子质量是 30.03，相对空气密度是 1.067（空气为 1）。甲醛水溶液的浓度最高可达 55%，35%～40% 的甲醛水溶液称为福尔马林（Formalin），具有杀菌和防腐作用。

甲醛具有很强的致癌性。2017 年 10 月 27 日，世界卫生组织国际癌症研究机构公布的致癌物清单中将甲醛归类于 1 类致癌物。甲醛对人的皮肤、眼睛、鼻腔、呼吸道等皮肤和黏膜组织具有刺激作用。长期接触或吸入低浓度的甲醛可导致皮炎、流泪、喷嚏、咳嗽、支气管炎等不良反应，也会对心血管系统、内分泌系统、消化系统等产生毒性作用，还会导致头痛、乏力、心悸、失眠等症状。若经消化道一次性摄入大量的甲醛则会产生急性毒性，引起消化道腐蚀性灼伤及全身中毒症状，如腹痛、抽搐、死亡等。

2. 挥发性有机物（VOCs）

挥发性有机物（Volatile Organic Compounds）常用 VOCs 的缩写表示。不同的机构对 VOCs 的定义有细微的区别。世界卫生组织（WHO）对 VOCs 的定义是，在常温下沸点处于 50～260℃ 之间的各种有机化合物。在我国，VOCs 是指常温常压下饱和蒸汽压大于 70 Pa、沸点在 260℃ 以下的有机化合物。

在研究室内空气污染时，各种 VOCs 的总和（总挥发性有机物，TVOC）是一个十分重要的指标。TVOC 是指采用气相色谱法非极性色谱柱（极性指数小于 10）分析室内空气中的气态有机物时，保留时间在正己烷和正十六烷之间的挥发性有机物的总和。

室内空气中的 VOCs 种类众多，按其官能团结构可以分为：烃类（烷烃、烯烃和芳烃）、醇类、酚类、醛类、酮类、酯类、胺类、腈（氰）类、卤代类等。其中，苯及其同系物甲苯、乙苯、二甲苯常被称为 BTEX（四种物质的英文首字母缩写）（表 3-2）。BTEX 是典型的芳香烃类物质，对人体健康的危害尤为突出。

苯及其同系物甲苯、乙苯、二甲苯（BTEX）的性质特征　　　表 3-2

苯及其同系物	化学式	CAS 号	相对分子质量	沸点（℃）	相对空气密度
苯	C_6H_6	71-43-2	78.11	80.0	3.6
甲苯	C_7H_8	108-88-3	92.14	110.6	3.1
乙苯	C_8H_{10}	100-41-4	106.16	136.2	3.7
二甲苯	C_8H_{10}	1330-20-7	106.16	138.4	3.7

苯（Benzene）是最结构简单的芳香烃，化学分子式是 C_6H_6，由六个碳原子构成一个六元环，每个碳原子接一个氢原子，形成一个六元环结构。苯难溶于水，易溶于有机溶剂，易挥发。常温常压条件下，低浓度的苯气体稍微具有芳香气味，高浓度时逐渐变为刺激性较强的塑料气味。

苯是一种强致癌物质，在世界卫生组织国际癌症研究机构公布的致癌物质清单中，苯属于 1 类致癌物质，具有强致癌性。苯具有易挥发性，很容易在空气中扩散和传播，并经过呼吸等途径进入人体。苯经过呼吸吸入或皮肤接触进入人体后会对中枢神经系统产生麻痹作用，引起急性中毒症状，使人产生睡意、头昏、心率加快、神志不清等现象，严重时会出现头痛、恶心、呕吐、神志模糊、知觉丧失、昏迷、抽搐等症状，甚至会因为中枢系统麻痹而死亡。长期接触苯会对造血组织和神经系统造成损害，引起慢性中毒，导致白血病和神经衰弱综合征等疾病。

甲苯（Toluene）是苯环上的一个氢原子被甲基取代后生成的一种同系物，化学分子式是 C_7H_8。甲苯在常温下是无色澄清液体，易挥发，不溶于水，与苯具有相似的气味。在世界卫生组织国际癌症研究机构公布的致癌物质清单中，甲苯属于 3 类致癌物质，具有致癌性。甲苯对人的皮肤和黏膜组织具有刺激性，对中枢神经系统具有麻醉作用。短时间内吸入较高浓度的甲苯会导致急性中毒症状，如眼及上呼吸道的明显刺激、眼结膜及咽部充血、头晕、头痛、胸闷、四肢无力、意识模糊等，甚至抽搐、昏迷。长期接触甲苯会导致慢性中毒，引发神经衰弱综合征。

乙苯（Ethyl Benzene）是苯环上一个氢原子被乙基取代后生成的一种同系物，化学分子式是 C_8H_{10}。常温下乙苯是一种无色液体，不溶于水，易挥发，与苯具有相似的气味，化学性质较为稳定。在世界卫生组织国际癌症研究机构公布的致癌物清单中，乙苯被划分在 2B 类致癌物清单中，具有较强的致癌性。乙苯对人体皮肤和黏膜有较强刺激性，高浓度的乙苯具有麻醉作用，对人体健康造成的毒性与甲苯相似。

二甲苯（Xylene）是苯环上两个氢原子被甲基取代的同系物，化学分子式是 C_8H_{10}，存在邻二甲苯、间二甲苯、对二甲苯三种同分异构体。通常，二甲苯是指上述三种异构体的混合物。二甲苯在常温下是无色透明液体，易挥发，不溶于水，低浓度时具有芳香气味，高浓度时具有较强的刺激性气味，与苯、甲苯等芳香烃相似。在世界卫生组织国际癌症研究机构公布的致癌物清单中，二甲苯属于 3 类致癌物，具有致癌性。二甲苯对人体健康造成的危害和毒性与甲苯相似。

除了苯及其同系物之外，其他 VOCs 也会对人体健康构成危害，但由于室内空气中的 VOCs 种类繁多，无法穷举。总体上，室内空气中的 VOCs 对人体的危害主要是在吸入和皮肤接触时刺激呼吸道、眼睛和皮肤造成过敏症状，以及进入人体内后损害人的肝脏、肾脏和神经系统等器官组织，使人产生头晕、头痛、咽痛、乏力等症状。某些具有致癌、致畸、致突变效应的 VOCs 还会进一步对人体造成癌症、白血病等伤害。表 3-3 列举了室内空气中常见 VOCs 等化学物质的性质特征与毒性参数。

3. 半挥发性有机物（SVOCs）

半挥发性有机物（Semi-Volatile Organic Compounds），常用缩写 SVOCs。半挥发性有机污染物是指沸点在 240~400℃ 之间的有机物。室内环境中常见的半挥发性有机物主要有邻苯二甲酸酯（Phthalate Acid Esters，PAEs）、多溴联苯醚（Polybrominated Diphenyl Ethers，PBDEs）、多环芳烃（Polycyclic Aromatic Hydrocarbons，PAHs）等。常温下 SVOCs 的饱和蒸气压很低，通常在 10^{-14}~10^{-4} atm（1atm 是 1 个标准大气压）范围内，远低于 VOCs 的饱和蒸气压（10^{-4}~10^{-1} atm）。因此 SVOCs 的挥发性较低，极易吸附在各种物体表面。例如，室内环境中的 SVOCs 只有少部分是以气态污染物形式存在于空气中，大部分是吸附于家具、墙体、灰尘、人体皮肤、衣物以及空气中的悬浮颗粒物表面。

邻苯二甲酸酯（Phthalate Acid Esters，PAEs）又称酞酸酯，是由邻苯二甲酸酐与醇类物质在酸性条件下酯化而成的酯类化合物的统称。根据醇类物质的侧链基团不同，可以衍生出 20 多种邻苯二甲酸酯类化合物。邻苯二甲酸酯是一类普遍使用的增塑剂和软化剂，可使聚氯乙烯类的塑料由硬塑胶变为有弹性的软塑胶，提高产品的可塑性。邻苯二甲酸酯已广泛应用于数百种产品中，包括地板、壁纸、玩具、家电、包装材料、个人护理用品等

表 3-3

室内空气中常见有机化合物的性质特征及毒性参数

序号	中文名	英文名	CAS 号	化学分子式	相对分子质量	沸点 (℃)	RFC	数据来源	IUR	数据来源
1	甲醛	Methanal	50-00-0	CH_2O	30.026	-19.5 ± 9.0	9.8×10^{-3}	ATSDR	1.3×10^{-5}	I
2	苯	Benzene	71-43-2	C_6H_6	78.112	78.8 ± 7.0	3.0×10^{-2}	I	7.8×10^{-3}	I
3	甲苯	Toluene	108-88-3	C_7H_8	92.140	110.6	5.0	I	—	—
4	乙苯	Ethylbenzene	100-41-4	C_8H_{10}	106.165	136.2 ± 3.0	1.0	I	2.5×10^{-3}	R369
5	对二甲苯	Xylene, p-	106-42-3	C_8H_{10}	106.165	139.6 ± 10.0	1.0×10^{-1}	R369	—	—
6	间二甲苯	Xylene, m-	108-38-3	C_8H_{10}	106.165	140.6 ± 10.0	1.0×10^{-1}	R369	—	—
7	邻二甲苯	Xylene, o-	95-47-6	C_8H_{10}	106.165	145.9 ± 10.0	1.0×10^{-1}	R369	—	—
8	二甲苯	Xylenes	1330-20-7	C_8H_{10}	106.165	145.9 ± 10.0	2.0×10^{-1}	I	—	—
9	苯乙烯	Styrene	100-42-5	C_8H_8	104.149	145.2 ± 7.0	1.0×10	I	—	—
10	丙酮	Acetone	67-64-1	CH_3COCH_3	58.080	56.5	3.1×10^1	R369	—	—
11	二氯甲烷	Methylene Chloride	75-09-2	CH_2Cl_2	84.933	39.6 ± 0.0	6.0×10^{-1}	I	1.0×10^{-5}	I
12	氯苯	Chlorobenzene	108-90-7	C_6H_5Cl	112.557	131.7 ± 0.0	5.0×10^{-2}	P	—	—
13	苯并芘	Benzo (a) anthracene	50-32-8	$C_{20}H_{12}$	252.309	495.0 ± 0.0	—	—	—	—
14	萘	Naphthalene	91-20-3	$C_{10}H_8$	128.171	221.5 ± 7.0	3.0×10^{-3}	I	3.4×10^{-2}	R369
15	多溴联苯	Polybrominated Biphenyls	59536-65-1	$C_{12}H_4Br_6$	627.584	487.3	—	R369	8.6	R369
16	邻苯二甲酸二 (2-乙基己基) 酯	Bis (2-ethylhexyl) Phthalate	117-81-7	$C_{24}H_{38}O_4$	390.556	384.9 ± 10.0	—	—	2.4×10^{-6}	Cal EPA

注：RFC：非致癌效应呼吸吸入参考浓度；IUR：致癌效应呼吸吸入单位致癌因子。"ATSDR"代表数据来源于美国有毒物质和疾病登记局，"I"代表数据来源于美国环保局综合风险信息系统，"P"代表数据来源于美国环保局临时同行审定毒性数据，"R369"代表数据来源于美国环保局第 3、6、9 区域分局区域筛选值（总表污染物毒性数据），"Cal EPA"代表数据来源于美国加州环保局。

室内材料和物品。这些室内材料和物品在使用过程中，会释放出一定量的邻苯二甲酸酯进入室内环境，吸附于室内物品和空气中悬浮颗粒物的表面，对人体健康造成风险危害。邻苯二甲酸酯类物质与人体内某些激素的化学结构类似，通过吸入和皮肤接触进入人体后，会对人体健康造成不同程度的危害，例如产生内分泌干扰作用，造成内分泌系统紊乱。此外，也有研究表明邻苯二甲酸酯的暴露与哮喘等呼吸系统疾病具有关联性，还会对男性生殖系统的发育造成不可逆的伤害。邻苯二甲酸（2-乙基己基）酯是一种典型的邻苯二甲酸酯，已被定级为 2B 级致癌物质。美国环保局（Environmental Protection Agency，EPA）于 2001 年将邻苯二甲酸二甲酯（DMP）、邻苯二甲酸二乙酯（DEP）、邻苯二甲酸二丁酯（DBP）、邻苯二甲酸二辛酯（DNOP）、邻苯二甲酸丁苄酯（BBP）和邻苯二甲酸（2-乙基己基）酯（DEHP）等 6 种邻苯二甲酸酯类化合物列入 129 种重点控制的污染物名单，并颁布了相应限制使用的法律法规。我国于 2002 年将 DMP、DBP 和 DNOP 等 3 种邻苯二甲酸酯类化合物列为环境优先污染物名单进行优先监测和管控。

多溴联苯醚（Polybrominated Diphenyl Ethers，PBDEs）是溴系阻燃剂中一类阻燃性能优异的化合物，化学通式为 $C_{12}H_{(0-9)}Br_{(1-10)}O$。多溴联苯醚在室温下有较低的蒸气压、较高的辛醇-水分配系数和辛醇-空气分配系数。根据溴原子的数量不同，多溴联苯醚可以分为 10 组共 209 种同系物。由于其具有优异的阻燃性能，多溴联苯醚已经被广泛地应用于电器、建材、家具、纺织品等各种工业产品和日常用品当中，以提高产品的防火性能。用于工业产品中时，主要包括五溴联苯醚（以四、五溴代联苯醚为主）、八溴联苯醚（以六、七、八溴代联苯醚为主）和十溴联苯醚 3 种。由于多溴联苯醚用作添加型阻燃剂时主要以混合模式掺杂在产品中，并不与产品形成化学键，因此很容易通过挥发、渗出等方式从产品表面脱落而进入环境。含有多溴联苯醚的产品在室内使用过程中也会逐渐释放一定量的多溴联苯醚进入室内环境，吸附于室内物品和空气中悬浮颗粒物的表面，从而对人体健康造成风险危害。多溴联苯醚具有环境持久性、生物可累积性以及对人和生物体具有毒害效应等特性。研究表明，多溴联苯醚对哺乳动物、鱼类甚至人体具有多种潜在毒性，如肝脏毒性、生殖毒性、神经毒性等。鉴于多溴联苯醚的广泛分布和对环境、生物和人体的潜在危害，许多国家和地区对多溴联苯醚的生产和使用进行了限制。例如，欧盟分别于 2000 年和 2008 年对五溴联苯醚以及八溴联苯醚和十溴联苯醚实施了禁用。美国于 2004 年对五溴联苯醚以及八溴联苯醚实施了禁用。我国于 2007 年停止生产五溴联苯醚。2009 年 5 月，联合国环境规划署正式将四溴联苯醚和五溴联苯醚、六溴联苯醚和七溴联苯醚列入《斯德哥尔摩公约》进行管控。面对国际社会不断增加的多溴联苯醚等新兴污染物的控制需求，我国科研工作者也在大力增进研究，提升在制定有关管控方案时的话语权。

多环芳烃（Polycyclic Aromatic Hydrocarbons，PAHs）是指分子中含有两个或两个以上苯环以稠环形式相连的化合物，可分为芳香稠环型及芳香非稠环型。常见的多环芳烃类有机污染物主要有萘（Naphthalene）、苊（Acenaphthene）、芴（Fluorene）、菲（Phenanthrene）、蒽（Anthracene）、芘（Pyrene）、苯并蒽（Benzoanthracene）、苯并芘（Benzopyrene）以及它们衍生出的各种化合物。多环芳烃可以通过呼吸道、皮肤、消化道等途径进入人体，威胁着人类的健康。多环芳烃具有很强的致畸、致癌、致突变作用。研究表明，肝脏中产生的 PAHs 代谢物可与 DNA、蛋白质相结合引发细胞的突变，母体过多接触多环芳烃会增加新生儿患白血病的概率。例如，苯并芘是一种典型的多环芳烃，已被世界卫生组织国际癌症研究机构确认为 1 级致癌物质。

表 3-3 列举了室内空气中常见的 SVOCs 类化学污染物，例如邻苯二甲酸二酯、多溴联苯等的化学性质与健康风险毒性参数。

3.3 化学污染的来源

室内空气中化学污染物的来源从广义上来讲有两个方面，分别是室外来源和室内来源。前者是指室外大气环境中的化学污染物通过建筑通风和渗透等过程进入室内环境，造成室内空气化学污染。后者是指室内环境中的材料物品或人员活动等散发的化学污染物导致的室内空气化学污染[1]。从污染物的类型上讲，可以分为以下几个方面。

3.3.1 室内空气中无机化合物的来源

二氧化硫和二氧化氮是我国大气环境的主要污染物。室外大气环境中的二氧化硫和二氧化氮等污染物可以通过门窗、管道孔隙等途径进入室内。当室外大气中的二氧化硫和二氧化氮浓度较高时，这种室内外的空气交换是室内空气中二氧化硫和二氧化氮污染物的主要来源。室内烹饪、取暖的过程中若燃烧化石和生物质燃料也会产生一定浓度的二氧化硫、二氧化氮等空气污染物。

室内空气中的一氧化碳主要来源于烹饪、取暖时的燃料燃烧以及烟草产品燃烧等过程。在通风不良等条件下这些燃料会发生不充分燃烧，容易产生较多的一氧化碳气体并造成浓度上升，从而对人的健康和安全产生危害。

室内空气中的二氧化碳主要来源于人自身呼吸作用的排出以及燃料的燃烧过程。成年人平均每天呼吸排出大约 1000 L 的二氧化碳气体，如果房间密闭、通风不畅，很容易导致室内空气中的二氧化碳浓度迅速升高。此外，室内烹饪、取暖等燃料燃烧过程也是产生二氧化碳的重要来源。

室内空气中的氨主要是来源于建材的释放。建筑施工时，常常需要在混凝土里添加高碱混凝土膨胀剂和含尿素与氨水的混凝土防冻剂等外加剂，以防止混凝土在冬期施工时被冻裂。这些含有大量氨类物质的外加剂与混凝土一起筑成建筑墙体后，会随着环境温度、湿度等条件的变化而逐渐还原成氨气，并从建筑墙体中缓慢释放出来，造成室内空气中氨浓度的上升。另一方面，有些室内建筑装修材料也含有氨水，例如家具涂饰时使用的添加剂和增白剂，会在一定的条件下释放氨气进入室内空气。

室内空气中的臭氧主要来源是室外大气环境和某些室内物品的释放。自然界和人类活动（例如汽车尾气、工业废气等）会排放出大量氮氧化物、碳氢化合物等气体污染物，在日光照射下发生光化学反应产生大量臭氧，使室外大气环境中的臭氧浓度升高，进而伴随着通风、渗透等室内外空气交换过程进入室内环境，形成室内空气中的臭氧污染。此外，室内办公设备（如打印机、复印机等）以及某些家用电器（如静电过滤器、臭氧消毒柜等）在使用过程中也会产生臭氧，造成室内臭氧浓度的升高。

3.3.2 室内空气中有机化合物的来源

1. 甲醛的来源

室内空气中的甲醛主要来源于建筑装修材料和室内日用品的释放，包括以下几个方面。

（1）人造板是室内空气中甲醛的重要释放源。建筑装修过程中使用的胶合板、中密度纤维板、细木工板等人造板材大多是由木材碎料和脲醛树脂或酚醛树脂胶粘剂经热压制成，在使用的过程中会不断地释放游离甲醛气体分子进入室内空气造成化学污染。人造板材中游离甲醛的释放周期一般长达数年。

（2）壁纸、胶粘剂、化纤地毯、窗帘等含有甲醛成分的建筑装修材料在使用过程中也会散发甲醛。

（3）衣服、床单等合成织物和一些含有甲醛成分的日用品也是室内空气中甲醛污染物的散发源。

2. 挥发性有机物（VOCs）的来源

室内空气中 VOCs 的来源主要有三类。

（1）室外空气污染物：VOCs 是工业生产等过程中排放的典型大气污染物，当室外大气中含有较高浓度的 VOCs 时可通过空气交换进入室内，导致室内空气 VOCs 污染。

（2）建筑装修材料与物品：涂料、胶粘剂、皮革、人造板等建筑装修材料内含有大量的挥发性有机物组分，在使用过程中散发的挥发性有机物是室内空气 VOCs 污染物的主要来源之一。

（3）烹饪和取暖等过程：在烹饪、取暖时的燃料燃烧以及烟草产品燃烧等过程中会产生大量的 VOCs 进入室内空气。特别是烹饪过程中如果采用高温对食材进行煎烤油炸，会产生较多的醛酮类 VOCs 等空气污染物，对人体健康造成危害。

（4）日常生活用品释放：日常生活中使用清洁剂、芳香剂等生活用品含有乙醇等大量的有机物组分，在使用过程中也会释放 VOCs 类物质进入室内空气环境。

3. 半挥发性有机物（SVOCs）的来源

室内空气中常见的 SVOCs 包括邻苯二甲酸酯、多溴联苯醚、多环芳烃等。其中，邻苯二甲酸酯作为增塑剂和软化剂，多溴联苯醚作为阻燃剂，都被广泛添加于建材（例如壁纸、地毯、胶粘剂）、家具、电器、玩具、纺织品、包装材料、个人护理用品各种工业产品和日常用品当中。由于邻苯二甲酸酯和多溴联苯醚主要以混合模式掺杂在产品中，并不与产品形成化学键，很容易通过挥发、渗出等方式从产品表面脱落而进入环境。因此，含有邻苯二甲酸酯、多溴联苯醚的产品在室内使用过程中会逐渐释放进入室内环境，吸附于室内物品和空气中悬浮颗粒物的表面，形成了室内空气中邻苯二甲酸酯、多溴联苯醚污染物的主要来源。此外，室外空气中的邻苯二甲酸酯、多溴联苯醚类污染物经空气交换进入室内环境，也是造成室内空气中 SVOCs 污染的重要来源。

室内空气中的多环芳烃主要来源于室内的燃烧过程和室外空气污染物交换过程。室内烹饪和取暖时的燃料燃烧是产生多环芳烃的一个重要过程。不仅如此，烹饪时如果加热食物的油温过高，或者食物被过分油炸、煮焦，则很容易产生苯并芘等多环芳烃类污染物。对于室外环境，石油类产品和化石燃料的燃烧是产生多环芳烃的主要过程。例如，柴油、汽油、煤的燃烧过程中会排放大量的多环芳烃类污染物进入大气环境，这些物质随空气交换进入室内，是造成室内空气中多环芳烃等 SVOCs 污染的重要来源。

3.4 化学污染物的散发规律

从前面的章节内容可以看出，建筑室内装修材料和家具物品是室内空气中的化学污染物，特别是甲醛、VOCs 和 SVOCs 等危害较大污染物最主要的散发源。室内建筑装修材料和物品中甲醛、VOCs 和 SVOCs 等污染物的散发，本质上是一个扩散传质问题。本节将从扩散传质角度出发，介绍室内建筑装修材料和物品中甲醛、VOCs 和 SVOCs 污染物的散发规律。

3.4.1 扩散传质现象

室内建筑装修材料和物品中甲醛、VOCs 和 SVOCs 等气态污染物的散发，本质上是一个扩散传质问题。扩散的驱动力是分子的热运动。当温度高于绝对零度时，一切物质的分子都会不停地进行无规则热运动，扩散现象就是这种分子热运动的统计结果。宏观上讲，扩散现象是指不同的物质能够彼此进入对方的现象，这种现象并不是由重力、对流等外界作用引起，也不是化学反应的结果，而是由物质分子的无规则运动产生。

分子的热运动是随机的，当物质分子在空间中的不同区域存在浓度差异时，高浓度一侧的分子随机移向低浓度一侧的数量会明显多于低浓度区分子随机移向高浓度区的分子数量。这种差异在经过一定时间的累积后便会形成一定规模的质量传递，使物质分子在不同区域的浓度趋于均匀。这种由分子热运动引起的物质的质量传递在宏观上的统计结果就形成了物质从高浓度区域向低浓度区域的扩散过程。

以甲醛为例，对于一块暴露在室内空气中的人造板，由于人造板内部含有高浓度的甲醛，并且浓度远高于室内空气中甲醛的浓度，导致甲醛分子在人造板表面与室内空气界面处存在浓度差，这种浓度差使得甲醛分子会从高浓度的一侧（人造板内部）向低浓度的一侧（室内空气）发生扩散，并最终进入到室内空气中。

3.4.2 菲克定律

1. 菲克第一定律

对于由浓度差或浓度梯度引起的质量扩散问题，通常可以采用菲克定律进行描述。德国科学家阿道夫·菲克（Adolf Fick）在 1855 年提出了菲克第一定律，描述物质从高浓度区向低浓度区迁移的扩散规律。

设立 X 轴平行于浓度梯度的坐标系，在稳态扩散的条件下（$dC/dt=0$），单位时间内通过垂直于扩散方向的单位截面积的扩散物质流量（称为扩散通量 Diffusion flux，J）与该截面处的浓度梯度（Concentration gradient，C）成正比。其数学表达式为：

$$J \equiv \frac{dm}{A dt} = -D\left(\frac{\partial C}{\partial x}\right) \tag{3-1}$$

式中 D——扩散系数，m^2/s；

C——扩散物质的体积浓度，kg/m^3；

$\partial C/\partial x$——浓度梯度，"—"号表示扩散方向为浓度梯度的反方向，即扩散物质是由高浓度区向低浓度区扩散。扩散通量 J 的单位是 $kg/(m^2 \cdot s)$。

扩散系数（Diffusion coefficient，D）D 是描述扩散速率的重要物理量。物质的扩散系数既取决于该物质本身的性质，也取决于物质所处系统的状态和成分。例如，物质在空气、溶液、固体三种介质中的扩散系数相差可达 5 个数量级，在不同的温度和压力条件下，物质的扩散系数也会发生变化。

菲克第一定律指出了在任何浓度梯度驱动的扩散体系中，物质将沿其浓度场决定的负梯度方向进行扩散，并且扩散流大小与浓度梯度成正比。同时，菲克第一定律方程中假定了温度、压力或其他外力对物质扩散的影响可以忽略，方程中只考虑质量浓度梯度对物质扩散的影响。

2. 菲克第二定律

菲克第一定律假定了物质的扩散过程是稳态扩散，但很多实际情况下物质的扩散是非稳态的。在非稳态扩散体系中，物质的扩散通量 J 是非稳态的，随时间 t 和距离 x 的变化而变化。此时，对于与 x 轴垂直的两个单位平面 x_1，$x_1 + dx$ 及两平面间厚度为 dx 的微体积元，基于物质守恒原理，可以推导出微体积元中的浓度变化率为：

$$\left(\frac{\partial C}{\partial t}\right)_{x_1} dx = J(x_1) - J(x_1 + dx) \tag{3-2}$$

$$J(x_1 + dx) = J(x_1) + \left(\frac{\partial J}{\partial x}\right)_{x_1} dx \tag{3-3}$$

结合菲克第一扩散定律，式（3-1）可得：

$$\left(\frac{\partial C}{\partial t}\right) = -\frac{\partial J}{\partial x} = -\frac{\partial}{\partial x}\left(-D\frac{\partial C}{\partial x}\right) \tag{3-4}$$

假设扩散系数 D 为常数，则式（3-4）可表达为：

$$\left(\frac{\partial C}{\partial t}\right) = D\frac{\partial^2 C}{\partial x^2} \tag{3-5}$$

式（3-5）就是菲克第二扩散定律方程，它是在第一定律的基础上推导而来。

第二扩散定律指出，在非稳态扩散过程中，在距离 x 处，浓度随时间的变化率等于该处的扩散通量随距离变化率的负值。

第二扩散定律可以描述扩散物质的浓度随扩散系数、时间、空间等变化的相互关系。对于很多固体材料中的或分子扩散问题，其浓度是随时间变化的，即 dC/dt 不等于 0。对于这种非稳态扩散的体系，必须采用菲克第二扩散定律分析和计算。采用菲克第二扩散定律求解扩散问题时，关键是要厘清扩散问题的起始条件和边界条件，以及扩散物质分子在 t 时刻的浓度分布。

3.4.3　扩散过程中的质量守恒方程

为了研究室内建材和物品散发气态污染物的传质过程，通常采用动态环境舱模拟室内环境进行实验，并采用传质模型对污染物的扩散问题进行分析求解。如图 3-1 所示，将一块建材放入一定容积的动态环境舱中，从环境舱一侧的进气口通入洁净气体，控制舱内的温度、湿度以及通入气体的流速（换气率），利用通入的洁净气体将建材散发的甲醛、VOCs 等气态污染物从环境舱另一侧的出气口带出来。通过测量出气口的气体中甲醛、VOCs 等气态污染物的逐时浓度，分析气态污染物从建材散发的传质扩散过程。假设实验开始之前以及实验初始时刻（$t = 0$ 时）环境舱内气态污染物的浓度为 0，所通入的洁净空气中气态污染物的浓度也为 0，甲醛、VOCs 等气态污染物自建材散发出来之后在舱内迅速混合均匀。

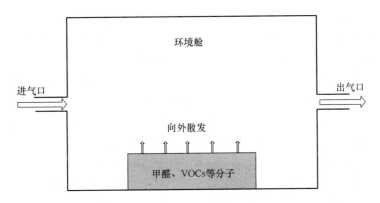

图 3-1 环境舱内建材散发气态污染物示意图

1. 单相传质模型

单相传质模型是将建材视为一个内部组成均匀的均相整体。最经典的单相传质模型是由 Little 在 1994 年提出[2]，假定甲醛、VOCs 等气态污染物分子在建材内部均匀分布，扩散系数与浓度无关，并忽略材料表面的对流传质阻力，则可以依据菲克第二扩散定律构建气态污染物分子在材料内的浓度方程为：

$$\left(\frac{\partial C_m}{\partial t}\right) = D\frac{\partial^2 C_m}{\partial x^2} \tag{3-6}$$

初始条件：

$$C_m(x, t) = C_0, \ t = 0, \ 0 \leqslant x \leqslant L \tag{3-7}$$

边界条件：

$$\left.\frac{\partial C_m(x, t)}{\partial x}\right|_{x=0} = 0 \tag{3-8}$$

$$\frac{\partial C_a(t)}{\partial t} \cdot V = -D \cdot A\left.\frac{\partial C_m(x, t)}{\partial x}\right|_{x=L} - Q \cdot C_a \tag{3-9}$$

$$C_a(t) = \frac{C_m(x, t)|_{x=L}}{K} \tag{3-10}$$

式中　C_m——材料内部气态污染物浓度，mg/m^3；

　　　C_a——空气中气态污染物的浓度，mg/m^3；

　　　C_0——气态污染物的初始可散发浓度，mg/m^3；

　　　D——气态污染物在材料内部的扩散系数；

　　　K——气态污染物在材料和空气界面的分配系数；

　　　L——材料厚度，m；

　　　V——环境舱体积，m^3；

　　　A——材料表面积，m^2；

　　　Q——舱内空气体积流量，m^3/h。

利用上述偏微方程以及边界条件可以求得 $C(x, t)$ 的解：

$$C(x, t) = 2C_0\sum_{n=1}^{\infty}\left\{\frac{\exp(-Dq_n^2 t)(h - kq_n^2)\cos(q_n x)}{[L(h - kq_n^2)^2 + q_n^2(L + k) + h]\cos(q_n L)}\right\} \tag{3-11}$$

其中 $h = (Q/A)/(D \cdot K_v)$，$k = (V/A)/K_v$，q_n 是 $q_n\tan(q_n L) = h - kq_n^2 q$ 的正根。

单相传质模型是基于气态污染物从材料内部扩散传质到材料外部空气环境中的实际传质过程而建立，初步揭示了室内建材中甲醛、VOCs 等气态污染物的散发规律。但是 Little 建立的单相传质模型中假定气态污染物在建材内部均匀分布，并且忽略了气态污染物在室内材料表面的对流传质阻力，即认为对流传质系数为无穷大，污染物在材料表面空气侧的浓度与其在环境舱中的浓度没有差异。这些假设导致 Little 模型在预测室内建材污染物散发浓度时存在一定偏差。在 Little 模型的基础上，研究者们又相继进行了多次修正，考虑了对流传质阻力的影响，实现了环境舱内气态污染物浓度的完全解析解。

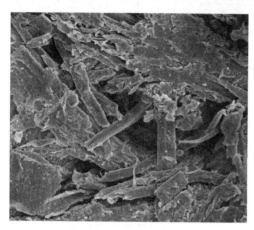

图 3-2　板材内部的不规则孔隙结构

2. 多孔介质传质模型

虽然单相传质模型可以用于揭示室内建材中气态污染物的散发机理，但实际建筑材料往往并非均相体系，大多数都是非均相多孔材料，内部含有大量的不规则孔隙结构（图 3-2）。甲醛和 VOCs 等气态物质分子在非均相多孔材料内部的扩散过程分为孔内气相扩散和吸附相扩散。

基于甲醛和 VOCs 在多孔材料内部的扩散传质特点，研究者们提出了多孔介质传质模型，假设甲醛、VOCs 等气态污染物分子在多孔建材内部的状态为两相，即孔内传质的气相以及与孔壁等界面传质的吸附相，构建了多孔介质传质的控制方程[3]：

$$\varepsilon \frac{\partial C}{\partial t} + (1-\varepsilon) \frac{\partial C_{ad}}{\partial t} = \varepsilon D_g \frac{\partial^2 C}{\partial y^2} + (1-\varepsilon) D_s \frac{\partial^2 C_{ad}}{\partial y^2} \tag{3-12}$$

$$C_{ad} = K_p C \tag{3-13}$$

$$D_e = \varepsilon D_g, \quad K_e = \varepsilon + (1-\varepsilon) K_p \tag{3-14}$$

边界条件：

$$-D_e \frac{\partial C}{\partial t} \bigg|_{v=L} = h(C - C_{\infty}) \tag{3-15}$$

$$\frac{\partial C}{\partial y} \bigg|_{v=0} = 0 \tag{3-16}$$

初始条件：

$$C(y, t) = C_0, \quad t = 0, \quad 0 \leqslant y \leqslant L \tag{3-17}$$

式中　ε——材料孔隙率；

C_{ad}——吸附相 VOCs 浓度；

D_g——气相中 VOCs 扩散系数；

D_s——VOCs 在吸附相表面的扩散系数；

K_p——孔吸附相和气相分配系数；

K_e——有效分配系数；

h——对流传质系数。

多孔介质传质模型考虑了实际建材的多孔结构特征，相比于单相传质模型更符合室内建筑材料中甲醛、VOCs 等气态污染物的实际扩散传质规律，更有利于认识建材中甲醛、

VOCs 等气态污染物传质扩散的微观机理，揭示室内建筑装修材料污染物向空气扩散的过程。

习　　题

1. 室内空气化学污染物的类型有哪些？它们的主要来源分别是什么？
2. 什么是半挥发性有机物？室内空气中的半挥发性有机物主要有哪些？
3. 菲克第二扩散定律与菲克第一定律的区别是什么？

本 章 参 考 文 献

［1］ 张淑娟．室内空气污染概论[M]．北京：科学出版社，2017.
［2］ LITTLE J C，HODGSON A T，GADGIL AJ. Modeling emissions of volatile organic compounds from new carpets，Atmos Environ[J]．1994，28(2)：227-234.
［3］ LIU Y F，ZHOU XJ，WANG D J，et al. A diffusivity model for predicting VOC diffusion in porous building materials based on fractal theory[J]．Journal of Hazardous Materials，2015，299：685-695.

第4章 微生物污染物

微生物（Microorganism）是一切肉眼看不见或看不清楚的微小生物的总称。我们的日常生活环境中，如看似整洁的床褥、干净的地板、流动的空气，其实存在着大量的微生物。室内微生物主要有病毒、细菌、真菌和尘螨。有些微生物对我们有利，如酵母菌就是人类健康食品的好助手；有些对人们的健康具有很大的威胁，尤其是抵抗力较差的儿童和老人。

空气中微生物无固定种类，微生物污染程度与室内的温度、湿度、积尘、通风和采光状况息息相关。微生物可在湿度、温度适宜的条件下以几何倍数的形式快速繁衍，同时随着空气流动扩大污染面积。微生物数量的多少一般以在琼脂平板上经过一定温度和时间培养后形成的菌落数来表示，单位为 cfu（Colony Forming Unit）。科学研究表明，在一般的居住环境中，空气中的细菌和真菌浓度约为 $10^2 \sim 10^5$ cfu/m³；当室内有污染源时，浓度高达 $10^6 \sim 10^8$ cfu/m³。落尘中也含有大量微生物。研究显示，灰尘中真菌浓度为 23004cfu/g，平均每克灰尘中有超过 104 万 cfu。在人体上，每平方厘米皮肤表面平均有 10 万个细菌，口腔中细菌种类超过 500 种，肠道中微生物总量达 100 万亿左右，脚气、灰指甲、头皮屑也是由于微生物大量繁殖造成的。

空气中的微生物不仅对人类健康产生影响，其代谢产物也会对室内空间中的特殊物品产生破坏，例如博物馆中的文物、图书馆中的书籍、档案馆中的档案等。霉菌对纸质书籍的危害主要表现在物理和化学两个方面。物理方面主要为霉菌生长形成的菌斑会遮盖书籍的文字、遮盖污染影像，从而影响书籍信息的识读和利用。化学方面主要表现为霉菌在生长繁殖过程中，会以书籍中的纤维及糨糊、胶片档案中的明胶中的聚氨酯等为营养物质，从而破坏书籍制成材料结构进而影响书籍实体的耐久性。真菌在代谢过程中产生的有机酸和水分可以增加书籍的酸度和湿度。代谢有机酸包括柠檬酸、葡萄糖酸、乳酸、延胡索酸、丙酸、五倍子酸等。酸性代谢使周围环境酸度加强，是造成文物腐蚀的因素之一。菌体本身的堆积或它产生的黏性物使蚀烂、腐烂部位有高度吸湿性，使文物质地发生化学腐蚀，失去原有的性质，散发出难闻的霉烂气味，造成文物彻底毁坏。

4.1 微生物的类型

微生物按照界（Kingdom）、门（Phylum）、纲（Class）、目（Order）、科（Family）、属（Genus）、种（Species）的方法进行分类，种以下还可细分为变种（Variety）、型（Form）、品系（Strain）等。

微生物的命名采用"双名法"，即属名＋种名的命名方式。

属名：大写字母开头，是拉丁词的名词，用以描述微生物的主要特征。

种名：小写字母打头，是一个拉丁词的形容词，用以描述微生物的次要特征。

例如：Staphylococcus aureus，前一个词是属名，是拉丁语的名词，是"葡萄球菌"的意思。第二个词是种名，是拉丁语的形容词，意思是"金黄色"。所以学名是"金黄色葡萄球菌"。

微生物包括非细胞微生物、原核细胞微生物和真核细胞微生物，详细分类见图 4-1。微生物的共同特点是个体微小，比表面积大，构造简单，典型的微生物的大小和细胞特征如表 4-1 所示。

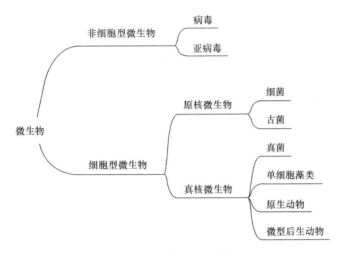

图 4-1　微生物的主要类群

微生物的大小和细胞特征　　　　　　　　　　　　　　　表 4-1

微生物	大小	细胞特征
病毒	0.01～0.25μm	非细胞
细菌	0.1～10μm	原核微生物
真菌	2μm～1m	真核微生物

各类微生物的结构特征：

（1）非细胞型微生物

没有典型的细胞结构，亦无产生能量的酶系统，只能在活细胞内生长繁殖。病毒属于此类型微生物。

（2）原核细胞型微生物

细胞核分化程度低，仅有原始核质，没有核膜与核仁；细胞器不很完善。这类微生物种类众多，有细菌、螺旋体、支原体、立克次体、衣原体和放线菌。

（3）真核细胞型微生物

真核微生物细胞核的分化程度较高，有核膜、核仁和染色体；胞质内有完整的细胞器（如内质网、核糖体及线粒体等），包括真菌、藻类、原生动物三类。相比原核微生物的细胞，真核微生物的细胞形态更大、结构更复杂、细胞器的功能也更专一。真菌容易滋生在温度、湿度较高的地方，如厨房、浴室、卫生间、空调等场所。真菌感染后会引发脚气、皮炎、皮癣、湿疹等症状，有些真菌可通过其毒性代谢物霉菌毒素致癌。

4.1.1 病毒

病毒是一类微小，没有细胞结构，但有遗传、变异、增殖、侵染等生物特征的分子生物。根据病毒的宿主，可分为动物病毒、植物病毒和微生物病毒（噬菌体）。流感病毒、人鼻病毒、冠状病毒、腺病毒、呼吸道合胞病毒、肠道病毒是室内环境中常见并易传播的病毒。

病毒的传播性严重影响人体健康。新型冠状病毒、SARS 病毒、甲型 H1N1 流感、中东呼吸综合征 MERS、埃博拉病毒等众多病毒感染事件造成大量人员死亡，警告我们人类对抗病毒的斗争永远是进行时。

室内空气中的病毒浓度与室外环境的关系并不明显，人类活动是影响室内空气中病毒的群落结构和数量达到主要因素。

1. 病毒的大小和形态

病毒形体微小，常用纳米（nm）作测量单位，一般病毒直径为 10～400nm，需要用电子显微镜才能观察到其形态结构。小型病毒如菜豆畸矮病毒，直径只有 9～11nm；中型病毒如流感病毒，直径为 90～120nm；大型病毒如米米病毒（Mimivirus），直径可达 800nm。

病毒形态多样，多数呈球形或近球形，少数为杆状、丝状或子弹状，痘病毒呈砖形，噬菌体则大多呈蝌蚪状。一些常见病毒的形态及大小如图 4-2 所示。

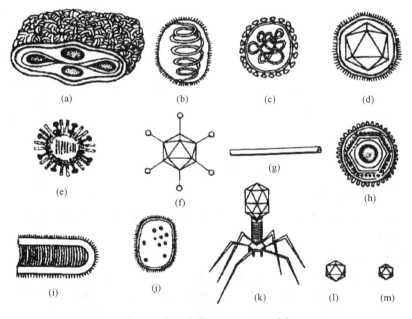

图 4-2 常见病毒的形态及大小[1]

（a）痘病毒；（b）黏液病毒；（c）冠状病毒；（d）单纯疱疹病毒；（e）甲、乙型流感病毒；（f）腺病毒；（g）烟草花叶病毒；（h）白血病病毒；（i）弹状病毒；（j）砂粒病毒；（k）T 偶数噬菌体；（l）小 RNA 病毒；（m）微病毒

2. 病毒的组成和结构

病毒的主要化学成分为核酸和蛋白质。核酸包括 DNA 和 RNA，是生物的遗传物质。遗传物质位于病毒的内部，组成病毒的核心，而蛋白质则围绕在遗传物质的外侧，形成衣壳，又称壳体。遗传物质指导病毒蛋白质的合成，而这些蛋白质在病毒结构组成、增殖与

传播过程中都是必不可少的。蛋白质组成的衣壳不仅起到保护病毒遗传物质的作用，也参与病毒的感染过程。

除去最基本的遗传物质与蛋白质结构，稍复杂一些的病毒的外侧还有着由脂质和糖蛋白组成的包膜。包膜的主要功能是维护病毒结构的完整性，并参与病毒入侵宿主细胞的过程。首先包膜靠糖蛋白识别并结合位于宿主细胞膜上的受体，与宿主细胞的细胞膜结合，随后病毒衣壳与遗传物质进入宿主细胞内，完成感染过程。

在电子显微镜下观察病毒的衣壳结构，可以看到它由许多颗粒状的单元结构整齐排列而成，这一粒粒组成衣壳的小粒子称为壳微粒。根据壳微粒排列方式的不同，病毒衣壳的形态可分为螺旋对称、立方对称、复合对称及复杂对称。螺旋对称的病毒表面有精细的螺旋结构，如烟草花叶病毒、流感病毒、狂犬病毒；立方对称一般为正二十面体，有利于核酸分子以高度盘绕折叠在小体积的衣壳中，如腺病毒、疱疹病毒、脊髓灰质炎病毒；复合对称由二十面体的头与螺旋对称的尾复合构成，呈蝌蚪状，如大肠杆菌 T 系噬菌体。除此之外，痘病毒科的病毒的对称性比较复杂，病毒粒子通常呈卵圆形，干燥的病毒标本呈砖形。也有些病毒不具有任何对称性，他们的外壳组成是不规则的，如冠状病毒和风疹病毒。

4.1.2 亚病毒

亚病毒是一类比病毒更简单，只含某种核酸而不含蛋白质或只含蛋白质而不含核酸，能够侵染动植物的微小病原体。1983 年，在意大利召开的"植物和动物亚病毒病原：类病毒和朊病毒"国际会议上，建议把类病毒、拟病毒和朊病毒统称为亚病毒。

类病毒是一类环状闭合的单链 RNA 分子，没有蛋白质外壳，通常呈棒状结构。类病毒主要寄生于高等植物细胞核内，利用寄主的酶进行自我复制，导致宿主细胞高分子合成系统障碍而致病，如马铃薯纺锤块茎病（图 4-3）、番茄簇顶病、柑橘裂皮病、菊花矮缩病、椰子死亡病等。

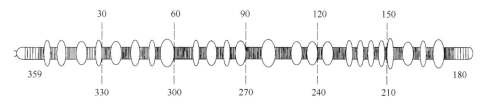

图 4-3 马铃薯纺锤块茎病类病毒结构模型

拟病毒（Viroid）也称为类病毒、壳内类病毒、卫星病毒或卫星 RNA，指一类包裹在真病毒粒子中的缺陷类病毒。它是一种环状单链 RNA，寄生对象是病毒，拟病毒"寄生"的真病毒又称辅助病毒，必须通过辅助病毒才能复制。被侵染的植物病毒被称为辅助病毒，拟病毒必须通过辅助病毒才能复制。单独的辅助病毒或拟病毒都不能使植物受到感染。同时，拟病毒也可干扰辅助病毒的复制和减轻其对宿主的病害，这可用于生物防治中。

朊病毒又称朊粒、蛋白质侵染因子、毒朊或感染性蛋白质，是一类能侵染动物并在宿主细胞内无免疫性疏水蛋白质。朊病毒严格来说不是病毒，是一类不含核酸而仅由蛋白质构成的具感染性的因子。朊病毒与常规病毒一样，能侵染动物并在宿主体内复制，有可滤过性、传染性、致病性、对宿主范围的特异性，但它比已知的最小的常规病毒还小得多（约 30~50nm）。在电镜下观察，朊病毒呈杆状颗粒，成丛排列，每丛大小和形状不一。

朊病毒对人类最大的威胁是可以导致人类和家畜患中枢神经系统退化性病变，最终不治而亡。因此，世界卫生组织将朊病毒病和艾滋病并列为世界之最危害人体健康的顽疾。早在 15 世纪发现的绵羊的痒病就是由朊病毒所致，1986 年在英国发生的牛海绵状脑病，俗称"疯牛病"，其病原也是朊病毒，美国学者布鲁辛纳获得了 1997 年的诺贝尔生理学或医学奖，就是为了表彰其在研究朊病毒的性质及其致病机理方面所取得的突破性进展。

4.1.3 细菌

细菌是自然界中分布最广、数量最大，与人类关系极为密切的一类微生物。细菌形体微小，形态结构相对简单，没有成形的细胞核，但细菌的数目与种类繁多，分布也极为广泛，从人体内外到地球表面几乎都有细菌的存在。细菌的形态是微生物鉴定、分类以及命名的重要依据之一。

1. 细菌的大小与形态

细菌细胞的大小随种类不同差别很大，有的几乎肉眼可见，有的在光学显微镜下都不见踪影，但大多数的细胞介于二者之间。测量细菌细胞大小的常用单位是 μm（微米，即 10^{-6}m）。球菌的大小以其直径表示；杆菌和螺旋菌的大小以其长度和宽度表示。在测量细胞大小时，要选择有代表性的细胞进行测量。

细菌细胞的基本形态主要包括三类：球菌、杆菌和螺旋菌，如图 4-4 所示。

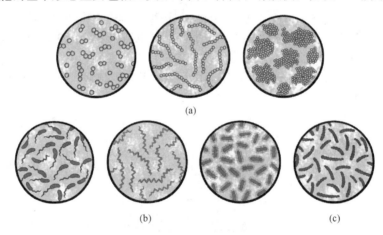

图 4-4 细菌的三种形态
(a) 球菌；(b) 杆菌；(c) 螺旋菌

(1) 球菌（Coccus）

球菌细胞的形状呈球形或近似球形，有的呈矛头状或肾状。分裂后产生的子细胞常保持一定的空间排列方式。单个球菌的直径在 0.8~1.2μm。

由于繁殖时细菌细胞分裂方向和分裂后细菌粘连程度及排列方式不同，球菌可分为：

1）单球菌（Cocci）细胞沿一个平面分裂，新个体单独存在。

2）双球菌（Diplococci）细胞沿一个平面分裂，新个体保持成对排列。

3）链球菌（Streptococci）细胞沿一个平面分裂，新个体保持成对或成链排列。

4）四联球菌（Tetracocci）细胞沿两个互相垂直的平面分裂，4 个新个体保持特征性的"田"字形排列。

5）八叠球菌（Sarcina）细胞沿三个互相垂直的平面分裂，8个新个体保持特征性的立方体排列。

6）葡萄球菌（Staphylococci）细胞无定向分裂，多个新个体呈无规则排列，犹如一串葡萄。

（2）杆菌（Bacillus）

杆菌是细菌中种类最多的一类。杆菌细胞呈杆状或圆柱状。各种杆菌的长宽比例差异很大，有的粗短，有的细长。大多数杆菌大小中等（0.8～1.2μm）×（0.3～1μm）；大的杆菌如炭疽杆（3～5μm）×（1.0～1.3μm）；小的如野兔热杆菌（0.3～0.7μm）×（0.2μm）。

短杆菌近似球状，即球杆菌；长杆菌则近丝状，即丝（杆）菌。对于同一种杆菌，其粗细相对稳定，但长度变化较大。有的杆菌很直，有的杆菌稍微弯曲。有的菌体两端平齐，有的两端钝圆，还有的两端削尖。

由于繁殖时细菌细胞分裂方向和分裂后细菌粘连程度及排列方式不同，杆菌可分为：

1）单杆菌（Single bacillus）：杆菌常沿一个平面分裂，大多数菌体单独存在；

2）双杆菌（Diplobacilli）：有些菌体呈双排列；

3）链杆菌（Streptobacilli）：在一个平面上分裂，菌体成链状排列。

一般同一种杆菌的直径比较稳定，但长度则常因培养时间、培养条件的不同而随之变化。

（3）螺旋菌（Spirlla）

菌体弯曲成弧状或螺旋状。

1）弧菌属（Vibrio）：菌体只有一个弯曲，呈弧状或逗点状。弧菌属广泛分布于自然界，尤以水中为多，有100多种。主要致病菌为霍乱弧菌（Vibrio cholerae）和副溶血性弧菌（Bibrio parahemolyticus）前者引起霍乱；后者引起食物中毒。

2）螺旋菌（Spirillum）：菌体回转为螺旋状，其螺旋数目与螺距大小因菌种而异。有的菌体较短，螺旋紧密；有的较长，并呈较多的螺旋和弯曲，两端生有鞭毛。

除球菌、杆菌和螺旋菌外，还有一些特殊的细菌，如丝状亮发细菌、球衣细菌等。还发现了三角形、方形和圆盘形等形态的细菌。

2. 细菌细胞的构造

细菌的结构对细菌的生存，致病性及免疫性等均有一定的作用。细菌细胞的结构如图4-5所示。细胞壁、细胞膜、细胞质、细胞核等结构为一般细菌细胞所共有，称为细菌细胞的基本结构（Basic Structures）。鞭毛、荚膜、芽孢、气泡等结构为某些细菌所特有，称为细菌细胞的特殊结构（Special Structures）。

（1）基本构造

1）细胞壁（Cell Wall）

细胞壁为细菌表面较为复杂的结构。是一层较厚（5～80nm）、质量均匀的网格结构，可承受细胞内强大的渗透压而不被破坏。坚韧有弹性，占菌体的10%～25%。

① 细胞壁的主要组成部分

主要成分是肽聚糖（Peptidoglycan），细胞壁的机械强度赖于肽聚糖的存在，合成肽

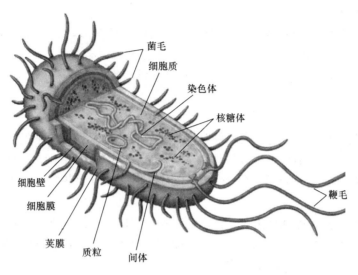

图 4-5　细菌细胞构造模式图

聚糖是原核生物特有的能力。肽聚糖是由 N-乙酰葡萄糖胺和 N-乙酰胞壁酸相互交替以 β-1，4-糖苷键连接成多聚糖。多聚糖中的 N-乙酰胞壁酸以肽键与短肽相连并通过短肽架桥使肽聚糖织成网状。肽聚糖形成的网状结构是细胞壁能够维持细菌形态和抵御渗透裂解的基础。

　　② 细菌的革兰染色

　　由于细菌个体微小，给早期研究带来了很大的困难。1884 年丹麦医生 C.Gram 创建了一种极为方便的方法，通过该方法可将几乎所有的细菌分成革兰阳性菌（G⁺）和革兰阴性菌（G⁻）两大类（表 4-2）。这种重要的鉴别染色法被称为革兰染色法。随着研究的不断深入，人们逐步认识到，细菌革兰染色阳性和革兰染色阴性结果的产生与细菌细胞壁的结构及化学组成有关。

革兰阳性菌与阴性细菌细胞壁成分的比较[2]　　　　　　表 4-2

成分	占细胞壁干重的百分比（%）	
	革兰阳性菌	革兰阴性菌
肽聚糖	含量很高（30~95）	含量很低（5~20）
磷壁酸	含量较高（<50）	0
类脂质	一般无（<2）	含量较高（0~20）
蛋白质	0	含量较高

　　③ 细胞壁的功能

　　A. 固定菌体外形

　　B. 具有保护细菌的作用

　　C. 参与菌体内外物质交换

　　D. 细胞壁上的某些成分与细菌的致病性有关

　　2）细胞膜（Cellmembranes）

细胞膜是紧靠着细胞壁内侧，包围着细胞质的一层柔软且富有弹性的半透性薄膜。细胞膜占菌体干重的 10%，其中蛋白质约占 $60\%\sim70\%$。脂类约占 $30\%\sim40\%$，多糖约占 2%，细胞膜主要由磷脂双分子层构成，内部包埋着整合蛋白，表面结合着外周蛋白。

细胞膜的功能主要有：①作为细胞与环境的分隔屏障，保持细胞内部条件的相对稳定。②作为物质渗透的选择性通道，允许特定物质进出细胞，限制其他物质进出细胞。③作为细菌产能代谢的重要部位，呼吸作用和光合作用的许多反应均在细胞膜上进行。④作为细菌鞭毛的着生部位，鞭毛的基粒着生在细胞膜上。⑤作为细菌受体分子的分布区域，可对环境信号作出响应。

3）间体（Mesosomes）

间体是细胞质膜内陷形成的一个或数个较大而不规则的层状、管状或囊状结构。

迄今为止，对间体的功能尚未完全探明，推测其功能主要有：①类似真核细胞中的线粒体，与能量代谢有关；②类似真核细胞中的内质网，与物质运输有关；③与细胞壁形成、染色体复制及其在子细胞中的分配有关。

4）细胞核和质粒

位于细胞质内、无核膜包围的核区，称为原始形态的核，简称原核或拟核（Nucleoids）。在正常情况下，一个细菌拥有一个核区；其中只含一条染色体，它的主要成分是 DNA，也有少量 RNA 和蛋白质，但不含真核生物所具有的组蛋白。一般染色体 DNA 呈环形，总长约 $0.25\sim3$mm。细菌旺盛生长时，一个细菌也会出现 $2\sim4$ 个核区。原核携带了细菌的遗传信息，是其新陈代谢、生长发育和遗传变异的控制中心。

除染色体 DNA 外，细菌体内还有一种能自我复制的环状 DNA 分子，称为质粒（Plasmids）。质粒分子较小，约 $(2\sim100)\times10^{-6}D$；数目较多，每个菌体的质粒数为 1 至数个；质粒不为细菌生存所必需，质粒丢失不影响细菌生活，但质粒赋予细菌某些特殊性状，如致育性、抗药性、对某些化学物质的降解性。

5）细胞质及其内含物

① 细胞质（Cytoplasms）

被胞膜所包围着的除核质体外的一切透明、胶状及颗粒状的物质总称为细胞质。细胞质含有核糖体、质粒、贮藏性颗粒、各种酶类、中间代谢物、无机盐及载色体等。

② 内含物

A. 核糖体（Ribosome）

核糖体也称核糖核蛋白体，由蛋白质与 RNA 组成，是蛋白质合成的场所。细菌生长旺盛时，核糖体常以多聚核糖体状态存在。

B. 颗粒状贮藏物

异染粒（Metachromatic）：又称迂回体或转菌素，最早发现于迂回螺菌中。用蓝色染料甲基蓝或甲苯胺蓝染色时，异染粒可被染成红色或深浅不一的蓝色，并因此而得名。异染粒的主要成分是多聚磷酸盐，另外含有 RNA、蛋白质、脂类和 Mg^{2+}。

聚-β-羟丁酸（PHB）：该物质是 β-羟丁酸的直链聚合物，可用作碳源和能源。是许多细菌细胞内的贮藏物。PHB 不溶于水，易被脂溶性染料如苏丹黑染色，在光学显微镜下可见（图 4-6）。

糖原（Glcogen）：糖原包括多聚葡萄糖颗粒和淀粉颗粒。这些多糖贮藏性颗粒通常较

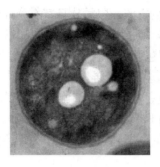
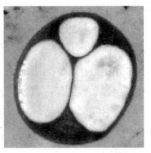

图 4-6 细菌 PHBs 的电镜照片

均匀地分布在细菌细胞内，颗粒较小，只能在电镜下观察到。糖原类贮藏物大量存在时，可以用碘液染成蓝色、紫红色或褐色，糖原是细菌重要的碳源和能源物质。

硫粒（Sulfur Granules）：许多硫细菌可在细胞内积累强折光性的硫粒，作为能源性贮藏物，需要时可被硫细菌氧化利用。

C. 气泡（Gas Vacuoles）

气泡是某些细菌细胞储存气体的特殊结构。气泡囊的主要成分是蛋白质。气泡囊的大小、形状和数量随细菌种类而异。气泡赋予细胞浮力，可调节细菌在水体中的位置，以便获得光能、氧气和养分。

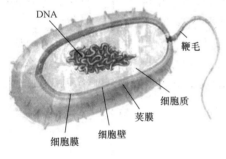

图 4-7 特殊构造

（2）特殊构造（图 4-7）

1）荚膜（Capsules）

在一定条件下，某些细菌可向细胞壁表面分泌一层松散透明、黏度极大、黏液状或胶质状的物质，称为荚膜。根据其存在状态，可区分为大荚膜、微荚膜和黏液层。大荚膜具有特定的外形，厚度约为 200nm；微荚膜也有特定的外形，但厚度小于 200nm；黏液层没有特定的外形，边缘不清晰。若黏液层局限于细胞一端，则称为黏接物。黏接物可使细胞附着至物体表面。有时多个细菌的荚膜相互融合，形成菌胶团。

荚膜的化学成分主要是多糖，具体因菌种而异。荚膜的功能主要是：①保护细胞免受干燥影响；②用作贮藏性碳源和能源；③增强某些病原菌的致病性；④有的荚膜本身具有毒性。

2）鞭毛（Flegellum）

鞭毛是一种细长的波状纤丝状物。鞭毛坚硬、细长、直径约 20nm，长度约 15～20μm。通常一个细菌的鞭毛数目为一至数十根。鞭毛的着生方式有：一端单生、两端单生、一端丛生，两端丛生以及周生。鞭毛数目和着生方式是菌种特征，在细菌分类和鉴定上具有重要作用。

细菌鞭毛赋予细菌运动能力。细菌可以趋向营养物质，可以躲避有害物质和代谢废物，也可以对其他刺激因子（如温度、光线和重力等）作出响应。细菌改变方向而趋向有利因子或避开有害因子的运动性能，称为趋避。根据刺激因子的不同，趋避性可分为趋化性和趋光性。

鞭毛的观察方法有：①制备样品，电镜观察。②鞭毛染色，显微镜观察。鞭毛很细，不能直接用光学显微镜观察，通过特殊的鞭毛染色可将媒染剂与染料的复合物附着并积累在鞭毛上，使其能在普通光学显微镜下观察。③制备悬滴，显微镜观察。将细菌制成悬滴，在光学显微镜下可见鞭毛细菌的翻滚或运动，但不能直接看见鞭毛。④穿刺培养，肉眼观察。将细菌穿刺接种于半固体培养基中，鞭毛细菌会沿穿刺线向周围扩散生长。

3）纤毛（Fimbriae）

纤毛是长在细菌体表的一种丝状结构（图 4-8）。直径 7～9nm，短直，中空，数量较多（250～300 根）。常见于革兰氏阴性细菌，少见于革兰氏阳性细菌。纤毛与吸附有关而与运动无关。性纤毛是一种特殊的纤毛，每个细胞有 1～4 根性纤毛，其功能是在不同性别的菌株间传递 DNA 片段，有的性纤毛是 RNA 噬菌体附着的受体。

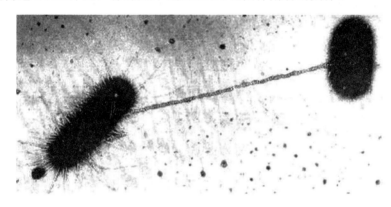

图 4-8　纤毛结构图[3]

3. 细菌的繁殖与培养特征

（1）细菌繁殖

裂殖是细菌最普遍、最主要的繁殖方式。在细菌细胞分裂前，先进行染色体 DNA 复制；所形成的双份染色体 DNA 彼此分开，移向细菌细胞两端；细菌细胞在中间形成横隔壁和细胞膜，产生两个子细胞。若分裂产生的两个子细胞大小相等，称为同型分裂。若分裂产生的两个子细胞大小不等，则称为异型分裂。

除裂殖外，还有少数细菌进行出芽繁殖，少数细菌进行有性繁殖（通过性菌毛传递DNA 等遗传物质），但频率很低。

（2）细菌培养特征

1）细菌在固体培养基上的培养特征

一个或少数几个细菌在固体培养基上生长繁殖所形成的肉眼可见的微生物群体，称为菌落。在特定条件下，细菌具有显著的培养特征，且有较高的稳定性和专一性，可用于鉴别菌种。菌落特征包括大小、形状、厚度、边缘、光泽、颜色、硬度、透明度等（图 4-9）。

2）细菌在液体培养基上的培养特征

在液体培养基中，细菌整个个体与培养基接触，可以自由扩散生长。它的生长状态随细菌属、种的特征而异。如枯草芽孢杆菌在肉汤培养基的表面长成无光泽、皱褶而黏稠的膜，培养基很少浑浊或不浑浊。有的细菌使培养基浑浊，菌体均匀分布于培养基中；有的

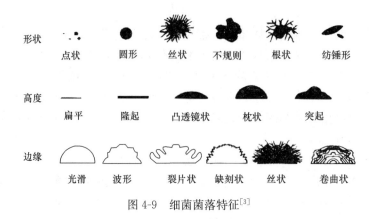

图 4-9　细菌菌落特征[3]

细菌互相凝聚成大颗粒沉在管底部，培养基很清。细菌在液体培养基中的培养特征是分类依据之一。

固体培养基常用于微生物的分离、纯化、菌种鉴定及短期菌种保藏；液体培养基常用于对微生物的大量培养、微生物酶及代谢产物的提取等。

4.1.4　霉菌

1. 霉菌的形态构造

霉菌是形成分枝菌丝的真菌的统称，凡是在培养基上长成毛状、棉絮状或蜘蛛网状的菌丝体的真菌通称为霉菌。构成霉菌体的基本单位称为菌丝，呈长管状，宽度 $2\sim10\,\mu m$，可不断自前端生长并分枝，其大小与酵母菌相似，比细菌和放线菌菌丝粗几倍至十几倍。

菌丝的类型从结构上分为无隔膜菌丝和有隔膜菌丝（图 4-10）。无隔膜菌丝是一个长管状单细胞，细胞质内含多个核。其生长过程只表现出菌丝的延长和细胞核的分裂增多及细胞质的增加。这是根霉属、毛霉属等低等真菌的菌丝。有隔膜菌丝菌丝有隔膜，被隔膜隔开的每一段是一个细胞。菌丝体由很多细胞组成，每个细胞中含有一个或多个细胞核。隔膜上有一个或多个小孔，使细胞间的细胞质可自由流通，进行物质交换。大多数霉菌菌丝属于此类，如：青霉属、曲霉属等。

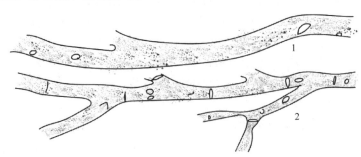

图 4-10　霉菌的菌丝
1—无隔膜菌丝；2—有隔膜菌丝

霉菌细胞与酵母菌十分相似，由细胞壁、细胞膜、细胞质、细胞核、核糖体、线粒体和内含物等组成。幼龄菌丝细胞质均匀透明，充满整个细胞；老菌丝细胞质黏稠，出现较大的液泡，内含肝糖粒、脂肪滴及异染颗粒等贮藏物。

2. 霉菌的菌落特征

霉菌菌落特征为菌落大、外观干燥、不透明，菌丝粗且长，菌丝体比较疏松，呈绒毛状、棉絮状或蜘蛛网状（图4-11）。菌体可沿培养基表面蔓延生长，由于不同的真菌孢子含有不同的色素，所以菌落可呈现红、黄、绿、青绿、青灰、黑、白、灰等多种颜色。一些生长较快的霉菌菌落，处于菌落中心的菌丝菌龄较大，位于边缘的菌丝则较幼小。菌落中心与边缘颜色不同，一般菌龄越大颜色越深。

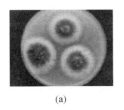 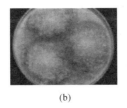 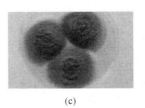

(a) (b) (c)

图4-11　平板培养霉菌菌落

(a) 黄曲霉；(b) 毛霉；(c) 青霉

液体培养时，如果是静止培养，霉菌往往在表面上生长，液面上形成菌膜。如果是振荡培养，菌丝有时相互缠绕在一起形成菌丝球，菌丝球可能均匀地悬浮在培养液中或沉于培养液底部。同一种霉菌，在不同成分的培养基上和不同条件下培养，形成的菌落特征有所变化，但各种霉菌在一定的培养基上和一定的条件下形成的菌落大小、形状、颜色等相对稳定。

4.1.5　酵母菌

1. 酵母菌形态构造

酵母菌分布广泛，目前已知有1000多种酵母。根据酵母菌产生孢子（子孢子和担孢子）的能力，可将酵母分成三类：形成孢子的株系属于子囊菌和担子菌；不形成孢子但主要通过芽殖来繁殖的称为不完全真菌，或者叫"假酵母"，目前已知大部分酵母被分类到子囊菌。

酵母菌大多数为单细胞真核微生物，形态通常呈球形、卵圆形、椭圆形或圆柱形，此外还有柠檬形、藕节形、瓶形或三角形等特殊形

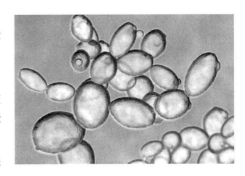

图4-12　酵母菌显微镜照片（卵圆形）

状（图4-12）。酵母菌大小比细菌大得多，一般长5～30μm、宽2～5μm，可用高倍镜观察。酵母菌细胞结构有细胞壁、细胞膜、细胞质、细胞核、线粒体、内质网、液泡和核糖体等，有些还具有荚膜、菌毛等，其特点是核有核膜、核仁和染色体。但酵母菌没有鞭毛，不能游动。酵母的大小、形态与菌龄、环境有关。一般成熟的细胞大于幼龄的细胞，液体培养的细胞大于固体培养的细胞。有些种的细胞大小、形态极不均匀，而有些种的酵母则较为均匀。

2. 酵母菌培养特征

大多数酵母菌为腐生型，少数为寄生型，其生活最适应pH为4.5～6的环境，喜欢含糖分较高的偏酸环境。酵母菌生长迅速，易于分离培养，在液体培养集中，酵母菌比霉

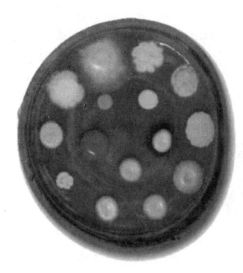

图 4-13　平板培养酵母菌菌落

菌生长得快。

在固体培养基上形成的菌落与细菌相似（图 4-13），菌落表面光滑、湿润、黏稠，容易用接种针挑起，质地均匀，颜色均一，但较细菌的菌落大而厚，有的菌落因培养时间较长而皱缩。大多数酵母菌菌落不透明，乳白色，少数为红色，如红酵母与掷孢酵母等。不生成假菌丝的酵母菌所形成的菌落表面隆起，边缘圆整；生成假菌丝的酵母菌所形成的菌落较扁平，表面和边缘较粗糙。酵母菌菌落由于乙醇发酵，一般发出酒香味。菌落的颜色、光泽、质地、表面和边缘等特征均为酵母菌菌种鉴定的依据。

在液体培养基中，不同酵母菌的生长情况不同。有的产生沉淀，有的在液体中均匀生长，有的则在液体表面生长形成菌醭或菌膜。有假菌丝的酵母菌所形成的菌醭较厚，有些酵母菌形成的醭很薄，干而变皱，菌醭的形成及特征具有分类意义。

4.2　微生物的营养与代谢

微生物从外界环境中摄取和利用营养物质的过程称为营养。微生物生长过程中，细胞内发生的各种化学反应，需要不断的从外部环境吸收有机物、无机盐及气体分子等营养物质，再经过各种化学反应将营养物质转化和吸收，最后排出废物。这个过程中各种生化反应的集合就是代谢（Metabolism）。

在鉴定、分离环境微生物时，需要人工配置供微生物生长繁殖或积累代谢产物的营养基质，称为培养基（Culture Medium），一般都含有碳水化合物、含氮物质、无机盐（包括微量元素）以及维生素和水。为了更好地理解营养物质的作用和代谢产物的生成过程，下面介绍一下微生物的营养类型、营养物质、代谢。

4.2.1　微生物的营养类型

微生物的生命活动需要能源。常见的微生物能源有辐射能（光）和化学能（有机物或无机物）。按照能源，微生物的营养类型可分为光能营养型和化能营养型。

碳是微生物生命活动的重要物质。按照碳源，微生物的营养类型可分为自养型和异养型。自养型以二氧化碳或碳酸盐作为碳源。异养型以有机物作为供氢体，以二氧化碳、碳酸盐或有机物作为碳源。

综合能源和碳源，微生物的营养类型可分为光能自养型、光能异养型、化能自养型和化能异养型 4 个基本营养类型。

供氢是指提供氢与二氧化碳结合形成碳水化合物，如：

$$CO_2 + 2CH_3-H_2O \xrightarrow{光、叶绿素} [CH_2O] + 2CH_3COCH_3 + H_2O$$

（式中 $2CH_3$ 连于 CH_3 上）

部分光能自养型微生物（如藻类和蓝细菌）含有光合色素，利用光能分解水提供氢和氧气。其光合作用反应式为：

$$CO_2 + H_2O \xrightarrow{\text{光、叶绿素}} [CH_2O] + O_2$$

有的细菌（如绿色和紫色硫细菌）以硫化氢为供氢体，不释放氧气。

4.2.2　微生物的营养物质

那些能够满足微生物机体生长、繁殖和完成各种生理活动所需要的物质统称为微生物的营养物质（Nutrient）。对微生物营养物质的确定主要依据其细胞的化学成分，要说明微生物的营养需要，必须先进行细胞化学组成的分析。从不同微生物细胞化学成分分析结果可知，微生物细胞含水分 80% 左右，其余 20% 为干物质，干物质中有蛋白质、核酸、碳水化合物、脂类和矿物质等，在化学元素组成中占 90%～97% 的是碳、氢、氧、氮四大元素，其余的 3%～10% 是矿物质元素。这里将这些物质归纳成水、碳源、氮源、能源、无机盐和生长因子这六类营养要素物质。

1. 水

水是微生物机体的重要组成部分，是一切生物生存的基本条件，在细胞中含量最高，占 80% 左右，在微生物细胞里以游离水和结合水两种状态存在。其生理功能主要有三方面：①作为溶剂，维持细胞正常的胶体状态；②作为介质，参与其他营养物质吸收、废物排泄，以及全部代谢活动；③作为反应物，参与水解作用、呼吸作用和光合作用。

2. 碳源

凡是可被微生物用作细胞物质或代谢产物中碳素来源的营养物质，统称为碳源（Carbon Source）。碳源物质既可组细胞结构，又是代谢产物及细胞内贮藏物质的主要原料，对于异养型微生物，碳源还可以用作能源物质。微生物生长所需要的碳源物质种类极广，有机碳和无机碳都可被微生物用作碳源。有机碳包括糖类、脂类、醇、有机酸等，无机碳包括 CO_2 和碳酸盐等。微生物细胞中的碳素含量相当高，占干物质质量的 50% 左右，微生物对碳素的需求量最大。

3. 氮源

凡是能被微生物用于细胞物质或代谢产物中氮素来源的营养物质，称为氮源（Nitrogen Source）。氮源物质主要用来构成微生物细胞结果成分和代谢产物的来源，一般不用作能源物质，只有少数自养细菌利用铵盐、亚硝酸盐既作为氮源，又作为能源。

微生物营养上要求的氮素物质可分为三个类型：

（1）大气中分子态氮（N_2）：只有少数具有固氮能力的微生物能利用。

（2）无机氮化合物：如铵态氮（NH_4^+）、硝态氮（NO_3^-）和简单的有机氮化合物（如尿素），绝大多数微生物可以利用。

（3）大多数寄生型微生物和一部分腐生型微生物需以有急性氮化合物（蛋白质、氨基酸）为必需的氮素营养实验室常用的无机氮源物质主要有碳酸铵、硫酸铵、硝酸盐、氨等；有机氮源物质有蛋白质、牛肉膏、蛋白胨、氨基酸、酵母膏、黄豆饼粉、鱼粉血粉、蚕蛹粉等。

4. 能源

能源（Energy Source）是指微生物生命活动提供最初能量来源的营养物质或辐射能。

化能异养型微生物的能源即碳源；化能自养型微生物的能源为 NH_4^+、NO_2^-、S、H_2S、H_2 等还原态的无机化合物。光能营养型微生物的能源是光能（电磁波）。

5. 无机盐

无机盐（Inorganic Salt）主要为微生物提供除碳、氮以外的各种重要元素。所需浓度在 $10^{-4} \sim 10^{-3}$ mol/L 的元素，称为大量元素，如磷、硫、钾、镁、钙、钠、铁等。所需浓度在 $10^{-8} \sim 10^{-6}$ mol/L 的元素，称为微量元素，如铜、锌、锰、钼、钴等。无机盐的来源和生理功能见表 4-3。

无机盐的来源和生理功能 　　表 4-3

元素		来源	生理功能
大量元素	磷	KH_2PO_4、K_2HPO_4	核酸、核蛋白、磷脂，以及许多酶和辅酶的成分
	硫	$MgSO_4$	含硫氨基酸（如半胱氨酸、甲硫氨酸）、含硫维生素（如生物素、硫胺素）和辅酶的成分
	钾	KH_2PO_4、K_2HPO_4	某些酶（如果糖激酶、磷酸丙酮酸转磷酸酶）的激活剂，电位差和渗透压的调控剂
	钠	$NaCl$	渗透压的调控剂
	钙	$Ca(NO_3)_2$、$CaCl_2$	某些胞外酶的稳定剂和激活剂，细胞质胶体状态和细胞膜透性的调控剂，细菌芽孢和真菌孢子的成分
	镁	$MgSO_4$	叶绿素和某些酶的成分，核糖体和细胞膜的稳定剂
	铁	$FeSO_4$	叶绿素、细胞色素、过氧化物酶、细胞色素氧化酶的成分
微量元素	锰	$MnSO_4$	超氧化物歧化酶、氨肽酶的成分，许多酶的激活剂
	铜	$CuSO_4$	氧化酶、酪氨酸酶的成分
	钴	$CoSO_4$	维生素 B12 复合物的成分，肽酶的辅助因子
	锌	$ZnSO_4$	RNA 和 DNA 聚合酶的成分，碱性磷酸酶及多种脱氢酶、肽酶和脱羧酶的辅助因子
	钼	$(NH_4)_6Mo_7O_{24}$	固氮酶、同化型和异化型硝酸盐还原酶的成分

6. 生长因子

生长因子（Growth Factor）是某些微生物正常代谢必不可少且不能自行合成的有机物质。根据生长因子的化学特性及生理作用的不同，将其分为三大类：维生素、氨基酸及嘌呤、嘧啶碱基。而狭义的生长因子仅指维生素，微生物所需的维生素主要是 B 族维生素，虽然有一些微生物能合成维生素，但许多微生物仍需补充维生素才能生长。

根据对生长因子的需要情况分析，可将微生物分为三种类型：①生长因子异养型微生物，必须从外界摄取一种或多种生长因子；②生长因子自养型微生物，无需从外界摄取生长因子；③生长因子过量合成型微生物，能分泌生长因子。在实验室常用酵母膏、牛肉膏、麦芽汁、玉米浆、肝浸液等来提供生长因子。

4.2.3　微生物的代谢

微生物从外界环境中摄取营养物质并进行的所有化学反应统称为新陈代谢（Metabolism），简称代谢。代谢过程一般分为合成代谢（Catabolism）和分解代谢（Anabolism）。合成代谢是指生物体从外界摄取营养物质合成为自身细胞物质。分解代谢是生物将自身或外来的各种复杂有机物分解为简单化合物。两者之间互相联系、互相制约，关系如下：

$$复杂分子（有机物）\underset{合成代谢}{\overset{分解代谢}{\rightleftharpoons}}简单小分子＋通用能源（ATP）$$

代谢还可以分为初级代谢与次级代谢。

微生物从外界吸收各种营养物质，通过分解代谢和合成代谢，生成维持生命活动所必需的物质和能量的过程，称为初级代谢。

某些生物为避免在初级代谢过程中某种中间产物积累所造成的不利作用而产生的一类有利于生存的代谢类型，称为次级代谢。

通过次级代谢合成的产物通常称为次级代谢产物，大多是分子结构比较复杂的化合物。根据其作用，可将其分为抗生素、激素、生物碱、毒素及维生素等类型。

不同微生物进行新陈代谢在底物、产物、代谢过程和产物等方面均不同，其分解与合成的关系也是互相转化的，生物通过代谢获得生长必需的能量，使不同的生物体呈现出生长、繁殖和灭亡等不同状态，完成物种的生息繁衍。

4.3 微生物种类的识别

1. 遗传物质

微生物的种类是指在生物分类学上，根据形态、生理特征和遗传关系等方面相似的个体组成的微生物群体。DNA（脱氧核糖核酸）和 RNA（核糖核酸）是生物体内两种重要的核酸分子，它们都携带着遗传信息并在细胞中发挥关键的生物学功能，在生物种类的形成和遗传传递过程中发挥着重要作用。

DNA 是由四种碱基（腺嘌呤 A、鸟嘌呤 G、胸腺嘧啶 T 和胞嘧啶 C）和脱氧核糖分子（Deoxyribose）组成的双螺旋结构。在细胞中，DNA 的碱基序列编码了特定的蛋白质，是基因的物质基础。DNA 通过转录过程产生 RNA，进一步调控蛋白质的合成和细胞功能。

RNA 有四种主要的碱基，包括 A（腺嘌呤）、G（鸟嘌呤）、C（胞嘧啶）和 U（尿嘧啶）。与 DNA 不同，RNA 中的胞嘧啶（C）替代了 DNA 中的胸腺嘧啶（T）。因此，在 RNA 中，腺嘌呤会配对尿嘧啶，而鸟嘌呤会配对胞嘧啶。RNA 在细胞中具有多种功能。其中，mRNA（信使 RNA）是通过 DNA 转录的中间产物，携带着蛋白质合成所需的遗传信息。rRNA（核糖体 RNA）是核糖体的组成部分，参与蛋白质合成的翻译过程。tRNA（转运 RNA）是转运氨基酸到核糖体上，将其组装成蛋白质的工具。除此之外，还有许多其他类型的功能 RNA，参与调控基因表达、RNA 剪接等生物过程。

DNA 和 RNA 共同构成了生物体内遗传信息传递的中心，对细胞功能和生物体特征的表现起着至关重要的作用。

2. 基因测序

基因测序是一种用于分析生物体内 DNA 或 RNA 序列的技术，它可以揭示生物体的遗传信息和基因组组成。在基因测序时，将微生物的基因组打断成 DNA 片段，再在测序仪上建库测序。单次测序得到的碱基序列称为"Reads"，对序列进行归类操作（Cluster）得到序列标签"Tags"。然后再通过聚类分析将相似度在一定百分比以上的"Tags"聚集在一起，称为 *OTU*（Operational Taxonomic Units），即操作性分类单元（品系、属、种等），认为它们可能来自于同一种或相近的微生物。根据已知的微生物数据库，将 *OTU* 与已知的微生物进行比对和鉴定，可识别样本中的各种微生物。

4.3.1　微生物多样性的表征

微生物的多样性是指微生物群落中存在的各种微生物的种类丰富度和相对丰度。微生物多样性的表征方法可以分为 α 多样性和 β 多样性，它们分别从不同的角度反映微生物群落的多样性。

1. α 多样性（Alpha Diversity）

α 多样性用于描述微生物群落中单个样本内的多样性，即一个样本内各种微生物种类的丰富度和均匀度。

常见的 α 多样性指标包括：

（1）物种丰富度（Species Richness）

表示在一个样本中存在多少不同的微生物物种，结果取决于观察到的不同 *OTU* 数量。

（2）*Shannon* 指数（Shannon Diversity Index）

Shannon 指数的计算公式如下：

$$Shan = -\sum \left[p_i \times \ln(p_i) \right] \tag{4-1}$$

式中，*Shan* 代表 *Shannon* 指数，p_i 表示第 i 个 *OTU* 在样本中的相对丰度，$\sum$ 表示对所有 *OTU* 进行求和，ln 表示自然对数。

Shan 指数值越高，表示样本内的微生物组成越多样化，丰富度更均衡，即有更多不同种类的微生物在样本中存在。相反，*Shan* 指数值较低则表示微生物组成相对较单一或不均衡。这个指数的优势在于它同时考虑了物种丰富度和相对丰度，使其成为评估微生物组内多样性的一种常用指标。

（3）*Chao* 指数

Chao 指数的来历可以追溯到 1992 年，由生态学家 Chao A. 和 Chazdon R. L. 在一篇论文中首次提出。与 *Shan* 指数不同，*Chao* 指数主要关注未被观察到的微生物 *OTU* 数量，而不考虑它们的相对丰度。

Chao 指数的计算是基于观察到的微生物 *OTU* 和未观察到的 *OTU* 的比较，通过推测未被观察到的 *OTU* 数量来估算样本内的物种丰富度。这个指数通常用于根据已观察到的微生物 *OTU* 预测样本中可能存在的总物种数目。

Chao 指数的计算公式如下：

$$Chao = S_{obs} + \frac{n-1}{n} \times \frac{F_1 \times (F_1 - 1)}{2 \times (F_2 + 1)} \tag{4-2}$$

式中，*Chao* 表示 *Chao* 指数估计值；S_{obs} 表示观察到的不同 *OTU* 数量；n 表示样本中的总个体数量；F_1 表示只出现一次的 *OTU* 数量；F_2 表示出现两次的 *OTU* 数量。

Chao 指数的优势在于它对样本内未被观察到的微生物物种进行了估计，因此在样本中含有大量低丰度的未被观察到的微生物物种时，*Chao* 指数可以更准确地估算样本的物种丰富度。它通常与其他多样性指数（如 *Shannon* 指数）一起使用，以提供关于微生物组成多样性的更全面的信息。

（4）Ace 指数

Ace 指数是由生态学家 Anne Chao 和 Lee-May Chen 于 1996 年提出。作为一种非参数方法，Ace 指数基于已观察到的物种数量 S_{obs}、只出现一次的物种数量 F_1 和出现两次的物种数量 F_2 之间的关系来估算未被观察到的物种数量。

Ace 指数的计算公式如下：

$$Ace = S_{obs} + \frac{F_1^2}{2 \times F_2} \tag{4-3}$$

与 Chao 指数不同的是，Ace 指数的计算仅考虑了 F_1 和 F_2 两个参数，而没有涉及总个体数 n。因此，Ace 指数对于样本中存在大量未被观察到的低丰度微生物物种时，提供了一种相对简单的估计方法。

（5）Simpson 指数（Simpson Diversity Index）

Simpson 指数由英国生态学家 Edward H. Simpson 于 1949 年提出。Simpson 指数着重于样本内微生物物种的相对丰度，并提供了一种评估优势菌种在样本中占据的比例的方法。Simpson 指数的计算基于微生物 OTU 的相对丰度，并衡量在样本中随机选择两个个体时，它们属于不同 OTU 的概率。Simpson 指数的计算公式如下：

$$Simp = \frac{1}{\sum p_i^2} \tag{4-4}$$

式中，$Simp$ 表示 Simpson 指数，p_i 表示第 i 个 OTU 在样本中的相对丰度，$\sum$ 表示对所有 OTU 进行求和。

Simp 指数的取值范围为 0 到 1，值越接近 1 表示样本内的微生物组成越单一，即某个或某些优势种在样本中占据较大比例，其他物种丰度较低。而值越接近 0 表示样本内的微生物组成越多样，物种之间的相对丰度更均衡，没有明显的优势种。

通过宏基因组分析得到上面指标后，可根据某种指标对样本进行排序，或者应用假设检验说明样本之间是否有显著性差异。

2. β 多样性（Beta Diversity）

β 多样性用于描述不同样本之间的微生物群落差异程度，它表示在不同环境样本中微生物群落的差异程度。

Venn（维恩）图通常用于比较两个或多个集合之间的共同元素和不同元素，特别适用于分析样本、基因、物种等在不同条件或实验组之间的重叠和独特性。它由圆形区域组成，每个圆形代表一个集合，而圆形之间的重叠区域表示这些集合之间的共有元素，非重叠区域表示集合之间的独有元素。OTU Venn 图通过绘制多个圆形的交集来显示不同样本之间共有和独有的 OTU 数量。每个圆代表一个样本，圆的交集表示在这些样本中共同存在的 OTU。Venn 图的交集区域大小表示共有的 OTU 数目，非交集区域表示各自独有的 OTU 数目。通过观察 Venn 图，可以直观地了解不同样本之间的共性和差异，从而初步评估微生物群落的 β 多样性。OTU Venn 图的画法参见图 4-14，其中 A、B、C、D、E 为 5 个样本，圆形中的数字为 OTU 数目。

β 多样性可以用样本间相对差异距离来量化。距离计算的输入数据类型有两种：布尔型（即真和假）和数值型，其对应的距离分别叫作非加权距离和加权距离。非加权距离是依据特征属性（物种或 OTUs）在样本中是否出现来计算。放在宏基因组分析中，某物种

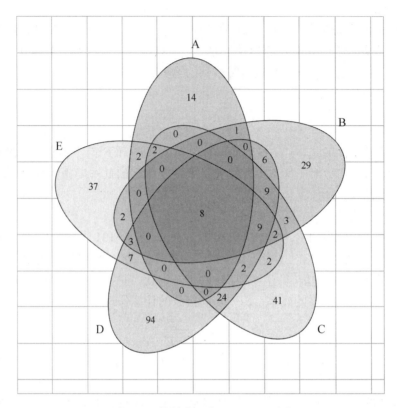

图 4-14　某样本组的 *OTU* Venn 图

是否存在于样本中即为 1，不存在即为 0。计算非加权距离时，需要知道物种在样本中存在与否的各个集合信息。对于两个样本 A 和 B，物种是否存在可用表 4-4 来统计。表中 a 表示物种在样本 A 和 B 中都存在；b 表示物种在 A 中不存在，在 B 中存在；c 表示物种在 A 中存在，在 B 中不存在；d 表示物种在 A 和 B 中都不存在，n 为物种的总数。

	物种在样本中的存在状态统计表		表 4-4
B A	1（存在）	0（不存在）	合计
1（存在）	a	b	a＋b
0（不存在）	c	d	c＋d
合计	a＋c	b＋d	$n=a＋b＋c＋d$

数值型数据是特征属性的在样本中的定量信息。在宏基因组分析中，加权距离的权是物种的丰度。

有很多种方法可以用来计算样本间的相对差异距离。距离的取值范围在 0 到 1 之间，值越接近 0 表示两个样本之间的微生物组成越相似，物种的相对丰度差异较小。而值越接近 1 表示两个样本之间的微生物组成差异较大，物种的相对丰度差异较大。

在下面介绍一些常见的距离计算方法。

（1）Jaccard 距离

Jaccard 距离用于衡量两个样本共有的 OTU 数量 a 占总体 OTU 数量 n 的比例。

Jaccard 距离的计算公式如下：

$$D_J = 1 - \frac{a}{n} = 1 - \frac{a}{a+b+c+d} \tag{4-5}$$

（2）Bray-Curtis 距离

Bray-Curtis 距离是另一种用来衡量两个样本之间微生物组成差异的指标。它基于各个 OTU 的相对丰度，考虑了两个样本中物种的相对丰度差异。

Bray-Curtis 距离也分非加权和加权两种。

非加权 Bray-Curtis 距离的计算公式如下：

$$D_{\text{BC,unw}} = \frac{b+c}{2a+b+c} \tag{4-6}$$

加权 Bray-Curtis 距离的计算公式如下：

$$D_{\text{BC,w}} = 1 - 2\frac{\sum \min(S_{A,i}, S_{B,i})}{\sum S_{A,i} + \sum S_{B,i}} \tag{4-7}$$

其中，$S_{A,i}$ 表示样本 A 中第 i 个 OTU 的相对丰度，$S_{B,i}$ 表示样本 B 中第 i 个 OTU 的相对丰度，$\sum$ 表示对所有 OTU 进行求和。

【例 4-1】样本 A 和 B 的 OTU 丰度见表 4-5，试计算两个样本的 Jaccard 距离和非加权/加权 Bray-Curtis 距离。

样本 A、B OTU-度　　　　　　　　　　　　　　　　表 4-5

样本	$OTU1$	$OTU2$	$OTU3$	$OTU4$	$OTU5$
A	6	3	0	5	0
B	0	7	4	1	2

【解】参照表 3-3，各个集合的大小为：$a=2$，$b=2$，$c=1$，$d=0$。

代入公式：

$$D_J = 1 - \frac{a}{a+b+c+d} = 1 - \frac{2}{5} = 0.6$$

$$D_{\text{BC,unw}} = \frac{b+c}{2a+b+c} = \frac{2+1}{2\times2+2+1} = \frac{3}{7}$$

$$D_{\text{BC,w}} = 1 - 2\frac{\sum \min(S_{A,i}, S_{B,i})}{\sum S_{A,i} + \sum S_{B,i}} = 1 - 2\frac{0+3+0+1+0}{6+3+0+5+0+0+7+4+1+2} = \frac{5}{7}$$

（3）UniFrac 距离

Bray-Curtis 距离计算方法的前提是假设属性之间是独立的，而事实上往往这些属性存在一定关系。在宏基因组的研究中，可以用 UniFrac 距离来兼顾物种之间的进化关系计算群落间的距离。

Uni Frac 距离的核心思想是根据微生物 OTU 在进化树上的共线性（或共祖关系）来计算样本间的差异。它基于 OTU 的进化信息，考虑了样本中共有的 OTU 和独有的 OTU 在进化树上的位置，从而得到更准确的微生物组成差异度量。

在计算 UniFrac 距离时，需要先构建微生物 OTU 的进化树，这可以通过 16S rRNA 或其他基因序列进行分析和构建。然后，对两个样本的微生物组成在进化树上进行比较，分别计算共有的 OTU 和独有的 OTU 在进化树上的长度，最后用这些长度来计算 UniFrac 距离。

UniFrac 距离通常分为两种类型：非加权 UniFrac 距离（Unweighted UniFrac）和加权 UniFrac 距离（Weighted UniFrac）。非加权 UniFrac 距离只考虑微生物 OTU 的存在与否，不考虑它们的相对丰度。计算过程中，只计算进化树上独有的分支长度，不计算共有分支长度。加权 UniFrac 距离考虑微生物 OTU 的相对丰度，并计算进化树上所有分支长度。由于计算过程有些复杂，这里不再给出算例。

4.4 微生物的生长繁殖特点及规律

空气中的微生物不能繁殖，存在于物品表面或内部以后才能繁殖。了解微生物的生长繁殖的条件和发展过程，目的是研究各种环境因素与微生物生长的关系，寻找抑制室内环境中微生物污染的方法。

4.4.1 微生物生长繁殖的概念

微生物的生长是指微生物吸收营养物质经代谢转化为自身细胞成分，使细胞体积扩大，细胞质量增加的生物学过程[2]。单细胞微生物个体的生长表现为细胞基本成分的协调合成和细胞体积的增加。多细胞微生物的个体生长表现为个体的细胞数目和每个细胞内物质含量的增加。

当单细胞个体生长到一定程度时，分裂为两个大小、形状与亲代细胞相似的子代细胞，称为单细胞微生物的繁殖。对于单细胞生物，细胞的分裂也就意味着繁殖。多细胞生物只有个体数增加时才称为繁殖。在适当的环境下，微生物的繁殖极快。大肠杆菌在最适的生长条件下，每 12.5～20min 细胞就能分裂一次[3]。生产鲜酵母时，几乎 12h 就可以收获一次，每年可以收获数百次。

由于绝大多数微生物的个体微小，生长过程难以观察，所以常常以微生物群体作为研究对象，以微生物细胞的数量或微生物群体的质量为指标，研究微生物的群体生长。从应用角度来考虑，对微生物群体的研究也更有实际意义。

4.4.2 影响微生物生长的因素

微生物生长除需要营养外，还受到其所处环境理化因素的影响。如温度、湿度、水的活度与渗透压、pH、溶解氧等。如果环境条件不正常，就会影响微生物的生命活动，甚至变异或死亡。但不同微生物生长对环境要求不尽相同，一种环境条件对某种微生物可能是有害的，而对另一种微生物则可能是有利的。通过控制环境因素，人们能对微生物的生长和生理代谢过程进行控制。

1. 温度

环境的温度对微生物有很大影响。由于微生物通常是单细胞型生物，它们的温度随周围环境温度的变化而变化，所以他们对温度的变化特别敏感。在适宜的温度范围内，微生物能大量生长繁殖。每种微生物都有特定的最低生长温度、最适生长温度和最高生长温度。一种微生物在 10min 内被完全杀死的最低温度，叫致死温度。

　　根据一般微生物对温度的最适生长需求，可将微生物分为低温微生物（嗜冷微生物）、中温微生物（嗜温微生物）和高温微生物（嗜热微生物）三类。综合来讲，微生物的生长温度范围很宽，但就某种微生物而言，上限值与下限值之差，一般不超过三四十摄氏度。当环境温度过高或过低，就会对微生物的生长产生影响。

　　高温会使微生物的蛋白质发生不可逆的凝固变性，导致微生物的死亡。另外，高温还可能会使细胞膜内的脂肪受热溶解，膜上产生小孔而使细胞内物质流失，导致死亡。利用高温导致微生物死亡的原理，在实际工作中，可以达到杀灭微生物的目的。高温灭菌的方法有灼烧、干热灭菌和湿热灭菌。高温消毒的方法有水煮沸法、巴斯德消毒法等。

　　低温对嗜中温和嗜高温的微生物生长不利。低温对微生物生长的影响主要是通过降低酶反应速率使微生物的生长受到抑制。在低温下，微生物的代谢活力极低，生长缓慢或停止，但不致死，而是处于休眠状态。处于低温下的微生物一旦重新获得适宜的温度，即可恢复活性。利用这一特性，各种低温冰箱成为家庭或工业生产中保存食品等的有效手段，在微生物实验中也被用来保存生物样品或试剂等。一般中温性的微生物在 10℃ 以下即不生长，这也是用冰箱冷藏（4℃）来保存食物（或菌种）的原因。

　　2. 可利用水分

　　水是微生物生命活动不可缺少的物质。除了作为微生物的营养成分外，水还影响细胞的吸收和运输。

　　（1）水的活度

　　不同环境中水的可利用性是有差异的，与水含量的多少、水的吸附状态以及溶质的种类和数量有关。水的活度 a_w 是用来表示水可利用性的影响的一种指标，是指在一定温度（如 25℃）下，某溶液或物质在与一定空间空气相平衡时的含水量与空气饱和水量的比值，用小数表示，取值范围 0～1，水的活度越高，水的可利用性越好。

　　不同微生物对干燥的抗性差别很大，细菌的芽孢、藻类和真菌的孢子及原生动物的胞囊抗性较强。一般而言，细菌要求 a_w 在 0.90～0.99 之间；大多数酵母菌要求 a_w 在 0.80～0.90；真菌及少数酵母菌要求 a_w 在 0.60～0.70。干燥条件下细胞会以休眠状态长期存活，一旦水分供应恢复则很快复活。由于在极低水活度、极干燥环境中微生物不生长，干燥就成为保藏物品和食物的好方法。在微生物实验工作中，利用灭菌的沙土保管存菌种、孢子，也可用真空冷冻，干燥保存菌种。

　　（2）渗透压

　　水会从水浓度高（溶质浓度低）的区域向水浓度低（溶质浓度高）的区域扩散，即渗透。任何两种浓度的溶液被半渗透膜隔开，均会产生渗透压。水分子会通过半透性膜从低渗透压的一面向高渗透压的一面流动。

　　微生物生长对环境的渗透压有一定的要求。在等渗溶液中，微生物可正常生长。在高渗溶液中，微生物体内水分子大量渗到体外，会导致细胞质壁分离，使微生物生长受到抑制。因此，提高环境的渗透压可抑制微生物的生长。在低渗溶液中，介质中水分子大量渗入细胞内，使微生物细胞发生膨胀，甚至导致细胞质膜破裂（图 4-15）。

　　（3）空气湿度

　　现实中空气的水分都处于不饱和状态，即相对湿度小于 100%。根据水的活度的定义，空气的湿度也会对微生物生存环境的水的活度产生影响。

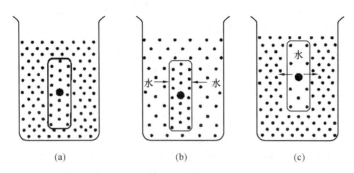

图 4-15 细菌在不同渗透压溶液中的反应
(a) 等渗溶液；(b) 低渗溶液；(c) 高渗溶液

通过改变温度和相对湿度条件下储藏稻谷中的微生物进行检测，发现相对湿度在 70%～80% 时，微生物活动较不活跃；当相对湿度大于 80% 时微生物活动（繁殖）明显加强。最适合霉菌生长的相对湿度范围为 75%～95%，相对湿度和霉菌生长速度成一次曲线关系，相对湿度越低，霉菌的生长状态越差。

3. 其他影响因素

（1）pH

酸碱度通常用氢离子浓度的负对数（pH）来表示。每相差一个 pH 单位，氢离子浓度相差 10 倍。纯水的 pH 为 7，小于 7 呈酸性，大于 7 呈碱性。

微生物的生长代谢与 pH 有密切关系，不同微生物对 pH 的要求不同。每种微生物都有特定的最低生长 pH、最适生长 pH 和最高生长 pH。大多数细菌藻类和原生动物的最适生长 pH 为 6.5～7.5，只有少数微生物能够在 pH 低于 2.0 或高于 10.0 的条件下生长。能够在低 pH 环境下生长的微生物称为嗜酸菌，能够在高 pH 下生长的微生物为嗜碱菌，而大多数微生物生长 pH 为 6.0～8.0 称为嗜中性菌。

pH 对微生物生长的影响有：影响蛋白质的解离，从而影响营养物质的吸收；影响营养物质的离子化，而影响其进入细胞；影响酶的活性，进而影响微生物的生理活动，甚至直接破坏微生物细胞；降低抗热性，降低微生物对高温的抵抗能力。

（2）溶解氧

根据微生物生长时对氧气的需求，可将其分为好氧微生物（包括专性好氧微生物和微好氧微生物）、兼性好氧（或称兼性厌氧）微生物及厌氧微生物。

好氧微生物必须在有氧条件下才能生长，大多数细菌、放线菌和霉菌都属于好氧微生物。好氧微生物需要的是溶于水的氧，即溶解氧。氧在水中的溶解度与水温、大气压有关。低温时，氧的溶解度大；高温时，氧的溶解度小。好氧微生物生长需要充足的溶解氧，溶解氧与好氧微生物的生长量、有机物浓度等呈正相关性。

兼性厌氧微生物在有氧和无氧条件下都能生存，它们在有氧时进行有氧呼吸，无氧时进行酵解或无氧呼吸，许多酵母菌和细菌属于兼性厌氧微生物。在无氧条件下才能生存的微生物叫厌氧微生物，它们又可分为专性厌氧微生物和耐氧性微生物。专性厌氧微生物不能利用氧，且一遇到氧气就会死亡，如梭状芽孢杆菌属、脱硫弧菌属、所有产甲烷菌等；耐氧性微生物不能利用氧，但氧气的存在对它们无害，如大多数的乳酸菌。

（3）氧化还原电位

氧化还原电位（E_h）用来衡量环境氧化性，单位为：V 或 mV。氧化环境具有正电位，还原环境具有负电位。

各种微生物对氧化还原电位的要求不同，细菌在氧化还原电位＋100mV 以下时进行无氧呼吸。专性厌氧细菌要求 E_h 为－200～250mV。在自然界中，氧化还原电位的上限是＋820mV，此时，环境中存在高浓度氧，而且没有利用氧气的系统存在。不同的微生物对氧化还原电位的要求不同。一般好氧微生物要求的 E_h 为 400～300mV，兼性厌氧微生物在 E_h 为＋100mV 以上时可进行好氧呼吸，专性厌氧的产甲烷菌要求的 E_h 更低，为－400～－300mV，最适 E_h 为－330mV[4]。

（4）抗生素

许多微生物在代谢过程中产生能杀死其他微生物或抑制其他微生物生长的化学物质，即抗生素。抗生素可抑制微生物细胞壁合成，破坏微生物的细胞质膜，抑制蛋白质合成和干扰核酸的合成。

一种抗生素只对某些微生物有作用，而对另一些微生物无效，这是因为不同的抗生素对微生物的作用部位不同。

微生物具有很强的适应能力，通过基因突变和获得质粒形成抗药性，产生一些对抗生素具有抵抗能力的菌株。这些抗药性菌株的出现会带来一系列严重的问题，也是目前在抗生素使用中面临的严峻形势。因此，在医院以及农业、畜牧业生产领域中滥用抗生素的现象必须得到有效的遏止[3]。

（5）紫外线

紫外线的波长范围是 200～390nm，以波长 260nm 左右的紫外辐射杀菌力最强。强烈的日光之所以能杀死微生物，是因为紫外辐射具有杀菌作用。在波长一定的条件下，紫外辐射的杀菌效率与强度和时间的乘积成正比。紫外辐射的杀菌作用主要是由于它诱导了胸腺嘧啶二聚体的形成，从而抑制了 DNA 的复制。此外，由于辐射能使空气中的分子氧变成臭氧（O_3）或使水（H_2O）氧化生成过氧化氢（H_2O_2），而 O_3 和 H_2O_2 均有杀菌作用。

无菌室、无菌箱、医院手术室均可用紫外杀菌灯进行空气消毒。对不能用热和化学药品消毒的器具，如胶质离心管、药瓶、牛奶瓶等，也可采用紫外线进行表面消毒[5]。

4.4.3 微生物的培养方法

微生物生长繁殖一般采用分批培养和连续培养两种方式。

分批培养是在一定条件下，将微生物在一定体积的液体培养基中进行培养，整个过程中培养基保持不变，在生长过程中营养物不断减少，细胞数量会渐渐达到最多，之后又逐步减少直至衰减消亡。

连续培养是通过一定的方式，使微生物在培养期内以恒定的速率（恒定的比生长速率）持续生长。连续培养主要靠控制营养物质和代谢产物来实现。控制营养物质的浓度保持恒定的培养方法称为恒化连续培养；控制流速使菌液浊度保持恒定的培养方法称为恒浊连续培养。

由一个细胞经过繁殖得到的后代群体称为培养物。研究用的纯培养物一般通过分离微生物的方式得到。

4.4.4　细菌群体的生长曲线

分批培养过程中既不补充营养物质也不移去培养物质，保持整个培养液体积不变。根据对某些单细胞微生物在封闭式容器中进行分批培养的研究，发现在适宜条件下，微生物细胞数目的增加随时间而变化，并且具有严格的规律性。

将少量细菌接种到一定容积的新鲜液体培养基，在适宜的条件下进行分批培养，定时取样测定细胞数量，以培养时间做横坐标，以细胞增长数目的对数作纵坐标作图，所绘出的曲线称为细菌生长曲线。一条典型的分批培养生长曲线可以分为迟缓期、对数期、稳定期和衰亡期 4 个生长时期，如图 4-16 所示。

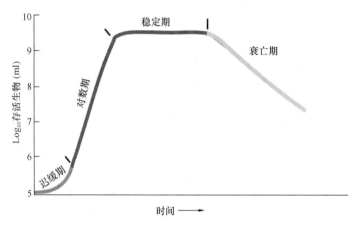

图 4-16　细菌生长曲线

1. 迟缓期

细菌接种到新鲜培养基后处于一个新的生长环境，一般不会立即繁殖，数量维持恒定或增加很少，这一时期即迟缓期。此时胞内的 RNA、蛋白质等物质含量有所增加，细胞体积相对最大，说明微生物并不是处于完全静止的状态。迟缓期对于生长繁殖是必需的，因为细胞分裂之前，细胞各成分的复制与装配等也需要时间。

影响迟缓期长短的因素很多，主要有菌株的遗传性、菌龄、接种量、培养基成分等。可以采取一定的措施缩短迟缓期，克服不良的影响：通过遗传学方法改变种的遗传特性使迟缓期缩短；利用对数生长期的细胞作为种子；尽量使接种前后所使用的培养基组成不要相差太大；适当扩大接种量。

2. 对数期

对数期又称指数期，这一时期细菌个体数目与时间之间的关系服从对数规律。细菌经过迟缓期进入对数期，生长和分裂速率加快。

由于细菌繁殖方式是二分裂，因此，细菌数量以 2 的指数增加，而且细胞进行平衡生长，故菌体各部分的成分十分均匀。对数期细菌的代谢活性及酶活性高而稳定，菌体大小、个体形态、化学组成和生理特性等相对一致，活力旺盛，因而是科研上理想的实验材料，也在生产中用于接种。

微生物两次繁殖之间的时间间隔称为该生物的世代时间，简称世代时间。世代时间越短，微生物繁殖的速度越快。每一种微生物的世代时间由其遗传性决定，同时又受到培养条件的影响。如大肠杆菌在 37℃ 的肉汤培养基中培养，世代时间为 15min，而在相同温度的牛乳培养基中培养时，世代时间为 12.5min。

根据一定时间内细菌的增殖数量可以计算出繁殖的代数。微生物数量、代数与世代时间的关系：

$$N_t = 2^n \times N_0$$
$$n = 3.33 \times (\ln N_t - \ln N_0)$$
$$G = t/n = 0.301t/(\ln N_t - \ln N_0)$$

式中　n——繁殖代数；

　　　G——世代时间（每繁殖一代所需的时间）；

　　N_0——对数生长期开始微生物数量；

　　N_t——对数生长期经过时间 t 后微生物数量。

3. 稳定期

稳定生长期又称恒定期或最高生长期。经过对数期，培养基中营养物质消耗很大，限制性养分耗尽。由于细菌的选择性利用，养分比例失调，酸、醇、毒素等代谢产物积累和 pH 等参数不断变化，环境条件逐步不适宜于细菌生长，导致细菌繁殖速率逐渐下降，死亡速率上升，直至繁殖速率与死亡速率基本持平。此时细菌分裂增加的数量等于细菌死亡数量，对数期结束，进入稳定期。

稳定期的活细菌数最高并维持稳定。在此阶段，细菌活性下降，细胞内开始积累贮藏物质如肝糖粒、脂肪粒、PHB 等，大多数芽孢细菌形成芽孢。同时发酵液中细菌的代谢产物积累逐渐增多，是发酵目的物生成的重要阶段。如果及时采取措施，补充营养物质或取走代谢产物或改善培养条件，如对好氧进行通气、搅拌或振荡等可以延长稳定期，获得更多的菌体物质或代谢产物。

4. 衰亡期

稳定期后，营养物质耗尽，有毒代谢产物大量积累，外界环境对菌体继续生长越来越不利，导致细菌死亡速率逐步增加，活细菌逐步减少，进入衰亡期。该时期细菌代谢活性降低，细菌衰老并出现自溶。在某一时段，活菌个体数目呈几何级数下降，称之为"对数死亡期"。衰亡期的后期，由于部分细菌产生抗性也会使细菌的死亡的速率降低。

该时期细胞形态发生多形化，例如会发生膨大或不规则的退化形态。细菌代谢活性降低，细菌衰老并出现自溶。有的微生物在此阶段会进一步合成或释放对人类有益的抗生素等次生代谢产物，芽孢杆菌在此期释放芽孢。

上文所描述的生长曲线只适合单细胞微生物如细菌和酵母菌，反映了单细胞微生物在一定环境中生长、繁殖和死亡的规律。不适用于丝状生长的真菌或放线菌而言，如真菌的生长曲线大致可分 3 个时期，即滞留适应期、快速生长期和生长衰退期，而缺乏指数生长期。

4.5　空气微生物污染的评价

室内环境中的微生物本身及在代谢过程中产生挥发性有机物（VOCs）和半挥发性有机物（SVOCs），引起空气环境质量恶化，导致人类活动、人体健康和生物生存受到影响的现象，称为空气微生物污染。

近些年来，我国对环境中微生物气溶胶浓度的相关标准逐步完善，但对空气中微生物浓度的国家标准还有所欠缺。中国科学院通过大数据调查及对国内资料的研究，将空气洁净程度分为 7 个等级，每个等级规定了相对应的空气微生物浓度范围，详细划分情况如表 4-6 所示。

空气微生物评价标准（10^3 cfu/m^3）　　　　　　　　　　表 4-6

级别	程度	空气真菌	空气细菌	空气微生物总数
Ⅰ	清洁	<0.5	<1.0	<3.0
Ⅱ	较清洁	0.5～0.75	1.0～2.5	3.0～5.0
Ⅲ	微污染	0.75～1.0	2.5～5.0	5.0～10.0
Ⅳ	轻度污染	1.0～2.5	5.0～10.0	10.0～15.0
Ⅴ	中度污染	2.5～6.0	10.0～20.0	15.0～30.0
Ⅵ	重度污染	6.0～20.0	20.0～45.0	30.0～60.0
Ⅶ	极重度污染	>20.0	>45.0	>60.0

注：来源于中国科学院生态环境研究中心。

习　　题

1. 微生物生长与温度的关系是怎样的？
2. 灭菌和消毒有何不同？
3. 高温和低温对微生物的影响有何不同？
4. 渗透压对微生物生长有何影响？
5. 氧气在微生物生长中起到什么作用？如何通过控制氧气来影响微生物生长繁殖？
6. 水的活度如何影响微生物？
7. 过高或过低的 pH 对微生物有什么影响？

本 章 参 考 文 献

[1]　乐毅全，王士芬．环境微生物学[M]．北京：化学工业出版社，2011.
[2]　王国惠．环境工程微生物学[M]．北京：化学工业出版社，2005.
[3]　周凤霞．环境微生物[M]．北京：化学工业出版社，2020.
[4]　韩伟．环境工程微生物学[M]．哈尔滨：哈尔滨工业大学出版社，2010.
[5]　蔡信之，黄君红．微生物学[M]．北京：科学出版社，2011.

第5章 室内环境污染物检测方法

5.1 无机气体检测方法

室内空气中的无机气体，例如二氧化硫、二氧化氮、氨气、臭氧等，大多可以采用分光光度法进行检测。本节将首先介绍分光光度法的基本原理和检测方法，然后分别介绍室内几种典型无机气体的检测方法。

5.1.1 分光光度法的基本原理

基于物质对光的选择性吸收而建立起来的分析方法称为吸光（或分光）光度法。

许多物质具有颜色，或者与其他物质反应时能够产生颜色。物质的浓度越高，其颜色越深。因此可以通过测量颜色的深浅来测定物质的浓度，这种方法称为比色分析法。它既可以靠目视来进行，也可以采用分光光度计进行测量。采用分光光度计，基于物质的分子吸收光谱和光的吸收定律对物质进行定性和定量分析的仪器分析方法，称为分光光度法[1]。

根据分析时所选用的光源发出的光的波长范围，分光光度法分为：紫外分光光度法，可见分光光度法，红外分光光度法等。

分光光度法的优点主要有：

(1) 灵敏度高，可用于微量和痕量物质的分析，检测下限可达 $10^{-5} \sim 10^{-8}$ g；

(2) 精确度高，测定时的相对标准偏差仅有 2%～5%；

(3) 操作简便、迅速，所需设备价格便宜；

(4) 应用广泛，能够检测众多吸光性物质。

1. 光的基本性质

光是一种与物质的内部运动有关的电磁辐射，具有波粒二象性。

光的波动性可以用波长 λ、频率 ν、光速 c、波数 σ（cm^{-1}）等参数来描述：

$$\lambda\nu = c \quad \sigma = 1/\lambda = \nu/c \tag{5-1}$$

光的粒子性可用光量子（简称光子）的能量 E 来描述：

$$E = h\nu = hc/\lambda \tag{5-2}$$

式中，h 为普朗克常数，$h = 6.626 \times 10^{-34}$ J/s。

不同波长的光具有不同的能量，波长越短（频率越高），能量越高；反之，波长越长（频率越低），能量越低。

对于波长很短（小于 10 nm）、能量大于 10^2 eV 的电磁波谱，例如 X 射线，其粒子性比较明显，称为能谱。对于波长大于 1mm、能量小于 10^{-3} eV 的电磁波谱，例如微波和无线电波，其波动性比较明显，称为波谱。波长及能量介于两者之间的电磁波谱，通常要借助于光学仪器进行观测，称为光学光谱。根据波长不同，又可将光学光谱划分为不同的区域（表5-1）。

电磁波谱类型及波长范围 表5-1

波谱区域	波长范围
γ射线	5～140pm
X射线	0.01～10nm
远紫外区	10～200nm
近紫外区	200～400nm
可见光区	400～780nm
近红外区	780～2500nm
中红外区	2.5～50μm
远红外区	50～1000μm
微波	0.1～100cm
无线电波	1～1000m

通常，光源发出的光是由不同波长的光混合而成，称为复色光；而具有单一波长（或频率）的光称为单色光。白光是一种复合光，可以分为红、橙、黄、绿、青、蓝、紫七种颜色的光。由红到紫的七色光中的每种色光并非真正意义上的单色光，它们都有相当宽的波长（或频率）范围，例如波长为0.77～0.622μm范围内的光都称为红光。

光学分析中，常常需要采用特定的方法获取只包含一种频率成分的光，即单色光。单色光的光谱宽度（或半宽度）是衡量其单色性的指标。谱线的宽度越窄，光谱所包含的频率或波长范围就越窄，表明光的单色性就越好。实际上，普通分析方法所获取的单色光往往不只包含一种频率的光。氦氖激光器辐射的光具有较好的单色性，波长为0.6328μm，可认为是一种单色光。

2. 物质对光的选择性吸收

当光照射到物质上时，会产生发射、散射、吸收或透射。若被照射的物质是均匀溶液，则溶液对光的散射可以忽略。物质对光的吸收具有选择性。

在可见光区（400～780nm），不同波长的光具有不同的颜色。当一束白光，例如日光或白炽灯光等，通过一种有色溶液时，某些波长的光被溶液中的物质选择性吸收，这些波长的光称为吸收光；另一些波长的光则透过，称为透射光。透射光刺激人眼使人感觉到溶液的颜色。因此，透射光决定溶液的颜色。

透射光与吸收光可以组成白光，因此这两种光称为互补光（互补色）。广义上，若两种适当颜色的光按一定的强度比例混合后可以复合成一种白光，则这两种光称为互补光。互补光的波长对应关系如图5-1所示。

不同类型的溶液之所以呈现不同的颜色，就是由于溶液中的物质选择性地吸收某种颜色的光，从而呈现出它的互补色。当白光通过一种均匀的溶液时，会发生3种类型的吸收现象。

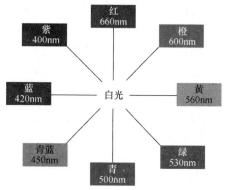

图5-1 互补光的波长对应关系

（1）如溶液对其全部吸收，无光透过，溶液呈黑色；

（2）如溶液对其毫不吸收，光全透过，溶液为无色；

（3）如溶液对其部分吸收，其余光透过，溶液呈透射光的颜色。

例如，黄光与蓝光为互补光，硫酸铜溶液由于吸收白光中的黄色光而呈现蓝色。$KMnO_4$ 溶液吸收了白光中的绿光，透射光为其互补光紫色，因此其溶液呈紫色。NaCl、KNO_3 溶液对射入的可见光全不吸收，光全部透过，因此其溶液为无色。

3. 物质对光的吸收曲线

当一束光通过某一溶液时，其中某些波长（频率）的光子能够被溶液中的物质吸收，而另一些波长（频率）的光子则不被吸收。光子是否被物质吸收，取决于光子的能量和物质的内部结构。当光子的能量等于物质的电子能级的能量差时，此能量的光子可以被该物质吸收，并使该物质的电子由基态跃迁到激发态。

物质对不同波长光的吸收特征，可以用吸收曲线来描述。让不同波长的单色光通过某一固定浓度和厚度的有色溶液，分别测量每一波长 λ 下对应的光的吸收程度（即吸光度，A），然后将 A 对 λ 作图，得到 $A-\lambda$ 曲线，即吸收光谱曲线（吸收曲线）。

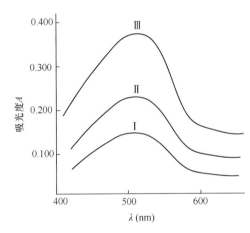

图 5-2 邻二氮杂菲-亚铁溶液的吸收曲线（调整 λ_{max} 为 510nm）

图 5-2 是邻二氮杂菲-亚铁溶液的吸收曲线，该配合物对 510nm 的绿色光吸收最多，有一吸收峰，图 5-2 中的 Ⅰ、Ⅱ、Ⅲ 三条曲线，代表同一种被测物质（邻二氮杂菲-亚铁）含量由低到高的吸收曲线。由图中可以看出：

（1）同一种物质对不同波长光的吸光度不同。吸光度最大处对应的波长称为最大吸收波长 λ_{max}。

（2）不同浓度的同一种物质，其吸收曲线形状相似，λ_{max} 不变。

（3）在 λ_{max} 处吸光度随浓度变化的幅度最大，所以测定最灵敏。

（4）吸收曲线是定量分析中选择入射光波长的重要依据。

（5）吸收曲线的形状和 λ_{max} 是定性分析的基础。对于不同的物质，由于分子结构不同，因此，它们的吸收曲线形状和 λ_{max} 则不同。可以根据吸收光谱曲线对物质进行定性鉴定和结构分析。

（6）溶液中物质的浓度愈大，则吸光度愈大，这是定量分析的基础。用最大吸收波长的光 λ_{max} 作为入射光，测定待测物质的吸光度，根据光的吸收定律可以对物质的浓度进行定量分析。

4. 光的吸收基本定律——Lambert-Beer 定律

物质对光吸收程度的定量关系很早就受到了科学家的关注和研究。1760 年，Lambert 阐明了物质对光的吸收程度与溶液液层的厚度的关系。1852 年，Beer 得出了光的吸收程度与溶液浓度的关系。Lambert 和 Beer 理论结合起来就得到了物质对光吸收程度的基本定律——Lambert-Beer 定律。

Lambert-Beer 定律是光吸收的基本定律，适用于所有的电磁辐射和所有的吸光物质，包括气体、固体、液体，分子、原子和离子。Lambert-Beer 定律是分光光度法的定量基础。

如图 5-3 所示，当一束单色光平行地通过均匀、非色散的溶液介质时，一部分光被吸收，一部分光透过溶液，一部分光被器皿表面反射。若入射光强度 I_0，吸收光强度 I_a，透过光强度 I_t，反射光强度为 I_r。则它们之间的关系是：

$$I_0 = I_a + I_t + I_r \tag{5-3}$$

由于在进行光度分析时入射光通常是垂直于溶液器皿（吸收池）表面，反射光的强度一般很小，并且在进行光度分析时，被测溶液和参比溶液采用相同材质、厚度的吸收池盛放，反射光的强度基本相同，所以由反射所引起的误差可以校正和抵消，因此，式（5-3）可以简化为：

$$I_0 = I_a + I_t \tag{5-4}$$

透射光的强度 I_t 与入射光的强度 I_0 的比值称为透光率 T。

$$T = \frac{I_t}{I_0} \tag{5-5}$$

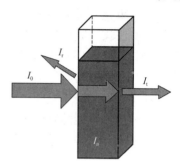

图 5-3　溶液对光的作用示意图

透光率愈大，溶液对光的吸收愈少。

透光率的负对数称为吸光度 A。

$$A = -\lg T = \lg \frac{I_0}{I_t} \tag{5-6}$$

吸光度愈大，溶液对光的吸收程度愈大。

Lambert 定律指出，光的吸光度与溶液液层的厚度成正比：

$$A = k_1 \cdot b \tag{5-7}$$

Beer 定律指出，光的吸光度与溶液的浓度成正比：

$$A = k_2 \cdot c \tag{5-8}$$

将 Lambert 定律和 Beer 定律合并起来，就得到 Lambert-Beer 定律，即当一束平行的单色光通过均匀、透明的有色溶液时，如溶液的浓度越大、液层厚度越大，则光强度的减弱越显著，可具体表述如下：

$$A = \lg \frac{I_0}{I_t} = Kbc \tag{5-9}$$

式（5-7）～式（5-9）中 A——吸光度，量纲为 1。其数值的大小，与物质的性质、入射光波长、溶剂种类及溶液温度等因素有关。当波长等其他因素一定时，只与物质的性质有关。

k_1——比例系数，1/cm；

b——液层厚度，cm；

k_2——比例系数，L/mol；

c——溶液中吸光物质的浓度，mol/L；

K——吸光系数，L/(mol·cm)。

当浓度 c 的单位为 mol/L（物质的量浓度），液层厚度以厘米（cm）表示时，此时的

吸光系数 K 称为摩尔吸光系数 ε，单位为 $L/(mol \cdot cm)$

$$A = \lg\frac{I_0}{I_t} = \varepsilon bc \tag{5-10}$$

吸光度 A 与透光率 T 的关系是：

$$A = -\lg T = \varepsilon bc \tag{5-11}$$

$$T = 10^{-\varepsilon bc} \tag{5-12}$$

【例 5-1】 空气中的氨气被稀硫酸溶液吸收后生成了铵离子，在亚硝基铁氰化钠存在下，铵离子与水杨酸和次氯酸钠反应生成蓝色络合物，该络合物的吸光度与样品中氨的含量成正比。在 697nm 波长处，用 20mm 厚度的比色皿测得该溶液的透光率 $T=50\%$，若改用 10mm 厚的比色皿，计算其透光率和吸光度分别为多少？

【解】 该溶液在 20mm 厚度的比色皿中的吸光度为：

$$A_1 = -\lg T = -\lg 0.5 = 0.301$$

根据 Lambert-Beer 定律，改用 10mm 厚度的比色皿时，其吸光度为：

$$A_2 = 1/2 A_1 = 0.150$$

由于 $A = -\lg T$，因此透光率 $T_2 = 10^{-0.150} = 70.8\%$

吸光度具有加和性。当溶液介质中含有多种吸光组分，并且各组分均匀分布、不存在相互作用、不发生色散时，该介质的总吸光度是各组分在该波长下吸光度的加和。各组分的吸光度则是由各自的浓度、吸光系数以及介质中的液层厚度决定。

$$A_{总} = A_a + A_b + A_c + \cdots\cdots + A_n = (\varepsilon_a c_a + \varepsilon_b c_b + \varepsilon_c c_c + \cdots\cdots + \varepsilon_n c_n)b$$

Lambert-Beer 定律的成立需要满足以下前提条件：

(1) 入射光为平行单色光，垂直照射吸光介质；

(2) 吸光物质是均匀非色散体系；

(3) 吸光物质的粒子之间不存在相互作用；

(4) 入射光与吸光物质之间仅发生光吸收作用，不发生荧光和光化学现象。

通常在用分光光度法进行分析时，多采用标准曲线法（或称工作曲线法）进行定量。即固定液层厚度、入射光的波长，测定一系列不同浓度标准溶液的吸光度，此时 A 与 c 应呈线性关系。

但是在实际使用过程中，有时会发生标准曲线偏离 Lambert-Beer 定律的情况（图 5-4），即标准曲线有时会向浓度轴弯曲（发生负偏离），或向吸光度轴弯曲（发生正偏离）。造成这样偏离的主要原因就是实际测定时的条件不完全符合 Lambert-Beer 定律成立所需要满足的条件，主要有以下几种情况。

(1) 非单色光

Lambert-Beer 定律要求入射光为单色光，但是目前单色器的色散能力有限，还不能提供严格意义上的单色光，而是由波长范围较窄的光带组成的复合光作为入射光。吸光系数 k 在一定的波长下是一个常数，但如果入射光不是单色光，则 k 不是常数，吸光度 A 与浓度 c 之间的线性关系也就会发生偏移。

如图 5-5 所示，通常在最大吸收波长附近会有一个吸收强度相差较小的区域，如果入射光是在此范围内，则吸光系数 k 的变化较小，引起的偏离也会较小，A 与 c 基本上呈直线关系。因此，在实际测定时，通常会选用最大吸光系数处的波长，以减小偏离，并增大检测的灵敏度。

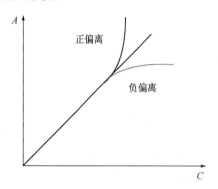

图 5-4　光度分析标准曲线及偏离现象

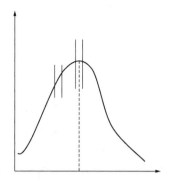

图 5-5　复合光对 Lambert-Beer 定律的影响

（2）非平行入射光

光线非平行入射时，会造成光线在介质中的光程大于吸收池的厚度，产生正偏离。

（3）吸光物质不是均匀介质引起的偏离

Lambert-Beer 定律要求吸光物质的溶液是均匀的。如果待测物质溶液不均匀，是乳浊液、悬浮液或胶体溶液时，入射光进入溶液后会发生散射损失，导致透射比减小，实测吸光度值偏大，标准曲线向吸光度轴偏离，发生正偏离。

（4）吸光物质在介质中的浓度过高

Lambert-Beer 定律成立的前提条件之一是溶液中吸光物质粒子之间不发生相互作用。但是当溶液的浓度较大时，吸光物质粒子的密度上升，分子或离子间的平均距离减小，导致相互作用力增强，改变物质对光的吸收能力，也就改变了物质的吸光系数。因此，高浓度范围内物质吸光系数的变化会导致标准曲线偏离 Lambert-Beer 定律。

（5）溶液本身发生化学反应

待测溶液中的吸光物质由于在溶液中发生缔合、配合、解离或互变异构等化学反应造成浓度改变，会导致标准曲线偏离 Lambert-Beer 定律。例如在 pH 变化时，CrO_4^{2-} 会发生缔合作用生成 $Cr_2O_7^{2-}$，二者对光的吸收特性差异巨大。在实际测定过程中，应控制条件，使溶液中仅存在 $Cr_2O_7^{2-}$ 或 CrO_4^{2-}，否则会导致 c 与 A 之间的线性关系发生偏离。

$$2CrO_4^{2-} + 2H^+ \Longleftrightarrow Cr_2O_7^{2-} + H_2O$$
　　　　黄色　　　　　　　橙色

5. 摩尔吸光系数 ε

摩尔吸光系数 ε 是光度分析中的重要参数，它的物理意义是：在一定的波长下，浓度为 1mol/L 的某物质的均匀溶液在液层厚度为 1cm 的吸收池中对该波长光的吸光度，单位是 L/（mol·cm）。在实际测量过程中，由于高浓度溶液中物质分子之间的相互作用力增强，会导致吸光度偏离 Lambert-Beer 定律，因此不能直接用 1mol/L 这样的高浓度溶液直接测量摩尔吸光系数，而是在稀释的溶液中进行测量和换算。

摩尔吸光系数 ε 是物质的特征常数，在温度、波长、仪器灵敏度等条件一定时，仅与被测物质本身的性质有关，与物质的浓度和透光介质的厚度无关。因此，摩尔吸光系数可以作为定性鉴定的特征参数。

摩尔吸光系数 ε 的数值反映了物质对某一特定波长光的吸收能力。ε 越大，表明物质对该波长光的吸光能力越强，用光度法检测该物质的灵敏度越高。

其中：$\varepsilon > 10^5$：超高灵敏；

$\quad\quad \varepsilon = (6 \sim 10) \times 10^4$：高灵敏；

$\quad\quad \varepsilon < 1 \times 10^4$：低灵敏。

若溶液中物质的浓度用质量浓度表示，则 Lambert-Beer 定律可表示为：

$$A = a \cdot b \cdot \rho \tag{5-13}$$

式中　ρ——质量浓度，g/L；

$\quad\quad b$——液层厚度，cm；

$\quad\quad a$——质量吸光系数，L/（g·cm），a 和 ε 的换算关系为：$\varepsilon = aM$；

$\quad\quad M$——物质的摩尔质量。

【例 5-2】已知含 Fe^{2+} 浓度为 1.0mg/L 的溶液，用邻二氮菲光度法测定铁（Fe^{2+} 与邻二氮菲反应，生成橙红色配合物）。使用厚度为 2cm 的吸收池，在波长 510nm 处测得吸光度 $A = 0.390$。计算该配合物的摩尔吸光系数 ε。

【解】已知铁的相对原子质量为 55.85。

$$c = \frac{1.0 \times 10^{-3}}{55.85} = 1.8 \times 10^{-5} \text{mol/L}$$

$$\varepsilon = \frac{A}{bc} = \frac{0.390}{2 \times 1.8 \times 10^{-5}} = 1.1 \times 10^4 \text{L/(mol·cm)}$$

【例 5-3】用双硫腙光度法测定 Pb^{2+}。Pb^{2+} 的浓度为 0.08mg/50mL，用 2cm 比色皿在 520nm 下测得透光率 T 为 53%，求摩尔吸光系数 ε。

【解】已知铅的相对原子质量为 207.2。

$$c = \frac{0.08}{207.2 \times 50} = 7.7 \times 10^{-6} \text{mol/L}$$

$$A = -\lg T = -\lg 53\% = 0.28$$

$$\varepsilon = \frac{A}{bc} = \frac{0.28}{2 \times 7.7 \times 10^{-6}} = 1.8 \times 10^4 \text{L/(mol·cm)}$$

5.1.2　分光光度计与光度分析法的条件

1. 分光光度计的基本组成

测定吸光度使用的分光光度计有多种类型。根据光源的波长范围，分光光度计分为可见分光光度计、紫外-可见分光光度计和红外分光光度计。

分光光度计的基本结构包括光源、单色器、吸收池、检测器和显示系统，结构示意图如图 5-6 所示。

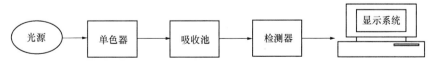

图 5-6　单波长单光束分光光度计结构示意图

（1）光源

光源的作用是在所需光谱区域内发射连续的、足够强度、稳定的辐射光。可见光区一般使用钨丝灯，碘钨灯作为光源。钨丝加热到白炽时，可发射出 320～2500nm 波长的连续光谱，光强度分布随灯丝温度变化而变化。灯丝温度升高时，光强度增大，但过高的灯丝温度会影响灯丝的寿命。一般钨丝灯的工作温度为 2600～2870 K。紫外光区一般使用氢灯，氘灯作为光源，可发射波长范围为 180～375nm 的光。

（2）单色器

单色器是将光源发出的连续光谱分解为单色光，并选出检测目标物所需要的特定波长的单色光的装置。单色器由棱镜或光栅等色散元件及狭缝和透镜等组成。

单色器的材质一般是玻璃或石英。由于玻璃可吸收紫外光，所以玻璃棱镜只适用于可见光区（波长范围 350～3200nm）。石英棱镜可使用的波长范围较宽，达到 185～4000nm，在紫外—可见光区甚至近红外光区均可使用。

（3）吸收池

吸收池，也称比色皿，用于盛放待测试样溶液或参比溶液。吸收池主要有石英和玻璃两种材质，玻璃会吸收紫外光，而石英则不吸收紫外光，因此在紫外光区须采用石英吸收池，可见光区一般用玻璃吸收池。吸收池大多是长方形的，一般分光光度计都配有一套厚度为 0.5cm、1cm、2cm、3cm 的吸收池，每套吸收池对光的吸收和反射都应具有良好的一致性。

吸收池在使用过程中有以下注意事项：

吸收池在分光光度计中的放置位置应使透光面垂直于入射光光束方向，以减小入射光的反射损失。

指纹、油腻或其他沉积物都会影响吸收池的透射性能，因此需保持吸收池的光洁。用手拿吸收池时，只能接触毛玻璃面，不能接触光学面。光学面不能与硬物接触，使用前和使用后需要用擦镜纸或丝绸擦拭光学面。

吸收池需要保持清洁，不能存放易腐蚀玻璃的物质。

不得加热或烘烤吸收池。

在进行光度分析时，通常会采用一组同厚度的吸收池来分别盛放待测试样溶液和参比溶液。参比溶液用于调节分光光度计的零点，以消除吸收池壁及溶剂等对入射光的反射和吸收带来的影响，使测得的吸光度能真正反映被测物质的含量。同厚度的一组吸收池间的透光度相差应小于 0.5%。

吸收池中的参比溶液有两种选择方法。如果在选定的测量波长下，只有待测物质对入射光有吸收，显色剂及其他试剂均无吸收，则可用纯溶剂作参比，如蒸馏水。如果在测量波长下，显色剂和其他试剂对入射光也有吸收，则应用不含被测组分的试剂溶液（空白溶液）作参比溶液。

（4）检测器

分光光度计的检测器系统利用光电效应将透射光强度转换为电信号实现吸光度的测定，电信号大小和透过光强度成正比。可见分光光度计常用的检测器有光电池、光电管和光电倍增管。

（5）显示系统

显示系统是将检测器中检测并转化的电信号进行处理、显示和存储，通常采用检流计、微安表、记录仪、数字显示器等显示和记录测定结果。

2. 分光光度计的类型

按照光路结构来说,常见的分光光度计类型包括单光束分光光度计、双光束分光光度计、双波长分光光度计。

单光束型分光光度计是一种传统的分光光度计,最为常见,结构简单。在使用过程中,光源发出的一束光经过单色器实现分光,通过拉动吸收池使光束轮流通过参比溶液和待测样品溶液进行测定。单光束型分光光度计的原理和结构简单,价格便宜,但是测量结果受光源的波动影响较大,容易给定量结果带来较大误差。

双光束分光光度计是利用旋转斩光器将经过单色器后的一束光分为两束,分别经过参比溶液和待测样品溶液的分光光度计。由于斩光器的旋转速度高于波长变化的速度,因此,经过参比溶液和待测样品溶液的两束光几乎是同时获得的,避免了由于光源波动给定量测定带来的误差,可以克服光源不稳定性的干扰影响,还可以用于分析样品随时间的变化。

双波长分光光度计是使用两个单色器分别获取两束不同波长的单色光,并使两束不同波长的单色光交替通过待测溶液进行检测的分光光度计。该类型的分光光度计可用于存在背景干扰或共存组分干扰时的复杂样品测定。

3. 光度分析法的条件

(1) 显色条件

在光度分析法中,对于本身无吸收的待测物质,使其在显色剂的作用下形成有色化合物的反应称为显色反应。对于显色反应,一般必须满足下列要求:

1) 选择性好。即在显色条件下,显色剂仅与待测物质发生显色反应,尽可能不要与溶液中其他共存离子显色。如果其他离子也和显色剂反应,干扰离子的影响应容易消除。

2) 灵敏度高。显色反应的灵敏度高,才能测定低含量的物质。灵敏度可从摩尔吸光系数来判断,但灵敏度高的显色反应,不一定选择性好,在分析实践中应全面考虑。

3) 显色产物应具有固定的组成,符合一定的化学式,化学性质稳定,在测量过程中吸光度基本不发生改变。对于形成不同配合比的配合物的显色反应,需要严格控制实验条件,使生成组成确定的稳定配合物,以提高其重现性。

4) 显色产物与显色剂之间的颜色差别要大。通常要求显色剂在测定波长下无明显吸收,以降低试剂的空白值,提高吸光度测量的准确度以及降低方法的检测下限。通常把两种有色物质最大吸收波长之差称为"对比度",一般要求显色剂与显色产物的对比度大于 60nm。

实际使用分光光度计进行测定时,为了得到准确的结果,必须控制适当的条件,使显色反应完全和稳定,具体需要注意以下显色反应条件的选择。

1) 显色剂的用量

通常显色反应可用下式表示:

M(被测离子) + HR(显色剂) $\Longrightarrow$ MR + H$^+$

从反应平衡角度看,显色剂过量越多,越有利于有色配合物的形成。但显色剂过量太多,有时会引起副反应,因此需要有一适宜用量,通常由实验确定。

固定其他条件,改变显色剂的浓度 c_R,测定吸光度 A,绘制 A-c_R 关系曲线,一般可以得到如图 5-7 所示的三种不同情况。显色剂用量的选择原则是,选择图 5-7 曲线上的平坦部分。

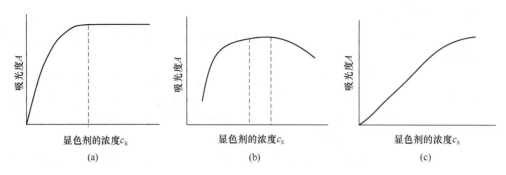

图 5-7　吸光度与显色剂用量关系曲线

（a）适合进行光度分析（对显色剂浓度控制不严格）；（b）只能选择较窄的
显色剂浓度范围；（c）必须严格控制显色剂浓度

2）酸度

酸度对显色反应的影响是多方面的。大多数的有机显色剂是有机弱酸（HR），并且带有酸碱指示剂性质，在溶液中存在以下平衡：

$$HR \rightleftharpoons H^+ + R$$
$$+$$
$$Me^{n+}$$
$$\Updownarrow$$
$$MeR_n（有色化合物）$$

酸度改变时，将引起平衡移动，影响显色反应程度和溶液对光的吸收程度。例如，对于示例的有机弱酸 HR 显色剂，溶液酸度增大时，H^+ 浓度大，不利于有色配合物的形成。酸度还影响有些显色剂的颜色，也会对某些待测离子的存在状态以及是否水解产生影响。

显色反应适宜的酸度范围由实验确定。固定其他条件，改变溶液的 pH，分别测量在不同 pH 时溶液的吸光度值 A，绘制 A-pH 曲线（图 5-8），选择曲线平坦部分对应的 pH 作为测量时适宜的酸度范围。

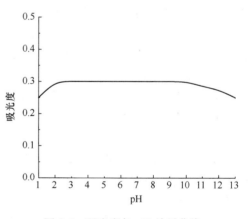

图 5-8　吸光度与 pH 关系曲线

3）显色时的温度和显色时间

多数显色反应在室温下能很快进行，有些反应需要加热以加速显色反应进行完全。有些有色物质在温度较高时又容易分解。因此，对于不同的显色反应，需要通过实验确定适宜的温度范围。

多数显色反应须经一定时间才能完成，但有些有色物质在放置时受到空气和光的作用颜色会减弱。

如图 5-9 所示，（a）中吸光度值随着时间 t 的增加，有色化合物的浓度增大，A 增大。反应完成后，A 保持不变。（b）中的有色化合物性质不太稳定，随着放置时间的增加，

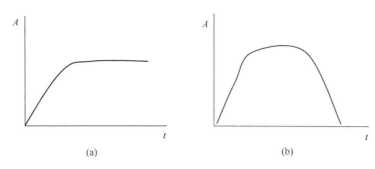

图 5-9 吸光度随显色时间变化示意图

在日光，空气的作用下，有色化合物分解，浓度下降，A 降低。

适宜的显色时间可通过上述实验确定。

4）溶剂的影响

许多有色配合物在水中解离度较大，而在有机溶剂中解离度较小。有些配合物易溶于有机溶剂。因此，对于不同的显色反应需要选取适宜的溶剂。

5）干扰物质的影响及消除

干扰离子本身有颜色或与显色剂作用显色等，都将干扰测定。

消除干扰的方法有：加掩蔽剂；选择适当的显色条件，如通过控制酸度，使干扰离子不作用；选择适当的测量条件，如波长、参比溶液等；分离干扰离子。

（2）入射光波长条件

入射光波长应根据吸收光谱曲线选择。通常情况下，选择待测吸光物质的最大吸收波长作为测定波长，因为最大吸收波长处的吸收曲线较为平坦，吸光系数变化较小，发生偏离 Lambert-Beer 定律的程度较低。此外，最大吸收波长处的吸光系数较大，测定时分光光度计有较高的灵敏度。如果干扰物在待测物的最大吸收波长处有强烈的吸收造成严重干扰，则选择非最大吸收波长作为入射光的波长，这时灵敏度虽有下降，但却消除了干扰。

（3）吸光度读数范围的选择

一般在使用分光光度计时，吸光度的读数在 0.2～0.8 时能够使测量的相对误差最小。根据 Lambert-Beer 定律，可以通过调整试液的浓度（待测物质的质量）或选择不同厚度的吸收池来调节吸光度读数，使其在误差最小的读数范围内。

（4）参比溶液的选择

参比溶液用来调节仪器的零点，以消除吸收池壁及溶剂等对入射光的反射和吸收带来的影响，使测得的吸光度能真正反映被测物质的含量。

选择参比溶液的原则：

1）如果仅所测物质有吸收，显色剂及其他试剂均无吸收，可用纯溶剂作参比，如蒸馏水；

2）如显色剂和其他试剂略有吸收，则应用不含被测组分的试剂溶液（空白溶液）作参比溶液；

3）如果试样中其他组分有吸收，但不与显色剂作用，当显色剂无吸收时，可用试样溶液（不加显色剂）作参比；

当显色剂也略有吸收，或干扰离子也与显色剂作用且产物有吸收，可在试液中加掩蔽剂，掩蔽待测组分，再加显色剂，以此溶液作参比。

（5）共存离子的影响及其消除

共存组分与显色剂生成有色化合物，使测定结果偏高。

共存组分与被测组分或显色剂生成无色化合物或发生其他反应，降低了被测组分或显色剂的浓度，使测定结果偏低。

共存组分本身具有颜色。

消除共存组分的干扰主要有以下几种方法：

1）调节溶液酸度，使干扰组分不参与显色反应。一种显色剂对不同的目标物的显色反应，所要求的酸度往往不同。因此，可以将溶液的酸度控制在适当的范围内，使显色剂只与待测组分反应而不与干扰离子显色，从而消除干扰组分对待测组分的影响。

2）加入适当的掩蔽剂，使干扰物质形成无色的化合物。从而降低溶液中干扰组分的浓度，使干扰消除。

3）改变干扰物质的价态。有些干扰物质离子在某一价态时与显色剂反应生成有色化合物，而在另一价态则无此种反应。在这种情况下，利用氧化还原反应使干扰物质离子改变价态，消除干扰。

4）调节适当的波长，降低干扰的吸光系数，使干扰物的吸光度远低于待测物。

5）采用适当的分离方法将干扰物质分离。

4. 测定方法及应用

可见分光光度法常用于定量测定，根据 Lambert-Beer 定律，在一定波长条件下，吸光度与浓度成正比，因此在分光光度计上测出吸光度后，可以通过标准曲线法求出被测物质含量。

标准曲线法是根据 Lambert-Beer 定律建立的一种定量分析方法。根据光的吸收定律，吸光度与吸光物质的含量成正比。因此，可以配制一系列不同浓度的待测物标准溶液，分别测定其吸光度。以标准溶液中待测物质的浓度为横坐标，吸光度为纵坐标，绘制一条 A-c 拟合直线，称为标准曲线。然后在相同的条件下，测定样品中待测物的吸光度 A_x。最后，根据 A_x 的值在工作曲线上查出 c_x 的大小，即为样品中被测物的浓度。该方法适用于大批量样品的测定。

5.1.3　二氧化硫的检测

二氧化硫是空气主要污染物之一，测定空气中二氧化硫常用的方法有分光光度法、紫外荧光光谱法、电导法、气相色谱法等。其中，紫外荧光光谱法和电导法主要用于自动监测，气相色谱法将在 5.2 节中介绍，本节主要介绍采用甲醛吸收-副玫瑰苯胺分光光度法测定空气中的二氧化硫。

甲醛吸收-副玫瑰苯胺分光光度法是一种测定空气中二氧化硫浓度的标准方法（《环境空气-二氧化硫的测定 甲醛吸收-副玫瑰苯胺分光光度法》HJ 482—2009），该方法避免了使用毒性较大的四氯汞钾吸收液，具有较好的检测灵敏度和稳定性。

甲醛吸收-副玫瑰苯胺分光光度法测定二氧化硫的原理是采用甲醛缓冲溶液吸收空气中的二氧化硫，生成稳定的羟甲基磺酸加成化合物，实现对二氧化硫样品的采集。在样品溶液加入氢氧化钠使加成化合物分解，释放出的二氧化硫与副玫瑰苯胺、甲醛发生显色反应，生成紫红色化合物，用分光光度计在 577nm 波长处测量吸光度，并用标准曲线法计算二氧化硫的浓度。

对于短时间采样时，一般使用流量范围为 0.1～1L/min 的普通空气采样器，采样过程中吸收液的温度应保持在 23～29℃范围内。以 0.5L/min 的流量采气 60min，采气体积为 30L。将采集的样品溶液移入 10mL 比色管中，并用少量的甲醛缓冲溶液洗涤吸收管，洗液并入比色管中并稀释至标线。加入 0.5mL 的氨基磺酸钠溶液，混匀后放置 10min 以除去氮氧化物的干扰。将样品装入 1cm 厚的比色皿，以水为参比，用分光光度计在 577nm 波长处测量吸光度。该方法测定空气中二氧化硫的检出限值是 0.007mg/m³，测定下限是 0.028mg/m³，测定上限是 0.667mg/m³。

对于 24h 连续采样，一般使用流量范围为 0.1～0.5L/min，具备恒温、恒流、计时、自动控制开关的空气采样器，采样过程中吸收液的温度应保持在 23～29℃范围内。以 0.2L/min 的流量连续采气 24h，采样后将样品溶液移入 50mL 比色管中，用少量的甲醛缓冲溶液洗涤吸收管，洗液并入比色管中并稀释至标线。吸取适量体积的样品溶液置于 10mL 比色管中，再用少量的甲醛缓冲溶液稀释至刻线，加入 0.5mL 的氨基磺酸钠溶液，混匀后放置 10min 以除去氮氧化物的干扰。将样品装入 10mm 比色皿，以水为参比，用分光光度计在 577nm 波长处测量吸光度。该方法测定空气中二氧化硫的检出限值是 0.004mg/m³，测定下限是 0.014mg/m³，测定上限是 0.347mg/m³。

采用上述相同的显色及检测方法，测定由亚硫酸钠配制的一系列不同二氧化硫浓度的标准溶液和试剂空白的吸光度。以二氧化硫浓度为横坐标，相应的吸光度值为纵坐标，绘制标准曲线，并计算出斜率和截距，由下式计算出空气样品中二氧化硫的浓度。

$$c_{SO_2} = \frac{(A - A_0 - a)}{b \times V_s} \times \frac{V_t}{V_a} \tag{5-14}$$

式中　c_{SO_2}——空气中二氧化硫的浓度，mg/m³；

　　　A——样品溶液的吸光度；

　　　A_0——试剂空白的吸光度；

　　　a——标准曲线的截距（一般要求小于 0.005）；

　　　b——工作曲线的斜率，μg^{-1}；

　　　V_t——样品溶液的体积，mL；

　　　V_a——测定时所取的样品溶液体积，mL；

　　　V_s——换算成标准状态下（101.325kPa，273K）的采样体积，L。

标准状态下的采样体积按下式进行换算：

$$V_s = \frac{V \times P \times 273}{101.325 \times (273 + T)} \tag{5-15}$$

式中　V_s——换算成标准状态下（101.325kPa，273K）的采样体积，L；

　　　V——采样体积，L；

　　　P——采样时大气压，Pa；

　　　T——采样时温度，℃。

采用光度法测定空气中的二氧化硫时，氮氧化物和臭氧可能会产生干扰。甲醛吸收-副玫瑰苯胺分光光度法在采样及测定过程中加入了氨基磺酸钠溶液，可消除空气中氮氧化物对二氧化硫测定的干扰，样品混匀后又放置了 10min，可使臭氧分解，消除干扰。

5.1.4　二氧化氮的检测

空气中的氮氧化物（NO_x）主要有一氧化氮、二氧化氮、三氧化二氮、四氧化二氮、五氧化二氮等多种形态。其中，二氧化氮和一氧化氮是氮氧化物主要的存在形态。除二氧化氮外，其他形态的氮氧化物极不稳定。三氧化二氮、四氧化二氮、五氧化二氮等氮氧化物遇光或在湿、热条件下容易变成一氧化氮和二氧化氮，一氧化氮又会继续被氧化为二氧化氮。二氧化氮是一种棕红色且具有强烈刺激性气味的气体，毒性比一氧化氮高 4 倍。测定空气中的二氧化氮主要是采用盐酸萘乙二胺分光光度法和化学发光分析法，后者主要用于自动监测，本节将主要介绍盐酸萘乙二胺分光光度法。

盐酸萘乙二胺分光光度法测定二氧化氮的原理是利用无水乙酸、对氨基苯磺酸、盐酸萘乙二胺配制的吸收液对空气中的二氧化氮进行采样，使二氧化氮被吸收后转化为亚硝酸（HNO_2）和一部分硝酸（HNO_3）。在无水乙酸的作用下，亚硝酸与对氨基苯磺酸进行重氮化反应，然后再与盐酸萘乙二胺耦合，生成玫瑰红色偶氮染料发生显色反应，用分光光度计在 540～545nm 波长处测定样品的吸光度。

短时间采样（1h 以内）时，一般取 10mL 吸收液，以 0.4L/min 的流量采气 6～24L。长时间采样（24h）时，一般取 25mL 或 50mL 吸收液，并使吸收液的温度保持在 20±4℃，以 0.2L/min 的流量采气 288L。采样后放置 20min，使其充分显色，然后用 10mm 比色皿，以水为参比，在波长 540～545nm 波长处测定吸光度。

用亚硝酸盐配制一系列不同浓度的标准溶液，以标准溶液和试剂空白中亚硝酸根的浓度为横坐标，相应的吸光度值为纵坐标，绘制标准曲线，求出斜率和截距，用于计算空气样品中二氧化氮的浓度。由于空气中的二氧化氮在吸收液中并非全部转化为亚硝酸，还有一部分生成了硝酸不参与显色反应。因此，计算结果时需要用 Saltzman（萨尔茨曼）系数 f 进行换算。

$$c_{NO_2} = \frac{(A - A_0 - a) \times V \times D}{b \times f \times V_s} \tag{5-16}$$

式中　c_{NO_2}——空气中二氧化氮的浓度，mg/m^3；
　　　A——样品溶液的吸光度；
　　　A_0——试剂空白的吸光度；
　　　a——标准曲线的截距（一般要求小于 0.005）；
　　　b——工作曲线的斜率，μg^{-1}；
　　　V_s——换算成标准状态下（101.325kPa，273K）的采样体积，L；
　　　D——样品的稀释倍数；
　　　f——Saltzman［萨系数，0.88（当空气中二氧化氮浓度高于 $0.72mg/m^3$ 时，f取值 0.77］。

也可采用二氧化氮标准气体制作标准曲线，要求二氧化氮标准气体的采气体积与现场实际空气样品的采样体积相近，按照与样品相同的方法测量吸光度，并以二氧化氮标准气体的浓度为横坐标，相应的吸光度值为纵坐标，绘制标准曲线，计算出斜率和截距，并根据下式计算空气样品中二氧化氮的浓度。

$$c_{NO_2} = \frac{C \times V \times D}{V_s}$$

$$c_{NO_2} = \frac{C \times V \times D}{V_s} \qquad\qquad (5\text{-}17)$$

式中　c_{NO_2}——空气中二氧化氮的浓度，mg/m³；

$\quad\quad C$——标准曲线上查得的二氧化氮浓度，mg/m³；

$\quad\quad V$——采样时的吸收液体积，L；

$\quad\quad V_s$——换算成标准状态下（101.325kPa，273K）的采样体积，L；

$\quad\quad D$——样品的稀释倍数。

该方法检出限为 0.12μg/10mL 吸收液。当吸收液总体积为 10mL，空气采样体积为 24L 时，该方法测定空气中二氧化氮浓度的检出限为 0.005mg/m³，定量测定范围为 0.020～2.5mg/m³。当吸收液总体积为 50mL，空气采样体积为 288L 时，该方法测定空气中氮氧化物的检出限为 0.003mg/m³。

5.1.5　氨的检测

氨是常见的室内环境空气污染物之一，环境空气中的氨主要采用分光光度法检测，常用的方法有纳氏试剂分光光度法和次氯酸钠-水杨酸分光光度法。

1. 纳氏试剂分光光度法

纳氏试剂分光光度法的检测原理是采用稀硫酸溶液吸收环境空气中的氨，生成的铵离子与纳氏试剂发生显色反应，生成黄棕色络合物。该络合物的吸光度与氨的含量成正比，在 420nm 波长处测量其吸光度，从而计算环境空气中的氨的含量。

对于环境空气中的氨，一般采用 10mL 的吸收管盛放稀硫酸吸收液，以 0.5～1.0L/min 的流量采气 45min。然后取一定量的样品溶液置于 10mL 比色管中，用吸收液稀释至 10mL，加入 0.5mL 的酒石酸钾钠，摇匀，再加入 0.5mL 的纳氏试剂，摇匀后放置 10min。将样品装入 10mm 比色皿，以水为参比，在波长 420nm 处测定吸光度。同时，用与样品同批次配制的吸收液代替样品，制作吸收液空白，用上述相同的方法测定吸收液空白的吸光度。

用干燥 2h 后的优级纯氯化铵配制标准溶液，按照上述相同的方法加入酒石酸钾钠、纳氏试剂和测定吸光度。以标准溶液中的氨含量为横坐标，扣除试剂空白的吸光度值为纵坐标，绘制标准曲线，求出斜率和截距，并计算空气样品中氨的浓度。

$$c_{NH_3} = \frac{(A - A_0 - a) \times V_t}{b \times V_s \times V_a} \qquad\qquad (5\text{-}18)$$

式中　c_{NH_3}——空气中氨的浓度，mg/m³；

$\quad\quad A$——样品溶液的吸光度；

$\quad\quad A_0$——吸收液空白的吸光度；

$\quad\quad a$——标准曲线的截距；

$\quad\quad b$——工作曲线的斜率；

$\quad\quad V_t$——样品溶液的体积，mL；

$\quad\quad V_a$——测定时所取的样品溶液体积，mL；

$\quad\quad V_s$——换算成标准状态下（101.325kPa，273K）的采样体积，L。

纳氏试剂法测定环境空气氨含量，当使用 10mL 吸收液采气 45L 时，氨的检出限为 0.01mg/m³，测定下限是 0.04mg/m³，测定上限是 0.88mg/m³。若使用 50mL 吸收液采气 10L，氨的检出限为 0.25mg/m³，测定下限是 1.0mg/m³，测定上限是 20mg/m³。

2. 次氯酸钠-水杨酸分光光度法

次氯酸钠-水杨酸分光光度法也适用于环境空气中氨的测定。当氨被稀硫酸吸收液吸收后，生成硫酸铵，在亚硝基铁氰化钠的存在下，铵离子、水杨酸和次氯酸钠发生显色反应，生成蓝色络合物，在波长 697nm 处测定其吸光度，吸光度的值与氨含量成正比，可根据吸光度计算空气样品中氨的含量。

对于环境空气样品，可采用 10mL 的吸收管盛放稀硫酸吸收液，以 0.5～1.0L/min 的流量采气 45min。采样后补加适量水，将样品溶液定容至 10mL。准确吸取一定量的样品溶液于 10mL 比色管中，用吸收液稀释至 10mL，加入 1.0mL 水杨酸-酒石酸钾钠溶液，2 滴亚硝基铁氰化钠溶液，2 滴次氯酸钠溶液，摇匀，放置 1h。然后用 10mm 比色皿，在波长 697nm 处，以水为参比，测定吸光度。用与样品同批次配制的吸收液代替样品，制作吸收液空白，按上述同样的方法测定吸收液空白的吸光度。

用干燥 2h 后的优级纯氯化铵配制标准溶液，按照上述相同的方法加入水杨酸-酒石酸钾钠溶液、亚硝基铁氰化钠溶液、次氯酸钠溶液和测定吸光度。以标准溶液中氨的含量为横坐标，扣除试剂空白的吸光度值为纵坐标，绘制标准曲线，然后求出斜率和截距，并计算空气样品中氨的浓度。

次氯酸钠-水杨酸分光光度法避免了纳氏试剂分光光度法中使用毒性较大的汞盐，在灵敏度、准确度等方面也具有较好的表现。当使用 10mL 吸收液采集环境空气 1～4L 时，氨的检出限为 0.025mg/m³，测定下限是 0.10mg/m³，测定上限是 12mg/m³。若采气体积为 25L，则氨的检出限为 0.04mg/m³，测定下限是 0.016mg/m³。

5.1.6 臭氧的检测

臭氧具有较强的氧化性和刺激性，在空气中容易引发光化学反应，也会对人的皮肤和黏膜组织造成刺激伤害。环境空气中的臭氧的测定方法主要有靛蓝二磺酸钠分光光度法、化学发光分析法和紫外吸收法等。其中化学发光分析法和紫外吸收法主要用于自动监测，本节将主要介绍靛蓝二磺酸钠分光光度法。

靛蓝二磺酸钠分光光度法测定臭氧的原理是，空气中的臭氧在磷酸盐缓冲溶液的存在下，与吸收液中蓝色的靛蓝二磺酸钠发生反应，使其褪色生成靛蓝红二磺酸钠。然后在 610nm 波长处测量吸光度，根据蓝色减退的程度分析空气中臭氧的浓度。

在实际采样过程中，常采用装有 10mL 吸收液的多孔玻板吸收管，并在吸收管的外层套上黑色避光套，以 0.5L/min 的流量采集空气样品 5～30L。通过与现场空白吸收液的颜色进行对比，当观察到样品吸收液褪色约 60% 时，应立即停止采样。样品在运输及储存过程中也需要严格避光。当确信空气中臭氧的浓度较低，不会发生采样穿透时，可以采用棕色玻板吸收管采样。采样过程中，每批次样品至少带两个现场空白样品（不采集空气，其他与样品管相同）。

采样完成后，在吸收管的进气端串接一个玻璃尖嘴，在吸收管的出气端用吸耳球加压将吸收管中的样品溶液转移入 25mL（或 50mL）的容量瓶中，用水多次洗涤吸收管并将洗涤液转移入容量瓶，定容并摇匀。用 20mm 比色皿，以水为参比，在 610nm 波长处测量样品的吸光度。

采用标定后的靛蓝二磺酸钠配制标准溶液，按照上述相同的方法测定标准溶液的吸光度。以标准溶液中的臭氧质量浓度为横坐标，标准溶液系列中零浓度管的吸光度（A_0）与其他各浓度管的吸光度之差为纵坐标，绘制标准曲线，求出斜率和截距，并计算空气样品中臭氧的浓度。

$$c_{O_3} = \frac{(A_0 - A - a) \times V}{b \times V_s} \tag{5-19}$$

式中　c_{O_3}——空气中臭氧的浓度，mg/m^3；

　　　A_0——现场空白的吸光度；

　　　A——样品溶液的吸光度；

　　　a——标准曲线的截距；

　　　b——工作曲线的斜率；

　　　V——样品溶液的体积，mL；

　　　V_s——换算成标准状态下（101.325kPa，273K）的采样体积，L。

当采样体积为 30L 时，靛蓝二磺酸钠分光光度法测定空气中臭氧的检出限为 $0.010mg/m^3$，测定下限为 $0.040mg/m^3$。

5.1.7　二氧化碳的检测

二氧化碳通常情况下在室内空气中的体积占比大约是 0.03%～0.04%，但是当空气中的二氧化碳浓度过高时会使人出现头晕、头痛等不适症状，长时间处于高浓度二氧化碳环境中会使人呼吸困难、神志不清甚至死亡。空气中二氧化碳浓度的测定主要采用非分散红外吸收法、气相色谱法、气敏电极法等。气相色谱法将在本章的5.2节中介绍，本节主要介绍非分散红外吸收法。

非分散红外吸收法测定二氧化碳的原理是，二氧化碳气体对 4.26μm 波长的红外辐射具有选择性吸收，在一定范围内，吸收值与二氧化碳的浓度遵循 Lambert-Beer 定律，可以根据吸收值测定样品中二氧化碳的浓度。该方法便捷简易，是二氧化碳常用的自动监测方法，测试仪器为非分散红外气体检测仪。

非分散红外气体检测仪由分析仪（包含气体流量计和流量控制单元、抽气泵、检测器等）、采样管（含滤尘装置、加热及保温装置）、导气管、除湿装置、便携式打印机等。由于水分对测量有一定干扰，所以在非分散红外气体检测仪由分析仪中需加装除湿装置对水分进行去除，减少其影响。空气中的二氧化硫、一氧化氮、一氧化碳等对测量有轻微干扰，常用安装滤波片、采用气室滤波等方法消除或减少干扰。非分散红外气体检测仪的光源一般采用镍铬电热丝、碳化硅等器件通过电流加热而发出一束红外光，然后经切光片分为两束上下平行、能量相同的红外光。经除湿和滤波装置后，分别射入检测室和参比室。空气样品在进入检测室时，其中的二氧化碳气体会对红外光进行吸收，导致光强（能量）减弱；而参比室中的惰性气体（氩气或者氮气）不会吸收红外光，其光强（能量）不发生改变，两束红外光在穿过检测室和参比室后进入检测器。检测器可根据射入的两束红外光的能量差异检测空气样品中二氧化碳的浓度并产生信号。放大器将检测器产生的微弱信号进行放大，并由显示器显示出样品中二氧化碳的浓度。

使用非分散红外气体检测仪测定空气中二氧化碳的浓度时，需要采用零气（不含二氧化碳且其他组分不干扰测量的气体）进行零点校准，并采用二氧化碳标准气体进行量程校准。采用非分散红外吸收法测定空气中二氧化碳浓度的方法，检出限为 0.03%（$0.6g/m^3$），测定下限为 0.12%（2.4g/m³）。

5.1.8　一氧化碳的检测

一氧化碳是空气主要污染物之一，它容易与人体血液中的血红蛋白结合，形成碳氧血红蛋白，使血液输送氧的能力降低，造成缺氧症状，甚至引起死亡。空气中的一氧化碳主要采用冷原子吸收光谱法、非分散红外吸收法和气相色谱法。气相色谱法将在第5.2节中介绍，本节主要介绍非分散红外吸收法和冷原子吸收光谱法。

1. 非分散红外吸收法

非分散红外吸收法是空气中二氧化碳浓度自动监测的常用方法，也可以用于空气中一氧化碳浓度的测定。

非分散红外吸收法测定空气中一氧化碳的检测原理与二氧化碳基本一致。当样品空气以恒定的流量通过颗粒物过滤器后进入非分散红外气体检测仪的检测室，一氧化碳对红外光源产生的 4.7μm 波长的红外光具有特征吸收，样品空气中一氧化碳的浓度与红外光的衰减量成正比。

采用非分散红外气体检测仪测定空气中一氧化碳浓度的方法流程可以参考二氧化碳浓度的测定方法。非分散红外气体检测仪对二氧化碳以及空气中的水分也都能产生检测信号，理论上可能会产生干扰。当环境空气中二氧化碳的浓度为 340ppm，即体积占比为0.034%时，产生的干扰相当于 0.2ppm 的一氧化碳。为了消除二氧化碳和水分的干扰，一般在非分散红外气体检测仪的检测室之前加装一个滤波室，滤波室内充二氧化碳和水蒸气，以消除二氧化碳和水对测定的干扰。

2. 冷原子吸收光谱法

冷原子吸收光谱法也称汞置换法。该方法的原理是在 180～200℃ 的温度下，利用空气样品中的一氧化碳置换出氧化汞中的汞原子，生成单质汞蒸气和二氧化碳气体。单质汞蒸气经冷原子分光光度仪进行测定，得到的汞蒸气的浓度就等于空气样品中一氧化碳的浓度。

$$CO(气) + HgO(固) \xrightarrow{180 \sim 200℃} CO_2(气) + Hg(蒸气)$$

冷原子吸收光谱法测定一氧化碳的实际工作流程中，空气样品首先流经灰尘过滤器、活性炭管、分子筛管以及硫酸亚汞硅胶管等净化装置，以除去样品中可能存在的灰尘、水蒸气、二氧化硫、甲醛、乙烯、乙炔等干扰物质，然后定量进入氧化汞反应室进行置换反应。被一氧化碳置换出来的单质汞蒸气随气流进入冷原子吸收测汞仪，吸收低压汞灯发射的 253.7nm 的紫外线，仪器显示和记录吸光度值。将样品的吸光度值与已知浓度的一氧化碳标准气体的吸光度值进行比较，可计算出样品空气中的一氧化碳浓度。

5.2　有机气体检测方法

室内空气中的有机气体主要有甲醛、挥发性有机物（VOCs）和半挥发性有机物（SVOCs）。气相色谱法对这类有机气体的分离分析具有显著优势，是分析测定室内空气中有机气体的主要常用方法。

气相色谱法是色谱法中的一种，色谱法是一类重要的分离、分析方法，最早由俄国植物学家茨维特（Tswett）提出。1903 年，茨维特在波兰华沙大学将植物色素的溶液放在填有碳酸钙颗粒的玻璃管中，用石油醚冲洗，观察到植物色素溶液在玻璃管中被分离成不同的色带（色素谱带），因而将这种色带称为"色谱"，将玻璃管称为"色谱柱"，把碳酸钙称为"固定相（Stationary Phase）"，石油醚称为"流动相（Mobile Phase）"。茨维特开创的这种色谱法是一种液固色谱法（流动相是液相，固定相是固相），也是色谱法的起源。在随后的几十年，特别是 20 世纪 50 年代以后，色谱法得到了快速发展。1952 年，英国科学家马丁（Martin）和辛格（Synge）在色谱分离现象的基础上，建立色谱理论，发明了分配色谱技术而获得了诺贝尔化学奖。时至今日，色谱法已经成为现代仪器分析最重要的方法之一。

色谱法实质上是一种物理化学分离方法。根据固定相和流动相的类型，可以将色谱法分为 4 类。流动相使用气体的色谱法称为气相色谱法（Gas Chromatography，简称 GC），流动相使用液体的色谱法称为液相色谱（Liquid Chromatography，简称 LC）[2]（表 5-2）。

色谱法的分类　　　　　　　　　　　　　　　　　　　　表 5-2

流动相 固定相	固体	液体	分类
气体	气固色谱	气液色谱	气相色谱
液体	液固色谱	液液色谱	液相色谱

气相色谱法适用于低沸点、易挥发、热稳定物质的分离分析，室内空气中的有机气体，例如甲醛、VOCs 和 SOVCs 等，均适用于气相色谱法分析和检测。本节将首先介绍气相色谱分析方法的基本原理和气相色谱仪，然后分别介绍室内空气中几类典型有机气体的检测方法。

5.2.1 气相色谱分析方法

1. 气相色谱分析方法概述

气相色谱分析方法，简称气相色谱法，是一种利用气体作为流动相的色谱分析方法。它的基本原理是，气体流动相（即载气）在一定的压力下推动气态混合物样品经过固定相时，样品中的各种组分会与固定相发生作用。由于各组分在结构和性质上存在差异，它们与固定相之间的作用力也会有强弱或大小之分。因此，在相同的载气推力作用下，不同的组分在固定相中滞留的时间有长有短，从而按先后不同的次序从固定相中流出，实现混合物样品中各种组分的分离，然后分别进入检测器进行分析和检测。

由于使用气体作为流动相，所以气相色谱法适用于易挥发物质的分离分析，特别是沸点低（低于 400℃）、相对分子质量小（小于 1000）和热稳定好的物质，并且具有以下特点：

（1）高分离效率：能够有效地分离复杂混合物、有机同系物、同分异构体、同位素等混合体系；

（2）高灵敏度：可以检出 $10^{-15} \sim 10^{-12}$ g 的痕量物质；

（3）分析速度快：一般在几分钟或几十分钟内可以完成一个样品的分析；

（4）应用范围广：适用于沸点低于 400℃ 的各种有机或无机样品的分析；

（5）不足之处：不适用于高沸点、难挥发、热不稳定物质的分析。

2. 气相色谱仪

气相色谱法是使用气相色谱仪来实现对多组分混合物样品进行分离和分析的方法。气相色谱仪主要包括载气系统、进样系统（包括进样器和汽化室）、色谱柱系统、检测器、信号记录系统等组成部分，其分析流程如图5-10所示。

载气由高压钢瓶1供给，经减压阀2减压后进入净化干燥管3以除去水分和杂质。针形阀4控制载气的流量和压力，并显示于流量计5和压力表6。样品由进样器注入汽化室7完成进样和汽化后，被流经的载气带入色谱柱8中进行分离，然后随载气进入检测器9产生检测信号并传输至信号放大器10。色谱柱和检测器系统的温度由温度控制器11控制，检测信号经放大处理后传输至色谱工作站12进行显示和记录。

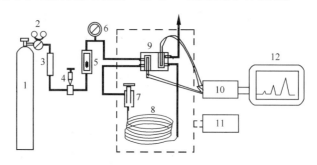

图5-10 气相色谱仪的分析流程

1—高压钢瓶；2—减压阀；3—净化干燥管；4—针形阀；5—流量计；
6—压力表；7—进样器和汽化室；8—色谱柱；9—检测器；10—信号放大器；
11—温度控制器；12—色谱工作站

由上可知，气相色谱仪的结构可以分为五个部分：

（1）载气系统，包括气源、气体净化装置、流量控制和显示装置。

（2）进样系统，包括进样器和汽化室。气态样品可以直接通过注射器或定量阀进样，通过吸附管富集采样的样品则需要经过热解析仪解析进样。液体样品可以用微量注射器进样并在汽化室中瞬间高温汽化，或者通过顶空、气提等方法进样。

（3）色谱柱和柱箱系统，包括色谱柱、柱箱以及温度控制器。色谱柱一般是管状柱，盘旋在柱箱中，两端分别与进样系统和检测器相连，在一定的温度条件下，将样品中的各组分分离后送去检测器。

（4）检测系统，包括检测器、信号放大器、温度控制器等。从色谱柱流出的各组分，依次通过检测器将浓度或质量信号转化为电信号，然后经放大后传输至数据记录和处理系统。

（5）数据记录和处理系统，主要由色谱工作站组成。

3. 色谱柱与色谱分析理论基础

气相色谱的色谱柱是实现样品分离的核心部件。在气相色谱分析方法中，选择合适的色谱柱是达到满意分离效果的关键。色谱柱分为填充柱和毛细管柱两大类。

（1）填充柱

填充柱是指柱内填充颗粒状固定相的色谱柱。通常用金属（铜或不锈钢）或玻璃制成内径2~6mm，长0.5~10m的U形或螺旋形的管柱。填充柱能承受较大的样品负荷量，成本低、易制作，适用于一般样品的分离分析。填充柱内的固定相颗粒一般粒径较小（80～200目），并且要求粒径较为均匀。

（2）毛细管柱

毛细管柱是将固定液均匀涂敷在毛细管内壁的色谱柱，也称开管柱。按照固定液的涂渍方式可以分为壁涂开管柱、多孔层开管柱、载体涂渍开管柱、化学键合相毛细管柱、交联毛细管柱等。

毛细管柱通常由石英、不锈钢、玻璃等材质制成，内径一般在0.1～0.5mm范围内，长度一般为30m或60m。石英材质的毛细管柱由于具有化学惰性、热稳定性、高机械强度和良好的弹性等特点，在当前应用较多（图5-11）。

毛细管柱具有渗透性好、相比大、分析速度快、总柱效高的优点，是分离复杂物质常用的方法。

气相色谱分析法中，混合物中的多种组分是在色谱柱中的固定相与流动相间发生分配作用进行分离的，那么这个过程是如何实现的呢？现以填充柱为例简要说明气相色谱分离过程的理论基础（图5-12）。

图 5-11　毛细管柱

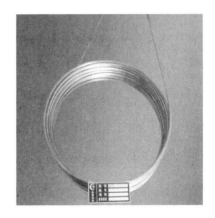

图 5-12　填充柱

填充柱内装填的是固定相颗粒，依据固定相颗粒的类型可将气相色谱法分为两类：气-固色谱和气-液色谱。

气-固色谱中的固定相是具有多孔性及较大表面积的固体吸附剂颗粒。气-固色谱柱中各组分的分离是基于固体吸附剂对试样中各组分吸附能力的不同。试样组分随载气进入色谱柱时，立即被吸附剂吸附。随着载气不断地流过吸附剂，吸附的试样组分分子又被冲刷洗脱下来，这种洗脱现象称为脱附。脱附的组分随载气继续前进时，又可被前面的吸附剂继续吸附。随着载气的流动，试样中的组分在吸附剂颗粒表面反复进行吸附-脱附过程。由于试样中的各种物质组分具有不同的分子结构和物理化学性质，它们在固定相吸附剂颗粒上的吸附和脱附能力不一样，较难被吸附的物质也就容易被脱附，能够更快地向前移动。而容易被吸附的物质则不易脱附，在固定相颗粒上停留的时间长，向前移动得慢。当经过一段时间后，试样中的各种物质组分就会彼此分离从而先后流出色谱柱。

气-液色谱中的固定相是在化学惰性的固体微粒表面涂渍一层高沸点的有机化合物液膜。这种高沸点的有机化合物称为固定液；固体微粒的作用是支撑固定液，称为担体。在气-液色谱柱内，试样中各种组分的分离是基于各组分在固定液中溶解度的差异。载气携带样品中的被测物质进入气-液色谱柱中时，被测物质和担体上的固定液接触，并溶解到固定液中。当载气连续流经色谱柱时，溶解在固定液中的被测物质会从固定液（液相）中挥发到载气（气相）中。挥发到载气中的被测物质随载气继续前进时，又会溶解到前面的固定液中。随着载气的持续流动，这样的溶解-挥发-再溶解-再挥发过程反复进行。由于各物质组分的分子结构和物理化学性质存在差异，它们在固定液中的溶解能力也不同，溶解度大的组分较难挥发，停留在色谱柱固定相中的时间长些，往前移动的速度慢些。而溶解度小的组分往前移动很快，停留在色谱柱中的时间短。经过一定时间后，试样中的各组分就会彼此分离并先后流出色谱柱。

物质在固定相和流动相之间发生的吸附-脱附和溶解-挥发过程，称为分配过程。被测物质按照吸附和脱附（溶解和挥发）能力的大小，以一定的比例在固定相和流动相之间进行分配。在一定的温度下，物质在气液两相之间分配达到平衡时的浓度比称为分配系数 K。

$$K = \frac{c_s}{c_M} \tag{5-20}$$

式中　K——分配系数；

　　　c_s——物质在固定相中的浓度；

　　　c_M——物质在流动相中的浓度。

由于各物质的分子结构和物化性质差异，在一定的温度下，各物质在气液两相之间的分配系数是不同的。具有小的分配系数的组分每次分配后在气相中的浓度较大，因此较快地流出色谱柱。分配系数大的组分由于每次分配后在气相中的浓度较小，因而在色谱柱中流出的速度较慢。当混合物在色谱柱中发生足够多次的分配之后，分配系数不同的各种组分就会被分离开来从而先后流出色谱柱。

4. 气相色谱载气与进样系统

气相色谱的载气是用于将试样从进样口输送至色谱柱和检测器中进行分离和检测。选择载气种类时需要综合考虑载气性质、载气对色谱柱分离效能的影响以及检测器对载气的要求。气相色谱分析中常用的载气有氦气、氮气、氢气等，载气通常存储在高压钢瓶中或由气体发生器供给。对于填充柱，使用氮气作载气时的最佳实用流速为 $10\sim12\text{cm/s}$，使用氢气作载气时的最佳实用流速为 $15\sim20\text{cm/s}$。

气相色谱的进样系统包括进样器和汽化室。气相色谱有多种进样方法，分别针对气体、液体等不同类型的样品，例如针进样、阀进样、顶空进样、吹扫捕集、热脱附等。进样的过程可以是手动进样或者自动进样。进样时的温度、进样时间、进样工具、进样量、进样的准确性和重复性都会对气相色谱的定性和定量分析造成直接影响。进样环节是气相色谱分析中误差的主要来源。

对于室内采集的常压气体样品，常用的进样方法有针进样、阀进样、热解析进样等。

（1）针进样

针进样方法适用于液体样品和常压气体样品，进样体积一般为 $0.1\sim5\text{mL}$，可采用气密注射器进样。针进样方法的优点是简单、灵活，缺点是进样体积较小且无法实现样品浓缩富集，导致方法灵敏度较低，手动进样的精确度和准确度较差（偏差可达 $2\%\sim5\%$ 左右）。在使用针进样方法时，进样动作应迅速、稳定，避免因推注速度慢导致的色谱峰展宽或保留时间偏移。

（2）阀进样

阀进样方法适用于液体样品和常压气体样品。对于常压气体样品，通常采用六通阀，进样体积一般为 1～5mL。六通阀进样过程可分为采样和进样两个步骤。在采样状态时，样品气体被注入六通阀的定量管。然后迅速转动六通阀将其切换为进样状态，此时，气路的连接方式发生变化，载气将储存在定量管中的样品气体带入色谱柱，完成进样过程。阀进样方式的自动化程度高，定量管体积控制精确，因此具有较高的精确度和准确度，偏差约为 0.5%。

（3）顶空、蒸馏、吹扫捕集进样

当样品中待测组分的浓度太低时，针进样、阀进样等直接进样法的进样体积小，常常会导致检测器无法检出，此时需要对样品进行浓缩富集。溶液吸收法是一种常用的气态污染物富集采样方法。对于溶液吸收法采集的气态污染物吸收液样品，可以采用顶空、蒸馏、吹扫捕集等方法收集吸收液样品中的挥发性气态组分，然后注入色谱进样口进样，或采用固相微萃取方法对液体样品中的挥发性物质进行富集，然后进行进样。

（4）热解析进样

对于低浓度的气态污染物组分，除了溶液吸收法之外，还会经常采用填充柱阻留法、低温冷凝法、固相微萃取等方法进行富集采样，然后解析进样。

吸附管采集-热解析进样是室内空气样品常用的富集解析进样方法。采用采样器抽动空气样品经过采样管，采样管中填充的 Tenax❶、活性炭、分子筛等吸附剂将目标物吸附采集，然后在热解析仪中通过高温（250～350℃）将目标物脱附解析。用载气将脱附的目标物载入色谱柱进行分离分析，或载入低温吸附阱（冷阱）进行二次富集，然后二次高温热解析，并使用少量的载气将目标物送入色谱柱，以减小进样体积，使目标物的色谱峰峰形尖锐，便于定性定量分析。吸附管采样-热脱附/气相色谱-质谱法是我国环境空气中挥发性有机物分析检测的标准方法之一（《环境空气 挥发性有机物的测定 吸附管采样-热脱附/气相色谱-质谱法》HJ 644—2013）。

低温冷凝-热解析进样也是空气样品常用的富集解析进样方法之一。采用低温冷阱装置对气体样品中的目标物组分进行低温浓缩富集，然后通过快速升温（250～350℃）的方法使目标物迅速热脱附注入色谱进样口实现进样，或载入二级冷阱中进行二次富集，然后二次高温热解析，并使用少量的载气将目标物组分送入色谱柱，以减小进样体积，使目标物的色谱峰峰形尖锐。低温冷凝-热解析/气相色谱-质谱法是我国环境空气中挥发性有机物分析检测的标准方法之一（《环境空气 65 种挥发性有机物的测定 罐采样/气相色谱-质谱法》HJ 759—2023）。

固相微萃取-热解析进样也是空气样品常用的富集解析进样方法之一。使用涂有固定相的熔融石英纤维来吸附富集气体样品中的目标物组分，然后将石英纤维注入气相色谱250℃高温左右的色谱进样口，将吸附的目标物组分解析，并随载气进入色谱柱进行分离。

---

❶ 聚苯乙烯芳香烃共聚物。

5. 气相色谱检测器

检测器的作用是将经色谱分离后的各组分按其特性和含量转化为相应的电信号，是对样品中各组分进行定性和定量检测的部件，是气相色谱的关键组成部分。

根据检测器的响应特性，可将气相色谱检测器分为浓度型检测器和质量型检测器。浓度型检测器测量的是载气中某组分浓度的瞬间变化，即检测器的响应值与组分的浓度成正比，例如，热导检测器和电子捕获检测器。质量型检测器测量的是载气中某组分进入检测器的速度变化，即检测器的响应值与单位时间内进入检测器的某组分的质量成正比，例如氢火焰离子化检测器、火焰光度检测器等。

按照检测器的适用范围，可将气相色谱检测器分为通用型检测器和选择性检测器。通用型检测器是指在任何温度、压力、载气流速下，对所有物质都有响应，例如热导检测器。选择性检测器是指只对几类物质有响应，而对其他物质不敏感的检测器，例如火焰光度检测器，只对含硫、磷的物质具有很高的灵敏度。

目前可用于气相色谱的检测器已设计出 50 余种，但商用的检测器主要有热导检测器、氢火焰离子化检测器、电子捕获检测器、火焰光度检测器、氮磷检测器、质谱检测器等。其中，气相色谱搭配质谱检测器时一般习惯称为气相色谱/质谱联用仪。对于室内空气污染物检测，常用的气相色谱检测器有热导检测器、氢火焰离子化检测器和质谱检测器（气相色谱/质谱联用仪）等。

（1）热导检测器

热导检测器（Thermal Conductivity Detector，TCD）又称热导池或热丝检热器，是一种通用型检测器，结构简单，价格便宜，性能稳定，对可挥发的无机物和有机物都有响应，是气相色谱法最成熟和应用最广泛的检测器之一。

不同的物质具有不同的导热系数，热导检测器是基于不同的物质具有不同的导热系数而设计的。热导检测器的核心部件是热导池，热导池由池体和热敏元件构成。池体由不锈钢块制成，有两个大小相同、形状对称的孔道，每个孔道固定一根金属丝，是热导检测器的热敏元件。为了提高检测器的灵敏度，一般选用电阻率高、电阻温度系数（即温度每变化 1℃，导体电阻的变化值）大的金属丝或半导体热敏电阻作为热导池的热敏元件，例如钨丝。

用两根金属丝作为热敏元件的是双臂热导池，其中一臂是参比池，另一臂是测量池。热导池池体的两端有气体入口和出口，载气携带被测物质从色谱柱流出后进入测量池，参比池仅供载气通过。若在金属丝两端施加一个直流电压使金属丝发热，则双臂热导池的两臂和两个等值的固定电阻组成了惠斯顿电桥。

热敏元件的电阻值随温度升高而增大。当恒定的直流电通过两根金属丝（以钨丝为例）时，钨丝被加热到一定温度，其电阻也上升到一定值。若无被测组分通过测量池，即测量池与参比池中通过的都是载气时，由于载气具有一定的热传导作用，使热导池散热，钨丝温度降低，电阻减小，而且测量池与参比池中钨丝电阻下降值相同，电桥保持平衡，无电压信号输出，记录仪显示一条直线，即基线。当被测物质随载气通过测量池时，由于被测物质和载气的导热系数不同，因此测量池和参比池的散热情况不同，导致测量池和参比池的两根钨丝的电阻值出现差异，电桥失去平衡，输出电压信号，记录仪画出相应的被测物质的色谱峰。

载气中被测物质的浓度越大，测量池中气体的热导率相比于参比池中载气的热导率改变就越显著，测量池与参比池的钨丝温度和电阻差值也就越大，输出的电压信号就越强。因此，输出电压信号与被测物质的浓度成正比，这是热导检测器的定量基础。

热导检测器的灵敏度受载气导热系数、桥路电流、热导池温度等因素影响。载气与试样中被测物质的导热系数相差越大，检测时测量池与参比池钨丝电阻差值越大，输出的电压信号值也就越大，即检测灵敏度越高。一般选用导热系数较大的气体（例如氢气、氦气）作为载气，这样被测物质的导热系数与载气具有较大的差异，有利于提升热导检测器的灵敏度。热导检测器是浓度型检测器，对流速波动很敏感，因此，载气流速需要稳定控制，常见气体与蒸气的热导系数见表5-3。

常见气体与蒸气的导热系数（λ）[W/(m·K)]　　　表5-3

气体	λ×10³		气体	λ×10³	
	0℃	100℃		0℃	100℃
氢	174.4	224.3	甲烷	30.2	45.8
氦	146.2	175.6	乙烷	18.1	30.7
氧	24.8	31.9	丙烷	15.1	26.4
空气	24.4	31.5	甲醇	14.3	23.1
氮	24.4	31.5	乙醇	—	22.3
氩	16.8	21.8	丙酮	10.1	17.6

热导检测器的检测灵敏度还受桥路电流与池体温度的影响。电流增加时，钨丝温度升高，与池体的温差增大，气体容易将热量传导出去，检测的灵敏度增加。一般响应值与工作电流的三次方成正比，即增加电流能够使灵敏度大幅增加。当电流过大时，钨丝将处于灼热状态，引起基线不稳，呈不规则抖动，甚至会将钨丝烧坏。当以氢气为载气时，桥路电流一般为150~200mA。当以氮气作载气时，由于氮气的导热能力较差，桥路电流应低于120mA。当施加一定的桥路电流时，钨丝的温度处于一定值。若热导池体温度低，则钨丝与池体的温差大，能使灵敏度提升。但池体的温度不能太低，以防被测组分在热导检测器内冷凝。一般池体的温度不应低于色谱柱柱温。

热导检测器是应用最多的气相色谱检测器之一，特别适用于检测永久性气体，例如氮气、氧气、氢气、甲烷、一氧化碳、二氧化碳，C_1~C_3烃等气体的检测。

（2）氢火焰离子化检测器

氢火焰离子化检测器（Flame Ionization Detector，FID），简称氢焰检测器。它对有机化合物具有很高的灵敏度，一般比热导检测器灵敏度高几个数量级，是检测室内空气中VOCs气体最常用的检测器。

氢火焰离子化检测器具有结构简单，灵敏度高，响应快，线性范围宽的特点，是目前应用最广泛的气相色谱检测器之一。由于它是质量型检测器，对操作条件的变化相对不敏感，因此稳定性好，特别适合于微量有机气体的分析。

氢火焰离子化检测器，如图5-13所示，主要部件是一个离子室。离子室一般由不锈钢制成，包括气体入口、火焰喷嘴、一对电极和外罩。发射极一般用铂丝做成圆环，收集极一般用铂、不锈钢或其他金属做成圆筒或圆盘或喇叭形，位于发射极的上方。两极之间

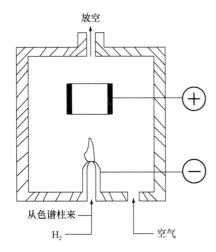

图 5-13　氢火焰离子化检测器
离子室示意图

的间距可用螺丝调节。在收集极和发射极之间加一定的直流电压（常用 $100\sim300V$），收集极作正极，发射极作负极，构成一外加电场。

空气样品中的被测物质从色谱柱中流出后，和氢气混合一起进入离子室，由毛细管喷嘴喷出。氢气在空气的助燃下经引燃进行燃烧，产生高温火焰（约 $2100℃$）。被测物质在火焰中被电离成带电离子，在外加电场中产生微弱的电流，再经过放大后输出至色谱工作站产生色谱峰。产生电流的大小与进入离子室的被测物质的含量成正比，含量越大，产生的电流越大，这是氢火焰离子化检测器的定量基础。

氢火焰离子化检测器在使用时，需要选择载气、氢气、空气以及检测器温度等参数。氢火焰离子化检测器适宜的载气可以选择氮气、氦气、氩气等，最常用的是氮气，氮气的流速可以根据最佳分离条件确定。

氢气是燃气，氢气与载气的流量之比影响氢火焰的温度以及火焰中的电离过程。氢火焰的温度过低时，被测物质电离不充分，产生的电流小，检测灵敏度低；氢火焰温度过高时，热噪声增大。当使用氮气作载气时，氢气与氮气的流量比一般为 $1：1\sim1：1.5$。在最佳氢氮比时，不仅灵敏度高，而且稳定性好。

空气是助燃气，提供产生离子所需的氧，并将燃烧后的尾气清扫出检测器。空气的流量在一定范围内会对电流信号有影响。当空气的流量很小时，会降低检测灵敏度，此时增加空气流量会提升灵敏度。当空气的流量高过某一数值（例如 $400mL/min$）后，灵敏度将基本不再随之变化。一般氢气与空气的流量之比设置为 $1：10$。

温度对氢火焰离子化检测器的灵敏度没有显著影响。但为了防止水的冷凝和燃烧产物的污染，一般要求检测器的温度要比柱温高 $50℃$，并且要在 $120℃$ 以上。

氢火焰离子化检测器对大多数的有机化合物具有很高的灵敏度，因此，非常适宜空气中痕量有机化合物的检测。但对于在氢火焰中不电离的化合物，例如，永久性气体、一氧化碳、二氧化碳、水等则不能检测。

（3）质谱检测器（气相色谱/质谱联用仪，GC/MS）

气相色谱具有良好的复杂样品分离功能，而质谱仪具有强大的结构鉴定功能。若能将气相色谱仪与质谱仪联用，则可以对复杂样品实现良好的分离分析功能，因此，这一直是分析仪器工作者的重要研究方向。在 20 世纪 50 年代期间，研究人员就已经开发出了气相色谱-质谱联用仪，但当时使用的质谱仪体积庞大、结构复杂，不适用于商业推广。近年来，随着分析仪器和技术的进步，气相色谱-质谱联用仪器和技术得到了迅速的发展，应用领域也越来越广泛，已成为复杂样品分离分析的强有力手段。

气相色谱/质谱联用仪主要由气相色谱、质谱仪和中间的连接装置三个部分组成。气相色谱/质谱联用仪分析流程的基本原理是，样品中的各组分经气相色谱逐一分离后，随载气经连接口进入质谱仪。质谱仪由离子源、质量分析器、检测器组成。样品中的组分分子在离子源的轰击下转化为带电离子并进行电离，然后进入质量分析器，根据质荷比的差异通过电场和磁场的作用实现分离，并根据时间顺序和空间位置差异对检测器进行检测，将离子束转变为电信号，并进行放大。通过分析离子碎片信息，对样品中各种组分的化学结构进行分析鉴定，并根据信号值的大小对各组分的含量或浓度进行分析，从而实现对样品组分的定性和定量分析。气相色谱/质谱联用仪的载气一般使用高纯氦气，并且在使用前需要净化，以去除其中的氧气、水分和烃类物质，防止对气相色谱柱和质谱检测器造成干扰。

气相色谱/质谱联用法可以同时进行色谱分离和质谱分析的数据采集，具有较强的抗干扰能力和较宽的线性检测范围，并且具有很高的检测灵敏度，在进行全扫描时，一般检出限能达到 0.1×10^{-9} g，在选择离子检测模式下，检出限可以达到 10×10^{-15} g 甚至更低。样品中未知组分的定性鉴定是通过计算机系统在数据库中对样品组分的质谱图进行检索的方式实现。目前气相色谱/质谱联用仪的谱图数据库中储存有近 30 万个化合物的标准质谱图，通过计算机检索的方式，可以给出未知组分几种最可能的化合物，包括化合物的名称、分子式、相对分子质量、可靠程度等信息，实现快速准确地定性鉴定。由于具有良好的复杂样品分离、定性鉴定和定量分析功能，气相色谱/质谱联用法在仪器分析领域得到了越来越广泛的应用，是室内空气复杂混合物样品定性定量检测的有效手段。

6. 气相色谱定性和定量分析

气相色谱法是一种先分离后分析的方法，试样中的各个组分经过色谱柱分离和检测器分析之后，产生的电信号被色谱工作站记录下来。以组分流出色谱柱的时间为横坐标，组分的浓度或质量变化引起的电信号为纵坐标，绘得的电信号随流出时间变化的曲线称为色谱图，也称色谱流出曲线。色谱图中包含了气相色谱法分析结果的基本信息，是气相色谱法定性和定量分析的基础。下面介绍与色谱图有关的几个重要术语。

(1) 基线 (Baseline)，指仅有载气通过检测器时得到的电信号随时间变化的曲线。稳定的基线是一条水平直线。当基线随时间定向缓慢变化时，称为基线漂移。当由于各种原因导致基线发生起伏时，称为基线噪声。

(2) 色谱峰 (Peak)，指当载气带着样品组分从色谱柱流入检测器时，检测器的输出信号随时间变化构成的曲线。理想的色谱峰是正态分布函数，峰形左右对称，中间最高点称为色谱峰顶点，顶点的高度称为峰高。

(3) 保留值 (Retention Value)，表示试样中各组分在色谱柱中滞留时间的数值，通常用时间或将组分带出色谱柱所需的载气体积来表示。在一定的色谱分离条件下，每种物质都有一个确定的保留值，可以用作定性参数。

(4) 保留时间 (Retention Time) t_R，指从进样到出现色谱峰顶点的时间。

(5) 死时间 (Dead Time) t_M，指不被色谱柱固定相保留的组分 (例如空气、甲烷) 的保留时间。

(6) 调整保留时间 (Adjusted Retention Time) t'_R，指扣除死时间后的保留时间。

$$t'_R = t_R - t_M \tag{5-21}$$

(7) 保留体积 (Retention Volume) V_R，指从进样到出现色谱峰顶点时所通过的载气体积。

(8) 死体积 (Dead Volume) V_M，指色谱柱在填充固定相之后的剩余空间、色谱仪中管路接头空间、检测器空间的总和。数值上等于载气流速与死时间的乘积。

$$V_M = t_R \times q \tag{5-22}$$

（9）调整保留体积（Adjusted Retention Volume）V'_R，指扣除死体积后的保留体积。

$$V'_R = V_R - V_M \tag{5-23}$$

（10）相对保留值（Relative Retention Value）r_{21}，指某组分 2 的调整保留值与某组分 1 的调整保留值之比。

$$r_{21} = \frac{t'_{R(2)}}{t'_{R(1)}} = \frac{V'_{R(2)}}{V'_{R(1)}} \tag{5-24}$$

（11）区域宽度（Peak Width），是用来衡量色谱峰宽度的参数。区域宽度有三种表示方式：

标准偏差（Standard Deviation）σ，指色谱曲线两拐点距离的一半，即 0.607h 处色谱峰宽的一半。

半峰宽（Peak Width at Half Height）$Y_{1/2}$，即峰高为一半处的峰宽度。由于半峰宽易于测量，所以常用它来表示区域宽度。

$$Y_{1/2} = 2\sigma\sqrt{\ln 2} = 2.35\sigma \tag{5-25}$$

峰基宽度（Peak Width at Peak Base）Y，自色谱峰两侧的转折点所作切线在基线上的截距：

$$Y = 4\sigma \tag{5-26}$$

利用色谱流出曲线以及上述参数可以进行色谱定性分析和定量分析。

（1）定性分析

气相色谱分析法中，每种物质在一定的色谱条件下都有一个确定的保留值，该保留值一般不受共存组分的影响，可用作定性鉴定的指标。

定性分析可采用以下方法。

1）标准物质直接对照法。为了确定色谱图中某一未知色谱峰所代表的组分，可选择与该未知组分相接近的几种标准纯物质，采用与样品相同的方法依次进样分析。当某一标准纯物质色谱峰的保留值与未知组分色谱峰的保留值相同时，可初步判定未知组分即是该标准物质。

由于不同的物质在同一根色谱柱上可能具有相同的保留值，因此，上述方法定性有时并不完全可靠。为了进一步准确定性，可用"双柱定性法"，即再用另一根装填不同极性固定相的色谱柱进行分析。由于两种不同的组分在两根不同极性的色谱柱上保留值相同的概率极低，因此，如果上述未知组分和标准纯物质在两根不同极性的色谱柱上的色谱峰保留值仍然相同，则定性结果的可靠程度就大幅提升了。

在没有标准纯物质的情况下，还可以利用文献中发表的保留指数或相对保留值数据进行定性鉴定，但必须注意测定保留指数或相对保留值时所用的色谱柱固定液和温度条件必须一致。

2）与质谱等其他仪器联用法。质谱是一种有效的定性鉴定方法。气相色谱与质谱联用技术（简称气质联用，GC/MS）充分发挥了气相色谱的组分分离和质谱的结构鉴定优势，是复杂样品分离分析的有效手段，也是目前复杂 VOCs 混合物样品分析检测的常用方法。此外，气相色谱也可与核磁共振、红外光谱等仪器结合联用，实现组分分离与结构鉴定的互补联用。

3）与化学方法配合。带有某些官能团的化合物，经一些特殊试剂处理，发生物理变化或化学反应后，其色谱峰将会消失或前移或后移，比较处理前后的色谱图，可初步辨别试样中含有哪些官能团。

（2）定量分析

在一定的操作条件下，检测器对被测物质产生的响应信号（色谱图上的峰高 h_i 或峰面积 A_i）与被测物质的质量（m_i）或其在载气中的浓度成正比，这是色谱定量分析的原理。由于峰形展宽的原因，一般多选用峰面积作为定量分析的计算依据。峰面积的值一般由色谱工作站自动计算给出。

由于检测器对不同的物质具有不同的响应能力，两种质量相同的物质出的峰面积数据往往不相等，因此不能用峰面积直接计算物质的含量。为了使检测器产生的响应信号值能够真实地反映被测物质的含量，需要对响应值进行校正，也就是计算定量校正因子（Quantitative Calibration Factor）。

前已述及，在一定的操作条件下，检测器对被测物质产生的响应信号（峰面积 A_i）与被测物质的质量（m_i）成正比，即

$$m_i = f'_i \times A_i \tag{5-27}$$

即：

$$f'_i = \frac{m_i}{A_i} \tag{5-28}$$

式中　m_i——被测物质的质量；

A_i——被测物质的峰面积；

f'_i——绝对校正因子，也就是单位峰面积所代表的物质质量。

f'_i 主要由检测器的灵敏度所决定，既不易测量，也无法统一标准，且受操作条件变化的影响较大。因此，在实际分析过程中，通常使用相对校正因子。

相对校正因子是规定某一物质为标准物质，计算其他物质与标准物质的绝对校正因子之比，作为相对校正因子 f_m。对于热导检测器，标准物质常用苯，对于氢火焰离子化检测器，标准物质常用正庚烷。

$$f = \frac{f'_i}{f'_s} \tag{5-29}$$

式中　f——相对校正因子；

f'_i——被测物质的绝对校正因子；

f'_s——标准物质的绝对校正因子。

相对校正因子只和检测器的性能、被测物质和标准物质的性质、载气性质相关，与操作条件无关，基本可认为相对校正因子是一个常数，而且比绝对校正因子更易获得，可以在相关文献中查询使用，具有很高的应用价值。

根据标准样品在定量分析中的使用方式，色谱定量分析方法可以分为归一化法、内标法、外标法（标准曲线法）等。

1）归一化法

假设试样中有 n 个组分，每个组分的色谱峰都显示在色谱图上（A_1，A_2，……，A_n），各个组分的质量分别为 m_1，m_2，……，m_n，则其中第 i 种组分的质量分数 w_i 可按

下式计算：

$$w_i = \frac{m_i}{m_1 + m_2 + \cdots\cdots + m_n} \times 100\% = \frac{A_i \times f_i}{A_1 \times f_1 + A_2 \times f_2 + \cdots\cdots + A_n \times f_n} \times 100\%$$

$$(5\text{-}30)$$

式中　A_i——试样中各组分的峰面积，pA·s；

　　　f_i——各组分的相对校正因子。

若样品中各组分的 f 值相近或相同（例如同系物中沸点接近的物质），则上式可简化为：

$$w_i = \frac{A_i}{A_1 + A_2 + \cdots\cdots + A_n} \times 100\% \qquad (5\text{-}31)$$

若样品中各组分的 f 值不相同（不相近），则需要查找或测定所有组分的相对校正因子，具有一定的难度。归一化法的优点是简便、准确，计算结果基本不受进样量、载气流量等因素的影响。但如果试样中的组分不能全部出峰，则不能用此方法。因此在实际分析中，归一化法的应用受到限制。

2）内标法

当只需要测定试样中某几种组分，或者试样中的组分不能全部出峰时，可采用内标法。

内标法是将一定量的纯物质作为内标物，加入到准确称取的样品中，根据被测物质和内标物的质量及其在色谱图上的峰面积比值，计算被测物质的含量。例如，要测定试样中第 i 种组分（质量为 m_i）的质量分数 w_i，可在质量为 m 的试样中加入质量为 m_s 的内标物，组分 i 的峰面积为 A_i，内标物的峰面积为 A_s，则

$$m_i = A_i \times f_i \qquad (5\text{-}32)$$

$$m_s = A_s \times f_s \qquad (5\text{-}33)$$

$$\frac{m_i}{m_s} = \frac{A_i \times f_i}{A_s \times f_s} \qquad (5\text{-}34)$$

因此：

$$m_i = \frac{A_i \times f_i}{A_s \times f_s} \times m_s \qquad (5\text{-}35)$$

$$w_i = \frac{m_i}{m} \times 100\% = \frac{A_i \times f_i}{A_s \times f_s} \times \frac{m_s}{m} \times 100\% \qquad (5\text{-}36)$$

一般可将内标物作为计算相对校正因子时的标准物质，则 $f_s = 1$，因此上式可简化为

$$w_i = \frac{m_i}{m} \times 100\% = \frac{A_i}{A_s} \times \frac{m_s}{m} \times f_i \times 100\% \qquad (5\text{-}37)$$

由计算公式可以看出，内标法是通过测量被测物质与内标物的峰面积比值来进行计算的，由于进样量和操作条件变化而引起的误差将会相同程度地反映在被测物质与内标物的峰面积上，从而可以得到抵消。因此，该方法较为准确，具有较广的应用范围。但由于每个样品都需要准确称取加入内标物，因此，该方法不适于大批量样品的快速分析。

内标物的选择十分重要。它应是试样中不含有的物质，不与试样发生化学反应，与试

样中被测物质的性质比较接近，出峰位置应该在被测物质附近，加入量应与被测物质的量接近。

3）外标法（标准曲线法）

外标法也称标准曲线法，与分光光度法中的标准曲线法原理相同。利用被测组分的纯物质配制一系列不同浓度的标准溶液或标准气体，取一定体积的标准溶液（标准气体）进行气相色谱分析，以标准溶液（标准气体）中被测物质的质量或浓度为横坐标，相应的峰面积数据为纵坐标，绘制标准曲线。分析试样时，取相同体积的试样以相同的方法进行测定，得到样品中被测物质的峰面积，在标准曲线上查找计算相应的质量或浓度。

标准曲线法定量分析结果的准确性受进样量、操作条件的影响较大，在分析过程中需要注意精确控制进样量以及色谱分析条件。标准曲线法具有操作简单、计算方便、不需要校正因子、准确性高的优点，是目前应用最广的色谱定量方法，适用于大批量样品的快速、准确分析。

5.2.2 液相色谱分析方法

气相色谱法在气体污染物分析中应用广泛，但并不适用于分析高沸点或者热稳定性差的物质。

液相色谱法是指以液体作为流动相的色谱法。在经典液相色谱法的基础上，通过引入气相色谱的理论，并在技术上采用高压泵、高效固定相和高灵敏检测器，形成了高效液相色谱法。高效液相色谱法不需要将样品气化，因此不受样品挥发性和沸点的限制。对于高沸点、热稳定性差、相对分子质量较大的有机物，原则上都可以采用高效液相色谱法进行分离分析。因此，高效液相色谱法也是气体污染成分分析的一项重要技术。高效液相色谱法分析速度快、分离效率高和操作自动化程度高，并且具有几个突出的特点。

1. 高压

液相色谱法以液体为流动相，液体流经色谱柱时，受到的阻力较大。高效液相色谱法采用高压泵对流动相液体进行加压，一般可达到 150×10^5 Pa，超高效液相色谱（UPLC）甚至可以达到 1000×10^5 Pa 的压力。高压是高效液相色谱法的一个突出特点。

2. 高速

高效液相色谱法的分析速度比经典的液相色谱法快得多，一般分析时间都小于 1h。

3. 高效

高效液相色谱法采用新型固定相可以使分离效率大幅提升，具有比气相色谱法更高的柱效。

4. 高灵敏度

高效液相色谱法广泛采用高灵敏度的检测器，进一步提升了分析方法的灵敏度，分析样品时通常仅需要微升数量级的样品量。

有些气体污染物虽然沸点不高，但采用高效液相色谱仪（图 5-14）可以实现更好的分离分析效果。例如，低级脂

图 5-14 高效液相色谱仪

肪醛类物质（例如戊醛、己醛、庚醛等）室内装饰装修过程中产生的典型气体污染物之一，具有强烈的刺激性气味。目前对低级脂肪醛类物质的常用分析方法是衍生-高效液相色谱法或衍生-气相色谱法。美国环保局（EPA）TO-11❶中采用的 2,4-二硝基苯肼衍生富集-高效液相色谱分析法是空气中醛酮类物质最常用的分析方法之一。

5.2.3 甲醛的检测

甲醛是室内环境空气中最受关注的污染物之一。甲醛是世界卫生组织国际癌症研究机构公布的 I 类致癌物质，对人体健康具有较为严重的危害。室内空气中的甲醛来源广泛，例如人造板、壁纸、窗帘等建筑装修材料，衣服、床单等合成织物。建筑装修材料中甲醛的散发周期长达数年，极易对室内人员造成健康风险。

室内空气中甲醛的常用检测方法主要有气相色谱法和分光光度法。

1. 气相色谱法

气相色谱法测定空气中的甲醛的原理是，甲醛在酸性条件下吸附于涂有 2,4-二硝基苯肼(2,4-DNPH)担体上，生成稳定的甲醛腙。用二硫化碳洗脱后，经色谱柱分离，用氢火焰离子化检测器测定。以保留时间定性，以峰面积定量。

实际采样分析过程中，采样管中填充了 150mg 吸附剂（涂渍 2,4-二硝基苯肼 (2,4-DNPH) 的 6201 担体），在采样管的进气端玻璃棉上滴加一滴 2mol/L 的盐酸溶液，并使其垂直朝下放置。以 0.5L/min 的流量采集空气样品，使空气样品流经滴加了盐酸溶液的玻璃棉后再流经吸附剂，从而使甲醛气体在盐酸的作用下吸附于涂有 2,4-二硝基苯肼 (2,4-DNPH) 担体上，生成稳定的甲醛腙。采集 50L 气体样品后，将吸附剂担体放入二硫化碳溶液中进行洗脱，然后取洗脱液注入气相色谱进样口，经气化、分离后由氢火焰离子化检测器进行定性定量分析。气相色谱的分析条件可以根据仪器的实际型号和性能进行设定，例如进样口温度 250℃，气化室温度 250℃，检测室温度 260℃，柱温 200℃，载气氮气流速 70mL/min，氢气流速 40mL/min，空气流速 450mL/min。若洗脱液的体积为 5μL 时，该方法对甲醛气体的检出限约为 0.01mg/m³。

2. 酚试剂分光光度法

空气中的甲醛与吸收液中的酚试剂反应生成嗪，嗪在酸性溶液中被高价铁离子氧化，形成蓝绿色化合物，反应原理式如图 5-15 所示。

实际采样分析时，用装有 5mL 酚试剂吸收液的吸收管，以 0.5L/min 的流量采集空气样品 10min，并同步采集样品空白（除不连接采样器采集空气样品外，其余操作与样品相同）。采样后立即封闭吸收管的进出气口，带回实验室进行分析。将样品溶液全部转入比色管中，用少量吸收液洗吸收管，合并使总体积为 5mL。加 0.4mL 的 1% 硫酸铁铵溶液，摇匀，放置 15min。用 1cm 比色皿，在波长 630nm 下，以水作参比，测定样品溶液的吸光度。

取 5 支 10mL 具塞比色管，分别加入 0，0.1mL，0.2mL，0.4mL，0.8mL 的甲醛标准溶液，以及 5.0mL，4.9mL，4.8mL，4.6mL，4.2mL 的吸收液，配制标准色列管。5

---

❶ 美国环保局（Environmental Protection Agency，EPA）的 TO-11 全称是"Compendium Method TO-11A: Determination of Formaldehyde in Ambient Air Using Adsorbent Cartridge Followed by High Performance Liquid Chromatography (HPLC)"。环境空气中甲醛的测定方法：吸附装置采样及高效液相色谱分析。

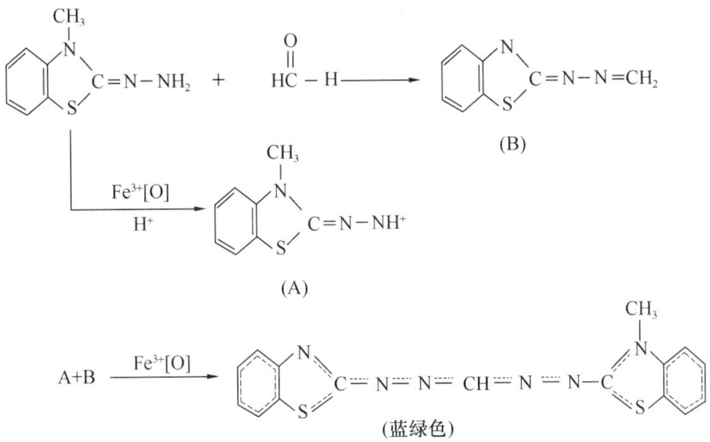

图 5-15　酚试剂分光光度法检测甲醛的显色反应原理式

支标准色列管中的甲醛含量分别为 0，0.1μg，0.2μg，0.4μg，0.8μg。然后向各管中分别加入 0.4mL 的 1‰硫酸铁铵溶液，摇匀，放置 15min，完成标准色列溶液的配制（图 5-16）。用 1cm 比色皿，在波长 630nm 下，以水作参比，测定各标准色列溶液的吸光度。以甲醛含量为横坐标，吸光度为纵坐标，绘制标准曲线，用于计算样品溶液中甲醛含量以及样品空气中甲醛浓度。当空气样品的采集体积为 10L 时，甲醛的检出浓度范围为 $0.01\sim0.15mg/m^3$。

图 5-16　酚试剂分光光度法检测甲醛时标准色列溶液的颜色对比

3. 乙酰丙酮分光光度法

乙酰丙酮分光光度法测定甲醛的程序与酚试剂分光光度法相似。空气中的甲醛被水（吸收液）吸收之后，在 pH 为 6 的乙酸-乙酸铵缓冲溶液中与乙酰丙酮发生，在沸水浴的条件下，迅速生成稳定的黄色络合物，用分光光度计于 413nm 波长处测定吸光度。测定方法及标准曲线制作方法与酚试剂法基本相同。当空气样品的采集体积为 30L 时，甲醛的最低检出浓度为 $0.008mg/m^3$。

5.2.4　VOCs 的检测

室内空气中 VOCs 的检测常采用气相色谱法。由于室内空气中 VOCs 物质的浓度一般较低，所以通常需要采用浓缩富集的方法对空气样品中的 VOCs 组分进行采集或前处理，然后由气相色谱-氢火焰离子化检测器或气相色谱-质谱联用仪进行分析。下面将介绍两种常用的室内空气中 VOCs 物质的色谱分析方法。

（1）罐采样/气相色谱-质谱法

生态环境部发布的《环境空气 65 种挥发性有机物的测定　罐采样/气相色谱-质谱法》HJ 759—2023 标准适用于环境空气中 65 种 VOCs 的测定，包括许多常见的室内空气污染物，例如苯、甲苯、乙苯、乙酸乙酯等。其他挥发性有机物在通过方法适用性验证后，也可以采用该标准进行测定。

该方法采用内壁经惰性化处理的不锈钢罐采集空气样品，经冷阱浓缩、热解析后，进入气相色谱分离，用质谱检测器进行检测。通过将空气样品中各组分的谱图信息与标准物质的质谱图和保留时间比较进行定性分析，并采用内标法定量测定。在采样量为 400mL，质谱检测器为全扫描模式时，该方法的检出限为 $0.2\sim2\mu g/m^3$，测定下限为 $0.8\sim8\mu g/m^3$。

（2）吸附管采样-热脱附/气相色谱-质谱法

生态环境部发布的《环境空气　挥发性有机物的测定　吸附管采样-热脱附/气相色谱-质谱法》HJ 644—2013 标准适用于环境空气中 35 种 VOCs 的测定，包括许多常见的室内有机气体污染物。其他的挥发性有机物在通过方法适用性验证后，也可采用该标准测定。

该方法的基本原理是，采用填充了固体吸附剂的吸附管富集采集环境空气中的 VOCs 组分，经具备二级脱附功能的热脱附仪解析后注入气相色谱中分离，然后用质谱检测器进行检测。通过与待测目标物标准质谱图相比较和保留时间对样品中的各组分进行定性，并采用外标法或者内标法进行定量。该方法采用吸附管富集采样，可以对大体积异味气体样品进行浓缩富集采集。在采样量为 2L 时，该方法的检出限为 $0.3\sim1.0\mu g/m^3$，测定下限为 $1.2\sim4.0\mu g/m^3$。

5.2.5　SVOCs 的检测

SVOCs 沸点较高，极易被吸附于各种表面。室内空气中的 SVOCs 仅有很少一部分以气态存在于空气中，绝大部分是吸附于悬浮颗粒物表面。对于室内空气中的气态 SVOCs，可参考 VOCs 污染物，采用气相色谱法或气相色谱质谱联用法进行测定，并设置较高的进样口温度、色谱柱温度、连接杆温度和检测器温度。对于吸附于悬浮颗粒物表面的 SVOCs 的检测方法，将在本章 5.4 节中介绍。

5.3　颗粒物检测方法

室内空气中颗粒物的检测项目包括总悬浮颗粒物、可吸入颗粒物、细颗粒物，以及颗粒物中的污染物组分。

5.3.1　总悬浮颗粒物（TSP）的测定

总悬浮颗粒物（Total Suspended Particulates，TSP）的测定一般采用滤膜捕集-重量法，其测定原理是，利用采样器抽取一定体积的空气样品通过已恒重的滤膜，空气中的总悬浮颗粒物被阻留在滤膜上，然后根据采样前后滤膜的质量差以及采样体积计算出总悬浮颗粒物浓度，以 mg/m^3 表示。

$$TSP = \frac{m}{q_s \cdot t} \tag{5-38}$$

式中　TSP——总悬浮颗粒物浓度，mg/m^3；

　　　m——阻留在滤膜上的总悬浮颗粒物质量，mg；

　　　q_s——换算为标准状况下的采样流量，m^3/min；

　　　t——采样时间，min。

对于总悬浮颗粒物样品采集所用的采样器，按照采样时空气样品的流量大小可分为大流量、中流量和小流量三种类型。大流量采样器适用面积较大的滤膜（20cm×25cm），适用流量范围是 $1.1\sim1.7m^3/min$，采样时间一般为 8～24h（图 5-17）。中流量采样器一般采用有效直径 80mm 或 100mm 的滤膜，适用于 $50\sim150L/min$ 的采样流量。小流量采样器一般采用 $10\sim30L/min$ 的流量。各采样器的流量一般使用皂膜流量计校准。

滤膜捕集-重量法具有操作简便、分析快速、阻尘率高、测定结果准确等优点，是我国目前通用的颗粒物浓度测定方法。滤膜捕集法采集的颗粒物样品还可用于颗粒物中污染物组分的检测。

图 5-17　大流量总悬浮颗粒物（TSP）采样器

5.3.2　可吸入颗粒物（PM10）的测定

可吸入颗粒物（PM10）能够在呼吸过程中被吸入体内，沉积在呼吸道、肺泡等部位引发疾病，对人体健康具有较大危害，因此是室内空气质量监测的重要指标。室内空气中可吸入颗粒物的主要测定方法是重量法。此外，光散射法、β射线吸收法、压电晶体振荡法等也可用于可吸入颗粒物的测定，但这些方法需要与重量法进行比对合格后才可使用。下面主要介绍重量法、光散射法和β射线吸收法。

1. 重量法

重量法测定可吸入颗粒物的原理是，利用采样器将一定体积的空气样品抽入切割器，切割器将空气动力学当量直径 D 在 $10\mu m$ 以上的颗粒物进行分离。当量直径 D 小于 $10\mu m$ 的颗粒随空气流经分离器的出口并被阻留在已恒重的滤膜上。根据采样前后滤膜的质量差及采样体积，计算出空气样品中可吸入颗粒物的浓度（mg/m^3），计算方法与 TSP 相似。

2. 光散射法

光散射法测定可吸入颗粒物的原理是，空气中的悬浮颗粒物对光具有散发作用，其散射光的强度与颗粒物的浓度成正比。通过测定散射光强度，由质量浓度转化系数 K 求得可吸入颗粒物的质量浓度（mg/m^3）。

光散射法测定可吸入颗粒物时，采样器以一定的流量将空气样品经大粒子切割器抽入暗室，光源发出的光在经过透镜之后进入暗室照射在可吸入颗粒物粒子上，产生散射光。散射光被光电转化器接收，经积分、放大、转换后显示为样品中可吸入颗粒物的质量浓度，单位为 mg/m^3。

光散射法测定可吸入颗粒物的检测范围是 $0.01\sim100mg/m^3$。在采用光散射法时，需要先用重量法与光散射法进行比对，计算质量浓度转化系数 K 值。

3. β射线吸收法

β射线吸收法常用于对可吸入颗粒物的自动在线监测。该方法的原理在于，物质对β射线具有吸收作用，当β射线通过被监测的物质时，射线强度的衰减程度与所穿透物质的质量有关，与物质的物理、化学性质无关。

β射线吸收法测定可吸入颗粒物的常用仪器是β射线吸收 PM10 自动监测仪。通过采样器对空气进行恒流采样，经 PM10 切割器切割后，空气样品中的 PM10 吸附在β源和β射线检测器（盖革计数管）之间的滤纸表面。β源通常采用 C^{14} 等低能源，安全稳定。

采样前后盖革计数管的计数值（β射线脉冲）的变化反映了滤纸上吸附的 PM10 颗粒

物质量变化。根据采样的 PM10 颗粒物质量以及采样体积可计算出空气样品中可吸入颗粒物的质量浓度。

5.3.3　细颗粒物（PM2.5）的测定

细颗粒物又称 PM2.5，是指空气动力学当量直径 D 小于或等于 $2.5\mu m$ 的颗粒物。由于其粒径小、比表面积大，能够长时间悬浮于空气中进行长距离传输，并且容易吸附重金属、有机物、微生物等有毒有害物质，在随呼吸进入人体后能够深入到细支气管和肺泡组织，对人体健康造成更大的危害，因此，细颗粒物在近年来受到的关注度持续升高。空气中细颗粒物的测定方法主要有重量法、β 射线吸收法、微量振荡天平法。

1. 重量法

重量法测定空气中细颗粒物的原理与测定可吸入颗粒物的原理基本相同。通过采样器抽取一定体积的空气样品，PM2.5 颗粒随着气流经切割器的出口被阻留在已恒重的滤膜上，根据采样前后滤膜的质量差以及采样体积计算空气样品中细颗粒物的质量浓度，单位为 mg/m^3。

在实际测定过程中，常常采用大流量采样器采集空气样品。采样过程中，一部分粒径极小的细颗粒物能够穿透滤膜，但只要滤膜能够对 $0.3\mu m$ 以上的细颗粒物有超过 99% 的截留效率，这部分损失的极细小颗粒对测定结果的影响可以忽略。

2. β 射线吸收法

β 射线吸收法测定 PM2.5 的原理和方法与测定 PM10 的原理方法基本一致，是 PM2.5 在线监测的常用方法。β 射线吸收 PM10 或 PM2.5 自动监测仪所需的样品量很少，可以根据测试需求设置采样时间，并实时传输检测数据，自动化程度高，有利于实现颗粒物污染的自动在线监测，但该方法的成本较高。

5.3.4　颗粒物中污染物组分的检测

空气中悬浮颗粒物由于粒径小，比表面积大，其表面常常吸附了大量的污染物组分，并且颗粒物的直径越小，则比表面积越大，吸附能力越强，越容易附带重金属、有机物、微生物等污染组分，随人的呼吸进入肺泡等器官组织造成伤害。因此，除了测定悬浮颗粒物的质量浓度之外，还需要对颗粒物附带的各类污染物组分进行检测。空气中悬浮颗粒物附带的化学污染物主要包括金属元素、非金属无机物和有机化合物三类。在检测这些化学污染物组分时，通常采用滤膜捕集法对颗粒物样品进行采样，然后通过消解、萃取、灰化等前处理方法提取污染物组分进行分析检测。

1. 金属元素

颗粒物中需要测定的金属元素一般有铍、铬、铅、铁、铜、砷、锌等。这些金属元素的测定一般需要先对颗粒物样品进行前处理，将颗粒物中各种价态的待测金属元素氧化为单一高价态或者转变为易于分离和测定的形态。

测定颗粒物中金属元素时常用的前处理方法有湿式消解法、干灰化法和微波消解法。

（1）湿式消解法

湿式消解法是用酸对颗粒物样品进行溶解。常用的酸有硝酸、硫酸、磷酸、高氯酸等。例如，硝酸消解法是将颗粒物样品与浓硝酸溶液混合，然后在电热板上加热煮沸使其充分消解，从而使金属元素进入样品溶液进行测定。为了提升消解效果，在某些情况下可以采用两种或两种以上的酸或氧化剂对样品进行混合消解。

（2）干灰化法

干灰化法又称干式分解法或高温分解法，是将样品置于坩埚中，在马弗炉内以 400～800℃ 的高温将其进行分解，使有机物完全分解出去，然后用酸溶解剩余的灰分得到待测金属元素的样品溶液进行分析测定。该方法不适用于处理和测定含有易挥发金属元素（例如砷、汞、锡等）的样品。

（3）微波消解法

微波消解法是指将样品和消解液放置于微波消解仪内特制的密闭溶液罐中，利用微波辐射加热分解样品，实现对样品的快速消解。微波可以直接穿入样品的内部，在样品的不同部位同时产生热效应，实现均匀、快速加热的效果，比常规加热方法快 10～100 倍。目前，微波消解技术已广泛地应用于各类样品的前处理工作。消解液一般采用硝酸、硫酸、磷酸和高氯酸等。

样品在经过消解或干灰化处理并形成样品溶液之后，可以采用分光光度法、原子吸收光谱法、原子发射光谱法等技术对样品溶液中的各种金属元素进行分析测定。

（1）分光光度法

分光光度法是检测金属元素的常用方法，具有操作简便、成本低的优点，铁、铬、硒、铅、砷等元素均可采用分光光度法进行测定。分光光度法的基本原理已在本章 5.1 节中进行了描述。以颗粒物样品中铁元素的分析为例，用过氯乙烯滤膜采集颗粒物样品，然后采用干灰化法或湿式消解法分解样品并制备成样品溶液。在酸性介质中将高价铁还原为亚铁离子，与 4,7-二苯基-1,10 菲啰啉进行显色反应生成红色螯合物。该红色螯合物对 535nm 光有特征吸收，可采用分光光度法测定吸光度，然后制作标准曲线计算样品溶液中铁元素的质量浓度，进而换算得到颗粒物样品中的质量浓度。

（2）原子吸收光谱法

原子吸收光谱法是大多数痕量金属元素的首选测定方法，具有选择性高、灵敏度高、准确度高、分析范围广、速度快、操作简便等优点。

原子吸收光谱法的基本原理是利用待测试样所产生的原子蒸气中基态原子对其特征谱线的吸收，定量测定化学元素的含量。

原子是由原子核和核外电子组成，核外电子分布在不同的电子能级轨道上并绕核旋转。不同的能级轨道，能量不同，离核越远的能级能量越高。在通常情况下，电子都是处于各自最低能量的轨道上，此时整个原子的能量最低也最稳定，称为基态。处于基态的原子称为基态原子。

基态原子受到外界能量的激发时，最外层电子可能吸收能量向高能级轨道跃迁，这就是原子吸收过程。外层电子可以跃迁到不同的能级轨道，从而形成不同的激发态。电子从基态跃迁到能量最低的激发态称为共振跃迁，所产生的谱线称为共振吸收线，简称共振线。因为各种元素的共振线具有不同的特征，因此这种共振线也被称为元素的特征谱线。对于大多数元素来说，共振线是元素的灵敏线。原子吸收光谱法正是基于被测元素基态原子在蒸气状态对其原子共振辐射吸收而进行元素定量分析的方法。

如图 5-18 所示，当入射强度为 I_0 的不同频率的光通过待测元素的原子蒸气时，原子蒸气中的基态原子会对其特征谱线进行吸收，吸收后其透射光的强度 I_v 与原子蒸气的厚度 b 的关系符合朗伯-比尔定律，即

图 5-18　原子吸收示意图

$$I_v = I_0 e^{-K_v b} \qquad (5-39)$$

由于物质的原子对不同频率的入射光的吸收具有选择性，因此透射光的强度 I_v 和吸收系数 K_v 随入射光的频率而变化。

当光源发射线的中心频率与元素共振吸收线的中心频率一致时，并且发射线的半宽度比吸收线半宽度小得多时，可以用元素的峰值吸收系数 K_0 代替吸收系数 K_v，即得，

$$I_v = I_0 e^{-K_0 b} \qquad (5-40)$$

即

$$A = \lg(I_0/I_v) = 0.4343 K_0 b \qquad (5-41)$$

经过严格推导证明，峰值吸收系数 K_0 与单位体积原子蒸气中吸收辐射的原子数 N 成正比，因此，上式可表达为

$$A = kNb \qquad (5-42)$$

上式表明吸光度 A 与待测元素单位体积原子蒸气中吸收辐射的原子数 N 成正比。在一定的实验条件下，单位体积原子蒸气中吸收辐射的原子数 N 与样品中待测元素的浓度 c 成正比，因此，吸光度与样品中待测元素的浓度关系可表示为：

$$A = Kc \qquad (5-43)$$

式中，K 在一定的实验条件下是固定不变的。

上式即为原子吸收光谱法的定量依据。

原子吸收光谱仪主要由光源、原子化系统、分光系统及检测系统 4 部分组成。由锐线光源发射出的待测元素的特征谱线，通过原子化器，被待测元素基态原子吸收后，进入单色器，经过分光后，由检测器转化为电信号，并经过放大后在读数系统中显示。下面分别予以介绍。

① 光源：光源的作用是提供待测元素的特征谱线。原子吸收光谱仪通常采用空心阴极灯作为光源（图 5-19）。空心阴极灯由封闭于玻璃灯壳内的空心圆筒形阴极和阳极组成，阴极由待测元素纯金属或其合金支撑，阳极由钛、钽、锆等金属制成，灯内充入氩气或氖气。当阴极和阳极之间加上一定的电压时，阴极表面溅射出来的待测金属原子被激发，发射出特征光。这种特征光的谱线很窄，因此一般将空心阴极灯称为锐线光源。

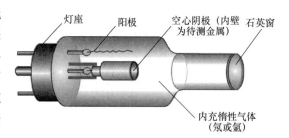

图 5-19　空心阴极灯图

② 原子化系统：原子化系统是将待测元素转变为原子蒸气的装置，一般可分为火焰原子化系统和非火焰原子化系统。

火焰原子化器的基本原理是通过燃烧将样品雾滴蒸发、干燥并经过热解离或还原作用产生大量基态原子蒸气。火焰原子化器由喷雾器、预混合室、燃烧器三部分组成（图 5-20），常用的火焰是空气-乙炔火焰。待测元素试样溶液吸入喷雾器后雾化为直径 $5\sim10\mu m$ 的均匀雾滴，然后进入预混合室，与燃气（空气-乙炔）充分混合，进入燃烧器

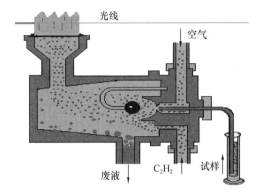

图 5-20 火焰原子化器示意图

进行高温燃烧，使样品雾滴中的待测元素发生原子化。火焰原子化法的优点在于结构简单、操作方便、准确度和重现性较好，但雾化效率低，原子化效率大约是 10%。

非火焰原子化系统中最常用的是石墨炉原子化器（图 5-21），此外还有氢化物原子化器。石墨炉原子化器的原子化过程分为干燥、灰化、原子化、高温净化 4 个阶段，其目的分别是除去溶剂、除去基体、生成基态原子、去除残余物（消除记忆效应）。石墨炉原子化法的原子化效率约为 90%，远高于火焰原子

化法，所需试样量比火焰原子化法低 100 倍，大幅提升了检测灵敏度。但石墨炉原子化法的操作较为复杂，重现性低于火焰原子化法。

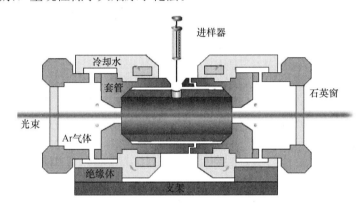

图 5-21 石墨炉原子化器示意图

③ 分光系统：原子吸收光谱仪的分光系统主要由色散原件、凹面镜和狭缝组成，这样的系统也简称为单色器。它的作用是将待测原色的共振线与邻近谱线分开，阻止非检测谱线进行检测系统，单色器在原子吸收光谱仪中的位置通常是放在原子化器后的光路中。单色器的色散元件一般用棱镜或衍射光栅，现代原子吸收光谱仪中多用衍射光栅作为色散元件，光栅的分辨率与其面上每毫米中刻线的数量有关，刻线越多，光栅的分辨率越高。原子吸收光谱仪中的光栅是可以转动的，通过转动光栅，可以使光谱中各种波长的辐射按顺序从狭缝射出。

④ 检测系统：原子吸收光谱仪的检测系统主要由检测器、放大器、读数和记录系统等组成。原子吸收光谱仪中，常用光电倍增管作为检测器，其作用是将经过原子蒸气吸收和单色器分光后的微弱光信号转化为电信号，再经放大器放大后，在读数装置上显示出来。

颗粒物中大多数的金属元素（铍、铬、砷、铅、铜、锌、镉、铁等）在消解或干灰化处理得到样品溶液后，都可以采用原子吸收光谱法进行检测。例如，使用滤膜采集环境空气中的颗粒物，然后将滤膜样品用稀硝酸消解浸取制成样品溶液，用火焰原子吸收光谱法测定其中铅元素的含量，其特征吸收波长为 283.3nm。当空气采样体积为 50m³，取 1/2

张滤膜测定时，对铅元素的最低检出质量浓度是 $0.5\mu g/m^3$。

（3）原子发射光谱法

原子发射光谱法是指元素在受热或电激发后，被激发的原子由激发态返回基态时发射出特征光谱，利用特征光谱进行定性、定量的分析方法。原子发射光谱法灵敏度高，选择性好，可同时分析几十种元素，适用于分析样品中高、中、低含量的组分。但其缺点是谱线干扰较为严重，对一些非金属元素还不能测定。

原子发射光谱分析主要包含三个过程：试样蒸发、激发和发射，复合光分光，谱线记录和检测，对应着原子发射光谱仪的三个组成部件：激发光源、分光系统和检测系统。

激发光源是提供试样蒸发、解离、原子化和激发产生特征光谱所需能量的系统，是决定光谱分析灵敏度和准确度的重要因素。早期原子发射光谱的光源一般是电弧和火花光源，可以定性和定量分析固体试样（例如金属、合金、矿石、土壤）中的元素。但由于分析结果的精密度和准确度以及适用范围的限制，已经逐渐被等离子体光源替代。等离子体作为原子发射光谱分析的光源始于 20 世纪 60 年代，目前仍在不断发展，广泛应用。等离子体是指电离了但整体上仍呈电中性的物质，由电子、离子、中性原子和分子组成。原子发射光谱的等离子体光源有多种类型，其中高频电感耦合等离子体（ICP）最为常用，是商品化仪器的主要光源。

分光系统的作用是将试样中物质激发后所辐射的电磁波通过色散系统分解为按波长排序的光谱。原子发射光谱仪根据使用色散元件的不同，常分为棱镜光谱仪和光栅光谱仪。光栅比棱镜具有更高的分辨率，且色散率基本上与波长无关，是目前发展应用的主流。

检测系统的作用是接收由分光系统分解的不同波长的发射光谱。原子发射光谱仪的检测方式历经看谱法、摄谱法和光电法三个阶段。现代光谱仪主要使用的是光电法。光电检测器是利用光电转化原理检测发射光谱的强度，在光谱仪中常用的是光电倍增管和固体检测器。

由于各种元素的原子结构不同，在光源的激发作用下，可以产生按一定波长排列的特征谱线。特征谱线的波长由每种元素的原子性质决定，是原子发射光谱定性分析的基础。某种元素发射特征光谱谱线的强度 I 与该元素在试样中的浓度 c 之间符合赛伯-罗马金公式，是原子发射光谱定量分析的基础。

$$I = ac^b \tag{5-44}$$

式中　I——被测元素特征谱线强度；

a——发射系数，常数；

b——自吸系数，常数；

c——被测元素浓度。

原子发射光谱法分析金属元素含量时，由于样品中各元素分别发射各自的特征谱线，因此原子发射光谱法可以同时检测一个样品中的多种元素，并且具有分析速度快、选择性高、检出限低的特点。

电感耦合等离子体发射光谱法可用于颗粒物中铅、铝、银、铍、铬、砷等金属元素的同步测定。例如，用滤膜采集空气中的颗粒物样品，含颗粒物的滤膜经微波消解或电热板加热-酸式消解制成样品溶液。消解后的试样溶液进入等离子体发射光谱仪的雾化器中被雾化，由氩载气带入等离子体火炬中，被测元素在等离子体火炬中被气化、电离、激发并辐射出特征谱线。在一定浓度范围内，其特征谱线的强度与元素浓度成正比。通过标准曲线法和特征谱线的强度计算样品中各元素的含量。当空气采样体积为 $150m^3$，微波消解后定容体积为 $50.0mL$ 时，对铅元素的测定下限是 $0.019\mu g/m^3$，对铝元素的测定下限是 $0.088\mu g/m^3$。

2. 非金属无机物

颗粒物中常需要测定的非金属无机物主要有硫酸盐、硝酸盐、氯化物、五氧化二磷等。一般可采用离子色谱进行测定。

例如，将采集了颗粒物的滤膜样品置于去离子水中，超声萃取 $15\sim30min$，通过 $0.45\mu m$ 滤膜过滤后注入离子色谱进行分析。采用阳离子分离柱分析样品中 NH_4^+、Na^+、K^+、Ca^{2+}、Mg^{2+} 等阳离子的含量，采用阴离子分离柱分析样品中 SO_4^{2-}、NO^{3-}、Cl^- 等阴离子的含量。

3. 有机化合物

颗粒物中附带的有机化合物种类众多，特别是多环芳烃、邻苯二甲酸酯等沸点较高、挥发性较弱的半挥发性有机物（SVOCs）。一般可采用气相色谱-质谱联用法分析颗粒物中的有机污染物。例如，将采集了颗粒物的滤膜样品剪碎置于容器中，加入二氯甲烷/正己烷混合液，超声提取 3 次，每次 15min，合并提取液。采用旋转蒸发仪将提取液浓缩至 1mL，然后用 5mL 正己烷溶解样品提取物进行溶剂置换，再将置换液浓缩至 1mL，重复 3 次后将置换液用氮气吹至近干，然后加入正己烷定容至 1mL。加入内标物，然后取 $1\mu L$ 注入气相色谱-质谱进样口进行定性和定量分析。

5.4 空气中微生物的检测

5.4.1 微生物浓度检测方法

室内空气中的微生物主要来自室内人员的生产生活过程以及室外空气中微生物随气流的渗入等，一般是通过附着于颗粒物、液滴等气溶胶粒子上的方法悬浮于空气中。

室内空气中微生物的检测流程包括采样、培养、计数、观察形貌、代谢有机污染物（MVOC）检测等。检测空气中微生物的种类和数量，首先需要用特定装置进行采样，然后将采集到的空气样本在微生物培养箱中进行培养，通过对培养基的菌落进行计数和基因检测来确定微生物的浓度和种类。根据集菌原理方法的不同，常用的检测方法可分为自然沉降法、撞击平板法、液体撞击法和滤膜法等。

1. 自然沉降法（沉降平板法）

自然沉降法的原理是，空气中携有微生物气溶胶粒子在地心引力的作用下，会以垂直的自然方式沉降到琼脂培养基上，将琼脂培养基放在 37℃温箱中培养 24h 后，计算琼脂表面的菌落数。

此法简单方便，使用普遍，但稳定性差，准确性低，检测结果往往比实际数量少，直径 $1\sim5\mu m$ 的粒子在 5min 内沉降距离有限，使小粒子采集率较低。

自然沉降法采样布点数与室内面积相关，当室内面积不足 $50m^2$ 时，布 3 点；室内面积 $50m^2$ 以上则布设 5 点。

采样高度和人呼吸高度一致，在 $1.2\sim1.5m$ 的范围。

采样点应避开风口，离墙壁距离应大于 0.5m，采样时关闭门窗，减少人员走动。

采样点数及布置详如图 5-22 所示。

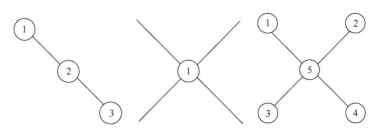

图 5-22　自然沉降法采样点布设方式

计算时，根据奥梅梁斯基公式，面积为 $100cm^2$ 的平板培养基，暴露于空气中 5min，于 37℃温箱培养 24h 后所生长的菌落数相当于 10L 空气中的细菌数：

$$C = 1000 \times [(100/A) \times (5/t) \times (1/10)] \times N = 50000N/(A \times t) \tag{5-45}$$

式中　C——空气中细菌数，cfu/m^3；

　　　A——平板面积，cm^2；

　　　t——暴露时间，min；

　　　N——平均菌落数，$cfu/皿$。

2. 撞击法

撞击法的原理是，采用撞击式空气微生物采样器，通过抽气动力作用，使空气通过狭缝或小孔而产生高速气流，悬浮在空气中的带菌粒子撞击到一个或数个、转动或不转动的微生物培养基表面，经过 48h、37℃微生物培养箱培养计算出菌落数。

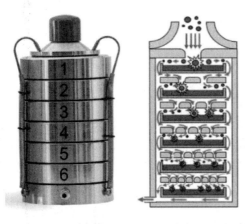

图 5-23　安德森六级微生物采样器

常用的采样器为安德森（Andersen）六级微生物采样器，该采样器对微生物粒子的捕获原理类似于人体上下呼吸道的结构特点及其空气动力学特征。主要结构由 6 个带有微细针孔的金属撞击盘构成，盘下放置有培养基的平皿，每个圆盘上有 400 个环形排列小孔，由上到下孔径逐渐减小。气流从顶罩进第一级，较小的粒子会由于动量不足随气流绕过平皿进入下一级。经过 6 次撞击后，可把绝大部分微生物采下（图 5-23）。

撞击法的特点是采集粒谱范围广，一般在 $0.2\sim20\mu m$；采样效率高，逃逸少；微生物存活率高。各级捕获粒子范围及孔径大小如表 5-4 所示。

粒子范围及孔径大小对应表　　　　　　　　　　　　　　　　表 5-4

级数	捕获粒子范围（μm）	孔径大小（mm）
Ⅰ	＞7	1.18
Ⅱ	4.7～7	0.91
Ⅲ	3.3～4.7	0.71
Ⅳ	2.1～3.3	0.53
Ⅴ	1.1～2.1	0.34
Ⅵ	0.65～1.1	0.25

撞击法计算空气含菌量：

$$C = [N \div (28.3 \times t)] \times 1000 \tag{5-46}$$

式中　C——空气中细菌数，cfu/m³；

　　28.3——采样器正常工作时对应的流量值，L/min；

　　　N——六级采样板的总菌数，cfu；

　　　t——采样时间，min。

空气中微生物大小分布的计算方法是，各级微生物粒子数百分比等于该级菌落数与六级总菌落数的比值。

自然沉降法与撞击法相比，沉降法测定的菌落总数要多。但是，小颗粒微生物粒子在空气中不易沉降，撞击法比自然沉降法更易采集到小颗粒微生物粒子。此外，自然沉降法结果不稳定，容易受采样条件的影响。

3. 液体撞击法

液体撞击法和固体撞击式采样器一样，是利用喷射气流方式将空气中的微生物粒子采集在小体积的液体中，适用于高浓度的空气微生物采样。将一定体积的待测空气通入无菌蒸馏水中或无菌液体培养基中，依靠气流的洗涤和冲击使微生物分布于介质中，然后取一定量（一般是 0.02mL）此液体涂布于营养琼脂培养基上，经过 48h、37℃ 微生物培养箱培养计算出菌落数，再根据菌液体积和通入的空气量计算出单位体积空气中的细菌数。

4. 滤膜法

将定量的待测空气通过支撑于滤器上的特殊滤膜（如硝酸纤维滤膜），使带微生物的尘粒吸附在滤膜表面，然后将尘粒洗脱在合适的溶液中，再吸取一定量洗脱液进行涂布，培养和计数。

不管哪种方法，空气微生物卫生标准都是以细菌作为标准。细菌选用的指标是菌落总数，表示方法为 cfu/皿或者 cfu/m³。公共场所空气卫生相关标准主要包括图书馆、阅览室、娱乐场所和幼托机构等。图书馆、阅览室的空气卫生标准：空气细菌总数≤2500cfu/m³（撞击式），或≤30 个/皿（沉降式），娱乐场所的卫生标准：空气≤4000cfu/m³，幼托机构室内卫生标准：空气细菌菌落数应≤2500cfu/cm³（沉降法）。医院空气微生物卫生标准为《医院消毒卫生标准》GB 15982—2012（表5-5）。

医院微生物消毒卫生标准　　　　　　　　　　　　　　　　表 5-5

环境类别	范围	空气 （cfu/m³）	物体表面 （cfu/cm³）
Ⅰ类	洁净手术部	≤150	≤5.0
	其他洁净场所		
Ⅱ类	非洁净手术部（室）、产房、导管室、血液病房区、烧伤病区等保护性隔离病区、重症监护病区、新生儿室等	—	≤5.0
Ⅲ类	母婴同室、消毒供应中心的检查包装灭菌区和无菌物品存放区、血液透析中心（室）、其他普通住院病区等	—	≤10.0
Ⅳ类	普通门（急）诊及其检查、治疗室、感染性疾病科门诊和病区	—	≤10.0

影响室内微生物浓度的因素有温度、气流、日光和湿度等。其中温度对细菌数量影响较大，温度越低，细菌数越少。气流不仅可以把室外的细菌带入室内，也会将地面、墙壁的含菌粒子扬起。日光中波长为 254nm 的紫外线光具有杀菌作用。湿度过低则繁殖体易趋向死亡。

5.4.2　PCR 技术

PCR（Polymerase Chain Reaction）称为 DNA 多聚酶链式反应，1985 年由美国科学家凯利·穆利斯（Kary Banks Mullis）建立。PCR 是对特异性 DNA 片段在体外进行扩增的一种非常快速而简便的方法，因此在近年来分子生物学领域中得以快速发展和广泛应用。

PCR 技术检测微生物的原理是利用微生物遗传物质中各种属菌种高度保守的核酸序列，设计出相关引物，对提取到的微生物核酸片段进行扩增，然后用凝胶电泳和紫外核酸检测仪观察扩增结果。一般的 PCR 反应包括以下三个基本过程：

（1）模板 DNA 的变性：反应系统被加热到 90～95℃，模板 DNA 变性成两条单链 DNA，作为互补链聚合反应的模板。

（2）模板 DNA 与引物的退火：降温到一定的温度，两种人工合成的寡聚核苷酸引物分别与目的片段两侧的两条链互补结合。

（3）引物的延伸：DNA 模板—引物结合物在 TapDNA 聚合酶的作用下，以 dDNA 为反应原料，靶序列为模板，按碱基配对与半保留复制原理，合成一条新的与模板 DNA 链互补的半保留复制。链重复循环变性-退火-延伸 3 个过程，获得更多的"半保留复制链"，而且这种新链又可成为下次循环的模板。经过 25～30 个循环就能将待扩目的基因扩增放大几百万倍。

PCR 反应有着极高的灵敏性与特异性，它能在短时间内扩增出大量拷贝数的特异性 DNA，可满足常规的 DNA 测定和 DNA 重组等，被广泛应用在法医、医学、卫生免疫、卫生监测等方面。

5.4.3　16S rDNA 序列及其同源性的分析

核糖体存在于所有活细胞中，主要功能是参与蛋白质的合成，在原核微生物中，核糖体是分散在细胞质中的亚微颗粒，细菌的核糖体由三种相对分子质量不同的 rDNA 组成，分别为 5S rRNA、16S rRNA 和 23S rRNA。其中 16S rRNA 的长度在 1475～1544 个核苷酸之间，含有少量修饰碱基，16S rRNA 的结构十分保守。

近年来，人们发现不同菌种 16S rDNA 间隔区序列由于所含 tRNA 的数目及大小不同，具有长度和序列上的多态性，而且比 16S rDNA 本身具有更强的高变性，所以以 16S rRNA 基因为基础，结合 DNA 扩增（PCR）技术，发展出一种新的分子生物学手段，即通过对 16S rRNA 基因的 DNA 序列分析，可以分析细菌的种类信息，并且已经逐渐成为微生物分类和鉴定中非常重要而且有用的指标和手段。

目前，已有 10000 种以上的细菌的 16S rDNA 序列被报道，并且每年以很快的速率补充到 Genebank 的数据库中。利用特异的引物对未知的来自细菌的 DNA 样品进行 PCR 扩增，构建 16S rDNA 基因文库，通过测序，再与已知的 16S rDNA 序列进行同源性比较，就可以对确定细菌的系统发育关系。

5.4.4 环境微生物传感器

微生物传感器是由固定化微生物、换能器和信号输出装置组成，以微生物活体作为分子识别敏感材料固定于电极表面构成的一种生物传感器。

1. 微生物传感器的类型

（1）根据工作原理的不同，微生物传感器可分为：

1）呼吸机能型微生物传感器的工作原理是利用微生物的呼吸活动产生的气体（比如氧气或者二氧化碳）来间接监测微生物的存在和活性。当微生物生长和代谢时，会产生气体交换，即吸收氧气并释放二氧化碳。通过测量气体交换的速率，可以间接了解微生物的生长和代谢情况，从而监测其存在和活性。这种传感器通常由一个密封的检测室和一个测量气体浓度的传感器组成，通过测量气体浓度的变化来推算微生物的存在和活性。

2）代谢机能型微生物传感器：其原理是微生物使有机物分解产生各种代谢产物，代谢物中含有的电活性物质可借助惰性金属电极电流检测。

（2）根据测量信号的不同，微生物传感器可分为：

1）电流型微生物传感器：换能器输出的是电流信号，根据氧化还原反应产生的电流值测定被测物，常用氧气电极作为基础电极。

2）电位型微生物传感器：换能器输出的是电位信号，其电位值与被测离子活度有关，两者关系符合能斯特方程。常用的转换器件有 pH 电极、氨电极、二氧化碳电极等。

（3）其他类型的传感器：

1）酶-微生物混合型传感器：其敏感材料由酶和微生物混合构成，例如肌酶传感器是把肌酸固定化酶膜与能使 NH_3 和 NO_2 氧化的微生物固定化层一起装在氧电极上制成的。

2）利用细胞表层物质的传感器：在细胞表层上的糖原、膜结合蛋白等物质对抗体、粒子、糖等有选择性的识别作用。将这些识别元件和细胞的电极反应相结合，研制出新型的微生物传感器。

3）发光微生物传感器：自然界中存在着细胞内具有生物发光代谢系统的原核和真核发光微生物，当环境条件不良或毒物存在时，细菌荧光素酶活性或细胞呼吸受到抑制，发光能力受到影响而减弱，其减弱程度与毒物的毒性大小与浓度呈一定比例关系。例如，应用明亮发光杆菌为敏感材料，光电倍增管为换能器制备传感器对有毒化合物进行检测取得良好效果。

4）利用微生物变异的传感器：致癌物质一般会使微生物变异，据此设计的检测致癌物质的传感器。

5）应用嗜热菌的微生物传感器：嗜热菌不仅耐高温，而且具有抗酸、碱的能力，当测试环境温度过高或样品呈酸性或碱性时，可以应用以嗜热菌作为敏感材料的微生物传感器。

2. 微生物传感器的应用实例

（1）ATP 荧光检测仪

ATP 荧光检测仪是基于萤火虫发光原理，利用"荧光素酶-荧光素体系"快速检测三磷酸腺苷（Adenosine triphosphate，ATP）。由于所有生物活细胞中含有恒量的 ATP，所以 ATP 含量可以清晰地表明样品中微生物与其他生物残余的多少，用于判断环境中微生物数量，来判断检测样品的卫生情况。

ATP 荧光检测仪操作简便，可以直接检测物体表面的总菌数，可以在数秒之间在仪器上显示物体表面的洁净状况，微生物细胞越多，当中的 ATP 荧光物质的含量也就越高，在同等的检测范围内，发光值也就越大。

（2）BOD 微生物传感器

生化需氧量（Biochemical Oxygen Demand，BOD）是目前最常用的水质有机污染评价指标，传统方法测 BOD 需要 5 天，操作复杂，不能及时反映水质情况，而 BOD 微生物传感器可在 10～15min 检测出 BOD 的含量，可对水质情况实现在线监测。

BOD 微生物传感器的工作原理是当传感器置于恒温缓冲液中，在不断搅拌下，溶液中氧饱和，生物膜中的生物处于内源呼吸状态，溶液中的氧通过微生物的扩散作用与内源呼吸耗氧达到一个平衡，传感器传出一个恒定电流。当加入样品时，微生物由内源呼吸转入外源呼吸，呼吸作用加强，导致扩散到传感器的氧减少，使输出的电流减小，几分钟后又达到一个新的平衡状态。

用于 BOD 微生物传感器的微生物有假单胞菌、异常江逊酵母、活性淤泥菌、丝孢酵母菌和枯草芽孢杆菌等。

5.5　室内空气质量评价

室内空气质量（Indoor Air Quality，IAQ）是指与室内空气环境相关的物理、化学及生物等因素给人员身体健康和心理感受造成的影响程度的一种综合性描述。室内空气质量反映了人们对室内空气质量满意程度，是人们评价室内环境的一种新的科学方法，对提升室内空气质量，保障健康、舒适的室内环境具有重要意义。

1989 年丹麦技术大学 P. O. Fanger 教授提出：质量反映了满足人们需求的程度，如果人们对空气满意，就是高质量；反之，就是低质量。美国供热、制冷空调工程师学会（ASHRAE）颁布的《可接受室内空气质量的通风》ASHRAE62.1—2019 标准中提出了可接受的室内空气质量（Acceptable Indoor Air Quality）的概念：可接受的室内空气质量应是室内已知的污染物没有达到权威机构所确定的有害浓度指标，并且处于该环境中的绝大多数人员（≥80％）没有感到不满意。

《可接受室内空气质量的通风》ASHRAE62.1—2019 标准采用主客观结合的方法判断室内空气质量是否可以接受，比较科学和全面。对室内空气质量的检测和评价，也可分为主观评价、客观评价和主客观综合评价。

5.5.1　主观评价

1. 问卷调查法

问卷调查是一种常用的主观评价法，通过问卷的方式来调查和统计人对室内空气的感官感受（例如嗅觉感受），用于评价室内空气质量。问卷调查法的基本方法是设计一个合理的调查问卷，请受试者根据自身的感受投票，再通过一定的统计分析方法得出结论。调查评价的主要内容包括受访者对室内空气的舒适度和可接受度感觉，受访者受室内环境影响出现的不良反应及程度，根据调查结果作出综合评判。

2. 嗅觉评价法

P. O. Fanger 教授提出了一种采用人的嗅觉感官评价室内空气质量的方法，也就是嗅觉评价法[3]。该方法以一个"标准人"的污染物散发量作为污染源强度单位，称为 1olf。在 10L/s 未污染空气通风的前提下，一个"标准人"引起的空气污染定义为 1decipol，即 1decipol＝0.1olf（L/s）。"标准人"是指处于热舒适状态静坐的成年人，平均每天洗澡 0.7 次，每天更换内衣，年龄为 18～30 岁，体表面积 1.7m²，职业为白领阶层或大学生。

该方法采用室内空气质量指标（Predicted Dissatisfied Air Quality，*PDA*），即室内空气质量的预期不满意百分比来评价室内空气质量。*PDA* 的计算公式为：

$$PDA = e^{(5.98 - \sqrt[4]{112/C})} \tag{5-47}$$

$$C = C_0 + 10G/Q \tag{5-48}$$

式中　*C*——室内空气质量的感知值，decipol；

　　　C_0——室外空气质量的感知值，decipol；

　　　G——室内空气及通风系统的污染物源强度，olf；

PDA 值越大，表明室内空气的不满意率越高。采用 *PDA* 指标的嗅觉评价法具有简单、直接的特点，但由于完全依据人的嗅觉感官进行评价，主观性较强，不同地区的人员由于文化和生活习惯差异，对室内空气质量具有不同的可接受度，评价标准不统一。此外，该方法对无气味或者嗅觉刺激微弱的污染物（例如一氧化碳、二氧化碳等）不能准确评价，具有一定的局限性。

3. 气味强度与气味浓度定量分析方法

室内空气污染物随呼吸进入人的嗅觉器官造成不愉悦的嗅觉感知称为气味污染（或异味污染）。采用嗅觉感官分析方法测定气味污染物的气味强度和气味浓度是世界各国普遍采用的定量评价气味污染程度的标准方法。

（1）气味强度

气味强度（Odor Intensity）是表示气味物质对人嗅觉系统造成的嗅觉刺激的强烈程度，是对气味强弱程度的一种直观和定量的描述，一般用连续的数字量级表示，气味强度的数字量级越大，表明气味污染的程度越高。气味强度常用的测定方法有阶段法（Category Scales）和参考基准法（Odor Intensity Referencing Scales）。

阶段法是使用一系列数字量级来评判气味的强弱。比较典型的是日本《恶臭防止法》中规定的 0～5 级六阶段法，该方法也被我国、韩国等国家采用。德国、美国等国家使用 0～6 级七阶段法。

参考基准法是选定一种参考物质，将参考物质稀释成一系列不同质量浓度的水溶液作为气味强度的等级划分参考标准。嗅辨员（气味评价员）在测定目标物的气味强度时将其与不同质量浓度的参考物质进行比对，确定其嗅觉刺激程度等级。例如，美国材料测试协会标准：《阈上气味强度评价方法》ASTM E544—10 所规定的测试方法即为参考基准法。该方法选定正丁醇作为参考物质，将正丁醇配制成以 2 的幂次增加的浓度梯度的系列水溶液，作为气味强度级别的参考基准。参考基准法选用的参考基准一般分为 5 级、8 级、10 级、12 级等。

（2）气味浓度

气味浓度（Odor Concentration）是根据感官分析方法对气味的大小予以数量化的指

标，并与嗅觉阈值的概念相关联。在数值上，气味浓度等于用洁净空气稀释气体样品至嗅觉阈值（仅 50% 嗅辨员能够识别）时的稀释倍数。在我国的"三点比较式臭袋法"中，气体样品稀释至嗅觉阈值时的稀释倍数（无量纲数值）就是其气味浓度。在欧洲标准"空气质量-动态嗅觉仪法测定气味浓度"中，气味浓度指在标准状态下 $1m^3$ 空气中的气味单位数，单位为 OU/m^3。气味浓度是对样品异味污染程度的直观评价指标之一。异味浓度越大，表明该样品的异味污染程度越深。

气味浓度的测定方法一般分为三点比较式臭袋法和动态稀释嗅辨仪法。日本在 20 世纪 70 年代提出三点比较式臭袋法用于测定恶臭或异味污染物的气味浓度，并将其列为恶臭嗅觉测试标准方法。我国于 1993 年在三点比较式臭袋法的基础上制定了《空气质量　恶臭的测定　三点比较式臭袋法》GB/T 14675—1993，作为气味浓度测定的标准方法。中国建筑材料协会标准《建材产品气味评价方法　第 2 部分：气味浓度》T/CBMF 118.2—2021 中采用动态稀释嗅辨仪法作为测定建材散发气体气味浓度的标准方法。

欧美国家主要采用动态稀释嗅辨仪法。例如，欧盟标准委员会（CEN）颁布了：《空气质量-动态稀释嗅辨仪法测定气味浓度》EN 13725：2003 标准，采用动态稀释嗅辨仪测定气味浓度，评价气味污染的强烈程度。美国材料测试协会（ASTM）出台了使用动态稀释技术测定气味阈值的标准方法：《上升浓度梯度强制选择法测定嗅觉和味觉阈值》ASTM-E 679-04，测定方法与 EN 13725：2003 相似。此外，澳大利亚和新西兰联合颁布了《空气质量-动态嗅觉测定法测定气味浓度》DR 995306 和《固定散发源-动态稀释嗅辨仪法测定气味浓度》AS/NZ 4323.3 作为两国共同的气味浓度测定方法。

5.5.2　客观评价

客观评价是基于各类检测仪器测定空气中的污染物浓度与相关标准规定的限值进行比较得出结论。达标评价法是室内空气质量的客观评价最常用的方法之一。以相关标准为评价依据，对影响室内空气质量的各项指标进行检测并与限制进行对比，评价各指标是否符合标准。例如，《室内空气质量标准》GB/T 18883—2022 中规定室内空气中甲醛含量的标准值为 $0.10mg/m^3$，若按该标准规定的方法检测某房间内空气中甲醛浓度低于该标准值，则甲醛含量达标。

目前我国已制定了一系列关于室内环境中有害因素的控制标准，对多类污染物的限值标准和检测方法作了规定。其中，应用范围较广的主要有《室内空气质量标准》GB/T 18883—2022 和《民用建筑工程室内环境污染控制标准》GB 50325—2020。

《室内空气质量标准》GB/T 18883—2022 国家市场监督管理总局、国家标准化委员会发布后，于 2023 年 2 月 1 日正式开始实施，适用于对住宅和办公建筑室内的室内空气质量评价。《室内空气质量标准》GB/T 18883—2022 规定了 22 种参数指标及其检测方法，分为物理性、化学性、生物性、放射性 4 类（表 1-2）。

《民用建筑工程室内环境污染控制标准》GB 50325—2020 是由住房和城乡建设部发布，于 2020 年 8 月开始实施。该标准规定民用建筑工程验收时，必须进行室内环境污染物浓度检测，检测结果应符合标准中的种类及限值规定（表 1-3）。

5.5.3　主客观综合评价

采用客观评价方法对室内空气污染物的浓度进行检测和达标评价，是衡量室内空气质量的重要内容，但是在实际操作过程中还是会遇到"污染物浓度达标，但人仍感受到异味等感官不适"这种主客观评价不统一甚至矛盾的情况。事实上，室内空气质量不仅包含污染物浓度检测的客观评价，还包含以人的感官感受为基础的主观评价。所以，为了避免这一情况，在评价室内空气质量时，应将主客观评价充分结合，建立主客观综合评价方法。

同济大学沈晋明教授结合国际通用模式和我国国情建立了一套包含客观评价、主观评价和个人背景资料三条路径的室内空气质量评价方法。该评价方法中的客观评价部分是选用一氧化碳、二氧化碳、氮氧化物、二氧化硫、可吸入颗粒物、甲醛、菌落、温度、相对湿度、风速、照度以及噪声等作为 12 个评价指标来全面、定量地反映室内环境质量。主观评价主要包含四个方面：人对环境的评价表现为在室者和来访者对室内空气不接受率，以及对不佳空气的感受程度；环境对人的影响表现为在室者出现的症状及其程度。为了能提取最大的信息量以及取得最大的可靠度，该方法引进了国际通用的主观评价调查表格，包含个人资料调查和排他性调查，以提升主观评价的规范化和标准化。最后，综合主、客观评价结果，依据评价标准作出室内空气质量的评价结论。在此基础上，对主客观综合评价方法的研究仍在不断深入和改善。

对于室内空气质量评价，基于人的感官感受进行的主观评价是必要环节。但受背景因素干扰、评价员个体差异等因素使得主观评价工作的难度和工作量大幅增加，使得主观评价方法仍未实现规范、可靠、操作性强、标准化程度高的目标。对于客观评价，虽然对污染物指标的浓度检测与达标检验相对简单，但如何确定科学合理的限值浓度标准的问题依然存在。随着污染物对人体健康和心理影响研究的深入以及人们对室内空气质量意识的加深，污染物的指标类型和限值标准也需要进一步更新和完善。更重要的是，如何将主观评价与客观评价有机地结合统一，实现室内空气质量的全面、准确评价，值得进一步深入研究。

习　题

1. 使用分光光度计进行测量时，如果没有采用最大吸收波长，能否进行测量？有什么影响？
2. 分光光度法中参比溶液的用途是什么？
3. 使用分光光度计进行测量时可能存在哪些误差？
4. 分光光度法检测空气中甲醛浓度的流程？
5. 气相色谱法检测空气中挥发性有机物的流程？
6. 颗粒物计重、计数浓度的适用场合有哪些？
7. 测量颗粒物中污染物组分有什么意义？
8. 同样建筑的面积，为什么撞击式采样的点位数比沉降式少？
9. 为什么沉降法比撞击法得到的细菌浓度高？

本 章 参 考 文 献

[1] 奚旦立. 环境监测[M]. 北京：高等教育出版社，2019.
[2] 胡坪. 仪器分析[M]. 北京：高等教育出版社，2019.
[3] 张淑娟. 室内空气污染概论[M]. 北京：科学出版社，2017.

第6章 净 化 技 术

室内空气净化技术是室内空气污染控制的重要方法。从室内空气污染物源头控制的角度来说，选用低污染的建筑装修材料、调整室内通风时间和频率等方法可以在一定程度上控制室内空气污染，但仍难以完全解决室内空气污染的难题。发展室内空气净化技术，是消除室内空气污染物，提升室内空气质量的有效方法。

针对室内空气污染现状，国内外专家学者研究开发了多种净化治理技术，包括除尘、吸附、过滤、催化氧化、等离子体技术、植物净化等[1]。这些净化技术的原理各不相同，在特定的场景下各有优劣，本章将对几种主要的室内空气净化技术的原理和特点进行介绍。

6.1 颗粒物净化技术

悬浮性颗粒物是室内空气中一类重要的污染物质。近年来，颗粒物污染已经成为我国和世界众多其他国家普遍面临的大气污染问题。室内空气中的可吸入颗粒物、细颗粒物等表面及内部附着有大量的重金属离子、无机盐离子、有机污染物、细菌、病毒等，对人体健康具有很大的危害。因此，学习和研究室内空气中颗粒物的净化控制技术具有重要意义。

目前常用的室内空气颗粒物净化技术主要有过滤除尘法、静电除尘法、水洗除尘法等[2]。这些净化方法的工作原理与第2章中介绍的颗粒物密度、黏附性、荷电性、润湿性等特性密切相关。

6.1.1 过滤除尘

过滤除尘是利用风机等动力使空气通过过滤材料，从而拦截、捕集和分离空气中的颗粒物。过滤除尘技术采用的滤料一般是由滤纸、玻璃纤维等材料制成的填充层。

过滤除尘时，含有悬浮性颗粒物的空气流经过滤材料，颗粒物因截留、碰撞、静电、扩散等作用，逐渐在过滤材料表面附着和聚集。随着聚集量的增大，除尘效率会逐渐下降，而且空气流动阻力也会增大，影响除尘效果。因此，过滤除尘法需要定期清灰。

过滤除尘法是一种经典的颗粒物净化方法，具有成本低、效率高、性能稳定可靠、操作简便的特点，应用十分广泛，但长期使用时需要定期清灰或更换过滤材料。

6.1.2 静电除尘

静电除尘的基本原理是，通过风机将含尘气流送入高压静电场中，使空气中的颗粒物在尖端放电的作用下逐渐带电，随后带电颗粒在电场作用下向集尘极板靠近，最终被捕获并附集在集尘极上，实现将颗粒物与空气分离的目的。静电除尘技术是利用将颗粒物荷电而吸附到电极上的收尘方法，有效利用颗粒物的荷电性可以增加静电除尘技术的效率。

静电除尘的过程主要包括悬浮性颗粒物荷电（荷电）、荷电颗粒物在电场内的迁移与捕集（捕集）、清除沉积颗粒物（清灰）三个阶段。

荷电：高压直流电晕是使悬浮性颗粒物荷电的最有效方法，广泛应用于静电除尘工艺中。电晕过程发生于活化的高压电极和接地电极之间，使电极间形成高浓度的气体离子。当含有悬浮性颗粒物的空气通过电极间时，颗粒物因碰撞而俘获气体离子，称为荷电粒子。颗粒物的荷电过程非常迅速，一般仅为百分之几秒。颗粒物的荷电量随颗粒物的大小而异，通常直径 $1\mu m$ 的颗粒物粒子大约获得 30000 个电子的电量。

捕集：荷电颗粒物粒子在电场力的作用下向集尘极运动，最终被集尘极捕获。随后颗粒物上的大部分电荷通过接地的集尘极缓慢释放掉，剩余的电荷用于维持颗粒物的黏附力并使颗粒物继续附着在集尘极上。由于颗粒物具有黏附性，新运动到集尘极上的颗粒物可以继续与已捕获的集尘极黏附在一起，从而在集尘极上形成灰层。荷电颗粒物粒子在电场内的迁移与捕集主要取决于气体的流动特征。荷电颗粒物粒子向集尘极的移动速率可以根据经典力学和电学定律求得。颗粒物的粒径是影响捕集效率的重要因素。实际研究表明，静电除尘的效率可达 90％以上，而且除尘效率在一定范围内随颗粒物粒径的减小而增大。例如，粒径为 $1\mu m$ 的颗粒物粒子的捕集效率为 90％～95％，粒径为 $0.1\mu m$ 的颗粒物的捕集效率可能达到 99％甚至更高。

清灰：静电除尘时，电晕极和集尘极上都会有颗粒物沉积，长时间累积后形成厚度可达几厘米的灰层，影响净化效果。电晕极上沉积的颗粒物会严重影响电晕电流的大小和均匀性，一般采用振打清灰的方法清除电晕极沉积颗粒物，使沉积的颗粒物脱离电晕极。清理集尘极的沉积颗粒物可以采用机械撞击法、振打法、冲洗法等。

静电除尘与其他除尘方法的根本区别在于，分离力（静电作用力）直接作用于颗粒物粒子上，而不是作用于整个空气气流上，因此，它具有分离颗粒物能耗低、气流阻力小、适用于处理高流量气体、捕集效率高的特点，是一种十分具有应用潜力的颗粒物净化技术。静电除尘技术由于尖端放电效应容易产生臭氧，造成臭氧浓度的累积上升。因此，在室内环境应用静电除尘技术时需要注意防护和消除臭氧对人体健康造成的危害。

6.1.3 水洗除尘

水洗除尘是一种湿式除尘技术，主要原理是使含有悬浮性颗粒物的空气与液体（一般是水）密切接触，利用惯性、扩散等作用使颗粒物进入水膜而被捕集。

判别颗粒物是否适用于湿式除尘技术的主要依据是润湿性。对于润湿性较好的颗粒物，可以采用水洗等湿式除尘技术，而对于润湿性较差的颗粒物则不适宜采用这类净化方法。

水洗除尘法可以有效地将粒径范围在 $0.1\sim20\mu m$ 的颗粒物粒子从气流中净化除去，具有结构简单、造价较低、操作和维护方便等优点。但是，水洗除尘技术的除尘液体中容易滋生细菌，除尘效率稍低于静电除尘等方法。

6.2 吸附法净化气态污染物

吸附是指某种物质的分子、原子或者离子附着在某表面上的现象。气体吸附一般是利用多孔固体吸附剂将气体混合物中的一种或几种组分附着在固体表面，从而将其与其他组分分离的过程。能够附着在固体表面的物质称为吸附质，能够供吸附质附着的物质称为吸附剂。

吸附法是一种利用气体吸附原理的气态污染物净化方法，具有净化效率高、无二次污染、设备简单等优点。

6.2.1 吸附原理

固体表面是不均匀的，即使从宏观上看似乎很光滑，但从原子水平上看是凹凸不平的。固体表面上的原子或分子与液体一样，受力也是不均匀的。固体表面层的物质受到指向内部的拉力，这种不平衡力场的存在导致表面吉布斯函数的产生。固体不能通过收缩表面降低表面吉布斯自由能，但它可利用表面的剩余力，从周围介质捕获其他的物质粒子，使其不平衡力场得到某种程度的补偿，致使表面吉布斯自由能降低，达到更稳定状态，如图6-1所示。因此，固体物质的表面容易吸附其他物质。

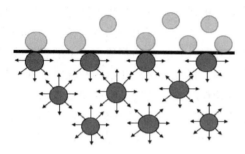

图6-1 固体表面吸附物质粒子的原理

在一定的温度和压力下，被吸附物质（吸附质）的量随吸附剂表面积（吸附面积）的增加而加大。比表面积大的物质，如粉末状或多孔性物质，往往具有良好的吸附性能。

根据吸附剂表面与吸附质之间的作用力类型，吸附可以分为物理吸附和化学吸附。

1. 物理吸附

物理吸附是由于吸附剂和吸附质之间通过范德华力（分子间作用力）或氢键相互吸引而引起的。它可以是单层吸附，也可以是多层吸附，具有以下特征：

（1）不发生化学反应——吸附剂与吸附质之间不发生化学反应；

（2）吸附热较小——物理吸附是放热反应，但放热一般较小，多数气体的物理吸附焓 $-\Delta H_m \leqslant 25\text{kJ/mol}$，不足以导致化学键断裂；

（3）吸附过程快——物理吸附过程极快，常常瞬间即达到平衡；

（4）没有选择性——任何固体表面可以吸附任何气体，但吸附量会有所不同，一般易液化的气体易被吸附；

（5）易解吸（脱附）——物理吸附过程是可逆的，吸附剂与吸附质之间的吸附力不强，当温度升高或气体中吸附质分压降低时，被吸附的气体极易从吸附剂表面逸出，发生解吸或脱附；

物理吸附过程与吸附量受吸附剂的比表面积和细孔分布影响大。

2. 化学吸附

化学吸附是由吸附质与吸附剂之间的化学键作用力而引起的。化学吸附是单层吸附，具有以下特征：

（1）吸附质和吸附剂之间发生电子转移、原子重排或化学键断裂与生成等化学反应；

（2）吸附热较大——化学吸附类似于表面化学反应，化学吸附的吸附热接近于化学反应的反应热，比物理吸附大得多，一般都在 $40\sim400\text{kJ/mol}$ 的范围，典型值 200kJ/mol；

（3）吸附速率慢——化学吸附需要活化能，吸附与解吸的速率都较小，不易达吸附平衡。温度升高，化学吸附和解吸速率都加快，在较高温度下才能发生明显的化学吸附；

（4）选择性较强——固体表面的活性位只吸附与之可发生反应的气体分子，如酸位吸附碱性分子，反之亦然；

（5）不易解吸——化学吸附很稳定，一旦吸附，就不易解吸。

化学吸附相当于吸附剂表面分子与吸附质分子发生了化学反应，吸附剂的表面化学性质和吸附质分子的化学性质对化学吸附影响大。

物理吸附和化学吸附的比较 表 6-1

	物理吸附	化学吸附
吸附力	范德华力	化学键力
吸附热	较小（约等于液化热）	较大
选择性	无选择性（所有气体与所有表面）	有选择性
稳定性	不稳定，易解吸	稳定
分子层	单分子层或多分子层	单分子层
吸附速率	较快 受温度影响小 受吸附剂的比表面积和细孔分布影响大	较慢 受温度影响大 受表面化学性质和化学性质影响大

表 6-1 中对物理吸附和化学吸附进行了对比。需要注意的是，对于同一种吸附质，物理吸附和化学吸附有可能同时发生，在化学吸附之前往往先发生物理吸附。一般情况下，物质在较低的温度时，容易发生物理吸附；随着温度的升高，物理吸附减弱，但化学吸附逐渐明显（图 6-2）。

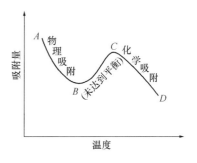

图 6-2 吸附过程随温度变化

6.2.2 吸附过程

吸附过程通常需要较长时间才能达到两相平衡，而吸附剂在实际使用过程中，与吸附质的接触时间是有限的，因此，实际吸附量取决于吸附速率。

气体在吸附剂上的吸附过程主要分为 3 个传质阶段：

（1）外扩散（对流传质）：吸附质分子从气流主体穿过气膜扩散至吸附质外表面，这一阶段主要是对流传质过程；

（2）内扩散（扩散传质）：吸附质分子由吸附剂的外表面经微孔扩散至吸附剂内部的微孔表面，主要发生的是吸附剂材料的孔内扩散传质；

（3）吸附：达到吸附质微孔表面的吸附质被吸附附着。对于化学吸附，吸附之后还会有化学反应过程。

由于吸附与解吸的过程同步发生，在吸附质分子被吸附的同时，由于分子的不断运动，被吸附的分子还会从吸附剂中脱离或解吸出来，其脱离或解吸过程与上述吸附过程相反。

由上述过程可知，吸附过程的阻力主要来自三个方面：

（1）外扩散阻力：吸附质分子经过气膜扩散的阻力。

（2）内扩散阻力：吸附质分子经过微孔扩散的阻力。

（3）吸附本身的阻力：吸附质分子吸附于吸附剂表面的阻力。

因此，吸附速率取决于外扩散速率、内扩散速率和吸附本身的速率。外扩散过程和内扩散过程是物理过程，吸附本身是动力学过程。对于一般的物理吸附，吸附本身的速度是很快的，即动力学过程的阻力可以忽略；但是对于化学吸附（或动力学控制的吸附），其吸附本身的阻力不能忽略。

6.2.3　吸附平衡与吸附量

在吸附过程中，随着吸附质在吸附剂表面数量的增加，吸附质的解吸速度也逐渐加快，当吸附速度和解吸速度相当，即在宏观上当吸附量不再继续增加时，就达到了吸附平衡。

吸附量指单位质量的吸附剂所吸附的吸附质的体积或质量，常用 q 表示。

$$q = \frac{v_s}{m_{吸附剂}}，或 q = \frac{m_{吸附质}}{m_{吸附剂}} \tag{6-1}$$

式中　　q——吸附量，mL/g 或 g/g；

　　　　v_s——换算为标准状况下的吸附质体积，mL；

　　$m_{吸附质}$——吸附质质量，g；

　　$m_{吸附剂}$——吸附剂质量，g。

达到吸附平衡时，吸附剂对吸附质的吸附量称为平衡吸附量。

平衡吸附量的大小与吸附剂的物化性能例如比表面积、孔结构、粒度、化学成分等有关，也与吸附质的物化性能、压力或浓度，以及吸附温度等因素有关。

6.2.4　吸附等温线

对于一定的吸附剂与吸附质组成的体系，达到吸附平衡时，吸附量是温度和吸附质压力的函数，即：

$$q = f(T, p) \tag{6-2}$$

通常固定一个变量可以求出另外两个变量之间的关系，例如：

（1）T＝常数，$q = f(p)$，吸附等温线。

（2）P＝常数，$q = f(T)$，吸附等压线。

（3）q＝常数，$p = f(T)$，吸附等量线。

吸附等温线（Adsorption Isotherm）是各类吸附曲线中最重要的。当温度恒定时，单位质量吸附剂对吸附质的吸附量 q 与气相中吸附质的分压 p 之间的平衡关系曲线，即为吸附等温线。吸附等温线一般根据实验绘制。

吸附等温线是研究吸附剂、吸附质性质及其相互作用关系的重要方法。由于吸附剂的表面是不均匀的，吸附质分子和吸附剂表面分子之间的作用力也各不相等，因此，吸附等温线的形状也各不相同。

单一组分气体的吸附等温线通常可以分为 6 种类型，如图 6-3 所示。纵坐标为吸附量，横坐标为相对压力 p/p_0，p 为气体吸附平衡压力，p_0 是气体在吸附温度时的饱和蒸气压。

1. Ⅰ型

也称为 Langmuir 型吸附等温线，可用单分子层吸附来解释。在 2.5nm 以下微孔吸附剂上的吸附等温线属于这种类型。

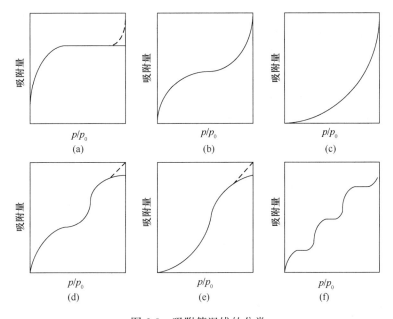

图 6-3　吸附等温线的分类

（a）Ⅰ型；（b）Ⅱ型；（c）Ⅲ型；（d）Ⅳ型；（e）Ⅴ型；（f）Ⅵ型

Ⅰ型等温线有两种亚型（图 6-4）。

（1）Ⅰ-A 型

当吸附剂仅有 2~3nm 以下的微孔时，虽然发生了多层吸附和毛细凝聚现象，但是一旦吸附剂上所有的孔都被吸附质填满后，吸附量便不再随相对压力增加，呈现出饱和吸附，相当于在吸附剂表面上只形成单分子层。

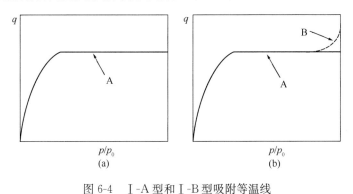

图 6-4　Ⅰ-A 型和Ⅰ-B 型吸附等温线

（a）Ⅰ-A 吸附等温线；（b）Ⅰ-B 吸附等温线

（2）Ⅰ-B 型

当吸附剂具有超微孔（0.5~2.0nm）和极微孔（小于 1.5nm）时，外表面积比孔内表面积小很多，会呈现Ⅰ-B 型吸附等温线。

在低压区，主要发生的是吸附质在吸附剂外表面微孔内的填充吸附过程，此时吸附曲线迅速上升，其极限吸附容量取决于可接近的微孔容积。随着压力上升，微孔逐渐填满，几乎没有进一步的吸附发生，吸附等温线出现平台。在接近或达到饱和蒸气压时，吸附等温线呈现出迅速上升的趋势（Ⅰ-B型虚线部分），主要是由于吸附质在中孔、大孔等非微孔表面上的多层吸附（凝聚）所导致。

活性炭和沸石吸附剂常呈现这种类型。例如：温度为78K时N_2在活性炭上的吸附，水和苯蒸气在分子筛上的吸附均属于这种类型。

此外，在吸附温度超过吸附质的临界温度时，由于不发生毛细管凝聚和多分子层吸附，即使是不含微孔的固体也能得到Ⅰ型等温线。

2. Ⅱ型

常称为S型等温线，经常可见于大孔（大于5nm）或非多孔性固体吸附剂上，属于多分子层吸附，一般是物理吸附。

Ⅱ型吸附等温线在低p/p_0处有一个拐点。在相对压力约0.3时，等温线向上凸，形成一个拐点，指示第一层吸附大致完成（图6-5）。

随着相对压力p/p_0的增加，开始形成第二层，在相对压相对接近1，即达到饱和蒸气压时，吸附层数无限大，发生毛细管和孔凝聚现象，吸附量急剧增加，又因为孔径较大，所以不呈现饱和吸附状态。

非多孔性固体表面发生多分子层吸附属这种类型，如非多孔性金属氧化物粒子吸附氮气或水蒸气。

3. Ⅲ型

当吸附剂和吸附质的吸附相互作用小于吸附质之间的相互作用时，会呈现Ⅲ型吸附等温线，这种等温线一般较为少见。

在低相对压力p/p_0区，由于吸附剂与吸附质之间的作用比吸附质分子之间的相互作用弱，吸附质难于吸附，吸附量较低。随着相对压力p/p_0的增加，吸附质分子之间较强的相互作用使吸附过程发生自加速现象，吸附量快速上升。吸附量上升过程中，没有可识别的拐点（图6-6）。

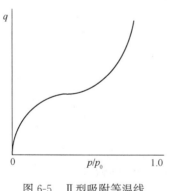
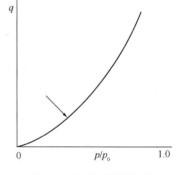

图6-5　Ⅱ型吸附等温线　　　　图6-6　Ⅲ型吸附等温线

Ⅲ型吸附等温线并不多见。在憎液性表面发生多分子层吸附的吸附等温线属于Ⅲ型。例如：水蒸气在石墨表面上吸附。由于水分子之间能够形成很强的氢键，石墨表面一旦吸附了部分水分子，第二层、第三层的吸附就较易形成。

Ⅲ型和Ⅱ型吸附等温线都是发生在孔径大于5nm的多孔固体上，其主要区别在于Ⅲ型的前半段呈向下凹的形状，这是由于Ⅲ型吸附的第一层吸附热要小于吸附质的凝聚热。

4. Ⅳ型

孔径在2～5nm之间的多孔吸附剂发生多分子层吸附时会有Ⅳ型等温线。

Ⅳ型等温线的特点是，在相对压力较低时，吸附剂表面形成易于移动的单分子层吸附，吸附等温线向上凸起。在升高相对压力时，由于中孔内的吸附已经结束，吸附只在远小于内表面积的外表面上发生，曲线平坦。随着相对压力继续升高，曲线再次凸起，是由于吸附剂表面建立类似液膜层的多层分子吸附所引起。在相对压力接近1的高压区时，吸附质主要在大孔上吸附，曲线上升（图6-7）。

氮气、有机物质蒸气和水蒸气在硅胶上的吸附属这一类。例如：在温度为323K时，苯在氧化铁凝胶上的吸附。

Ⅳ型等温线与Ⅱ型等温线相比，在低压下两者大致相同，不同的是在高压下Ⅳ型出现吸附饱和现象，说明这些吸附剂的孔径有一定的范围，在高比压时容易达到饱和。

5. Ⅴ型

Ⅴ型吸附等温线一般发生在孔径在2～5nm之间的固体吸附剂上，发生的是多分子层吸附，有毛细凝聚现象，吸附容量受孔容的限制（图6-8）。

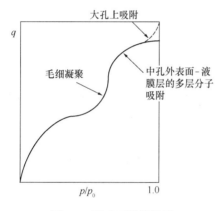
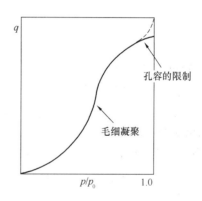

图6-7　Ⅳ型吸附等温线　　　　　　　图6-8　Ⅴ型吸附等温线

例如：温度为373K时，水蒸气在活性炭上的吸附属于这种类型。

Ⅳ型及Ⅴ型吸附等温线的吸附剂都是过渡性孔，孔径在2～5nm之间；有毛细管冷凝现象和受孔容的限制。这些等温线在低压时类似于非多孔体的Ⅱ型、Ⅲ型。但是，在饱和蒸气压（$p/p_0＝1$）附近，吸附剂的大孔内会发生毛细管凝聚。

Ⅳ型及Ⅴ型由于在达到饱和浓度之前吸附就达到平衡，因而显出滞后效应，产生吸附滞后（Adsorption Hysteresis）。

6. Ⅵ型

Ⅵ型又称阶梯形等温线（Step-wise Isotherm），常发生于非极性的吸附质在均匀非多孔固体上的吸附现象。

Ⅵ型吸附等温线呈阶梯形，是先形成第一层二维有序的分子层后，再吸附第二层。吸附第二层显然受第一层的影响，因此称为阶梯形。发生Ⅵ型相互作用时，达到吸附平衡所需的时间长。

Ⅵ型吸附等温线在低相对压力段的形状（第一层饱和吸附层未建立以前）反映了气体

与表面作用力的大小；中等相对压力段反映了单分子层的形成及向多层或毛细凝聚的转化；高相对压力段的形状可看出固体表面有孔或无孔，以及孔径分布和孔体积的大小等（图 6-9）。

例如：甲烷在均匀表面 MgO（100）上的吸附等温线为阶梯形等温线，如图 6-10 所示。

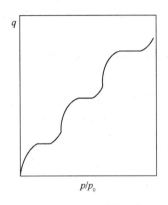

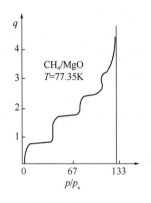

图 6-9　Ⅵ型吸附等温线　　　　图 6-10　甲烷在均匀表面 MgO（100）

上的吸附等温线（Ⅵ型）

6.2.5　吸附等温式方程

对于一定的吸附剂与吸附质的体系，在一定温度下达到吸附平衡时，平衡吸附量与平衡浓度（分压）之间的关系可以用数学函数式，即吸附等温线方程式来表示。

1. 朗格缪尔（Langmuir）方程

朗格缪尔（Langmuir）推导出了能较好适用于Ⅰ型吸附等温线的理论公式。设吸附质在吸附剂表面的覆盖率为 θ，则未覆盖率为（$1-\theta$）。若气相分压为 p，则

吸附速率 r_a 为：

$$r_a = k_a(1-\theta) \tag{6-3}$$

解吸速率 r_d 为：

$$r_d = k_d\theta \tag{6-4}$$

式中　k_a——吸附常数；

k_d——解吸常数。

当吸附达到平衡时，吸附速率与解吸速率相等：

$$k_a(1-\theta) = k_d\theta \tag{6-5}$$

令 $\dfrac{k_a}{k_d} = B$，则：

$$\theta = \frac{Bp}{1+Bp} \tag{6-6}$$

若以 A 代表饱和吸附量，则单位吸附剂所吸附的吸附质的质量 X_T 为：

$$X_T = A \times \theta = \frac{ABp}{1+Bp} \tag{6-7}$$

Langmuir 吸附等温式能解释很多实验结果，是目前较为常用的吸附等温方程式之一。

但 Langmuir 吸附等温式也有一些限制,例如假设吸附是单分子层的,不适用于多分子层吸附;假设吸附剂表面是均匀的,但其实大部分表面是不均匀的;在覆盖度 θ 较大时,Langmuir 吸附等温式不适用。

2. 弗罗因德利希 (Freundlich) 方程

弗罗因德利希根据实验结果对 I 型吸附等温线提出如下经验方程式:

$$X_T = kp^{\frac{1}{n}} \tag{6-8}$$

式中 X_T ——被吸附的吸附质质量与吸附剂质量之比;

   p ——吸附质在气相中的分压,Pa;

   k, n ——经验常数,与吸附剂、吸附质种类及吸附温度有关,通常 $n > 1$。

Freundlich 方程适用于中等压力条件,适用范围比 Langmuir 方程更广。

3. BET 方程

伯劳纳尔(Brunauer)、艾米麦特(Emmett)和特勒(Teller)三人提出了适合 I 型、II 型、III 型吸附等温线的多分子层吸附理论,并建立了吸附等温方程式:

$$X_T = \frac{X_e Cp}{(p_0 - p)[1 + (C-1)p/p_0]} \tag{6-9}$$

或

$$V = \frac{V_m Cp}{(p_0 - p)\left[1 + (C-1)\dfrac{p}{p_0}\right]} \tag{6-10}$$

上式也可写成:

$$\frac{p}{V(p_0 - p)} = \frac{1}{V_m C} + \frac{(C-1)p}{V_m C p_0} \tag{6-11}$$

式中 X_T ——被吸附的吸附质质量与吸附剂质量之比;

   X_e ——饱和吸附量分数;

   C ——与吸附热有关的常数;

   p ——吸附质在气相中的平衡分压,Pa;

   p_0 ——在吸附温度下,吸附质的饱和蒸气压,Pa;

   V ——被吸附气体在标准状态下的体积;

   V_m ——吸附剂被覆盖满一层时吸附气体在标态下的体积。

BET 方程在 p/p_0 为 0.05~0.35 时较为准确。

6.2.6 常用的气体净化吸附剂

虽然所有的固体表面对于气体分子都会或多或少地具有物理吸附作用,但作为气体污染物净化材料的吸附剂,必须具有以下特征:

(1)吸附容量大:吸附容量指在一定的温度下,单位质量的吸附剂能够吸附的吸附质最大质量。吸附容量与吸附剂的表面积紧密相关,吸附剂具有巨大的表面积可以增大其吸附容量。此外,吸附剂的孔隙、孔径、分子极性和官能团对吸附容量也有较大影响。

(2)选择性吸附能力强:室内空气中污染物分子仅占空气组分的一小部分,因此,吸附剂需要具有很强的选择性吸附能力,有效的吸附特定的污染物组分,滤过氮气、氧气等常规组分,提高吸附剂的寿命和对污染物的净化效率。

(3)较高的机械强度与稳定性,较低的成本。

目前常用于气体污染物净化的吸附剂材料主要有以下几类。

（1）含氧化合物：主要为亲水的、极性的吸附剂，包括硅胶和沸石等。

（2）含碳的化合物：主要为疏水的、非极性的吸附剂，包括活性炭、石墨等。

（3）多聚物化合物：主要为极性或非极性的功能材料，例如多孔聚合物，包括 Tenax TA 吸附剂等。

常用吸附剂的性质和适用范围见表 6-2。

<table>
<tr><td colspan="5" align="center">常用吸附剂的性质和适用范围</td><td align="right">表 6-2</td></tr>
<tr><th>吸附剂</th><th>性质</th><th>水蒸气</th><th colspan="2">特性</th><th>适用范围</th></tr>
<tr><td>活性炭</td><td>非极性</td><td>疏水</td><td colspan="2">吸附容量大、吸附能力强</td><td>有机气体、低浓度、湿度大的样品</td></tr>
<tr><td>硅胶</td><td>极性</td><td>亲水</td><td colspan="2">对极性物质具有较强的吸附作用</td><td>乙酰胺、芳香胺和脂肪胺</td></tr>
<tr><td>沸石</td><td>极性</td><td>亲水</td><td colspan="2">对极性污染物具有较高的吸附作用</td><td>甲醛等极性污染物</td></tr>
<tr><td>Tenax</td><td>非极性</td><td>疏水</td><td colspan="2">基体为聚 2,6-二苯基-对苯醚，热稳定性好</td><td>$C_7 \sim C_{26}$ 的化合物</td></tr>
</table>

6.3　吸收法净化气态污染物

吸收法净化气态污染物是指利用液体洗涤气体，从而将气体中的一种或几种气态污染物去除，是一类常用的气体污染控制技术[3]。在吸收法净化气态污染物过程中，被吸收的污染物组分称为吸收质或溶质，其余不被吸收的组分称为惰性气体，吸收用的液体称为吸收剂或溶剂，吸收质溶解于吸收剂中得到的溶液称为吸收液或溶液。吸收法净化气态污染物的实质是吸收质分子从气相向液相转移的质量传递过程。

6.3.1　吸收过程

在气体吸收质（溶质）与液体吸收剂（溶剂）接触时，部分吸收质向吸收剂进行质量传递（即吸收过程），同时也会发生液相中的吸收质组分向气相逸出的传质过程（即解吸过程）。在一定的温度和压力下，当吸收过程的传质速率等于解吸过程的传质速率时，吸收质在气液两相间达到了动态平衡，简称相平衡。平衡时，气相中吸收质的组分分压称为平衡分压，液相中的吸收质浓度达到此条件下的最大浓度，称为平衡溶解度（c_A^*）。

气体吸收质在液体吸收剂中的溶解度与吸收质和吸收剂的性质有关，并受温度和压力的影响。当温度一定时，溶解度在数值上与吸收质组分在气相中的分压（p_A）成正比，即：

$$c_A^* = f(p_A) \tag{6-12}$$

式中，c_A^* 为气体吸收质在某液体吸收剂中的溶解度，p_A 为吸收质组分在气相中的分压。

也可用曲线表示气液两相达平衡状态时的组成，图 6-11 给出了氨气和二氧化硫气体在水中的溶解度以及溶解度随温度的变化。由图 6-11 可知，在相同的吸收剂

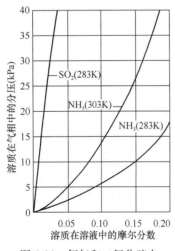

图 6-11　氨气和二氧化硫在水中的平衡溶解度

（水）和温度、分压下，不同气体物质的溶解度有很大差别。采用溶解能力强、选择性好的吸收剂，提高总压和降低温度，都会有利于增大气体吸收质的溶解度，提升气体污染物的净化处理效果。

图 6-11 还表明，对于稀溶液，平衡关系式可以通过原点的直线表示，即气液两相的浓度成正比：

$$p^* = Ex \tag{6-13}$$

式中，p^* 为平衡时吸收质的气相分压（Pa），x 为吸收质在液相中的摩尔分数（无量纲），E 为亨利系数（Pa）。

式 6-13 即为著名的亨利定律，即，在一定的温度下，稀溶液中溶质的溶解度与气相中溶质的平衡分压成正比。

根据道尔顿分压定律，亨利定律还可以表述为：

$$c = H \times p^* \tag{6-14}$$

式中，c 为溶液中溶质的浓度（mol/m^3），p^* 为平衡时吸收质的气相分压（Pa），H 为溶解度系数 $[kmol/(m^3 \cdot Pa)]$。

H 越大，表明在同样的分压下溶质的溶解度越大，因此 H 称为溶解度系数。在亨利定律适用的范围内，H 还是温度的函数，随着温度的升高，H 降低。H 的大小反映了溶质气体的溶解难度。H 小的气体易于溶解。

亨利定律只适用于难溶和较难溶的气体，对于易溶和较易溶的气体，只有在液相中溶质的浓度特别低的情况下才适用。

对于稀溶液，近似有：

$$E = \frac{1}{H} \cdot \frac{\rho_0}{M_0} \tag{6-15}$$

式中，M_0 是溶剂的摩尔质量（kg/kmol），ρ_0 是溶剂密度（kg/m^3）。

6.3.2 吸收理论

对于吸收机理的解释目前已有众多理论模型，例如溶质渗透模型、表面更新模型、双膜理论模型等，目前应用最多的是双膜理论模型。双膜理论模型不仅适用于物理吸收，也适用于气液相反应。双膜理论模型的示意图如图 6-12 所示，图中，p 表示吸收质组分 A 在气相主体内的分压，p_i 表示吸收质组分 A 在相界面上的分压，c 表示吸收质组分 A 在液相主体内的浓度，c_i 表示吸收质组分 A 在相界面上的浓度。其基本要点为：

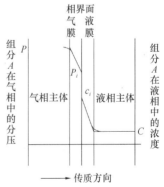

图 6-12 双膜理论模型

① 当气液两相接触时，两相之间有一个相界面，在相界面两侧分别存在着一层稳定的层流薄膜，分别称为气膜和液膜。即使气液两相的主体呈湍流时，这两层膜内仍呈层流；

② 吸收质组分从气相转入液相的过程依次分为五步：首先依靠湍流扩散从气相主体到气膜表面，然后依靠分子扩散通过气膜到达两相界面，在界面上吸收质组分从气相溶入液相，依靠分子扩散从两相界面通过液膜，最后依靠湍流扩散从液膜表面到液相主体；

③ 在两层膜以外的气相和液相主体内，由于流体的充分湍动，吸收质的浓度基本上

是均匀的，即认为气相主体和液相主体内没有浓度梯度，而仅仅在气膜和液膜内存在浓度梯度；

④ 在相界面上，气液两相的浓度总是保持平衡，即相界面不存在吸收阻力；

⑤ 一般来说，气膜和液膜的厚度极薄，在膜中并没有吸收质组分的积累，所以吸收过程可以看作是通过气液膜的稳定扩散。

根据双膜理论模型，可以把吸收过程简化为吸收质组分通过气膜和液膜两层层流膜的分子扩散，整个吸收过程的传质阻力就简化为通过这两层膜的分子扩散阻力。

6.3.3 吸收速率方程

吸收质在单位时间内通过单位面积界面被吸收剂吸收的量称为吸收速率。它可以反映吸收的快慢程度。根据双膜理论，在稳态吸收操作中，从气相主体传递到界面吸收质的通量等于从界面传递到液相主体吸收质的通量，在界面上无吸收质积累和亏损。

表述吸收速率及其影响因素的数学表达式，即为吸收传质速率方程，其一般表达式为：吸收速率＝吸收推动力×吸收系数，或者吸收速率＝吸收推动力/吸收阻力。吸收系数和吸收阻力互为倒数。吸收推动力表示方法有多种，因而吸收速率方程也有多种表示方法。

（1）气相分传质速率方程：设 y 和 y_i 分别为气相主体和相界面上吸收质的摩尔分数，则气相分传质速率方程式可写为：

$$N_A = k_y(y - y_i) \tag{6-16}$$

式中　N_A——吸收速率，$kmol/(m^2 \cdot s)$；

　　y，y_i——被吸收组分在气相主体和相界面上的摩尔分数；

　　k_y——以 $(y - y_i)$ 为气相传质推动力的气相分吸收系数，$kmol/(m^2 \cdot s)$。

如果以 $(p - p_i)$ 为气相传质推动力，则式 (6-16) 可写为：

$$N_A = k_G(p - p_i) \tag{6-17}$$

式中　N_A——吸收速率，$kmol/(m^2 \cdot s)$；

　　p、p_i——被吸收组分在气相主体和相界面上的分压，Pa；

　　k_G——以 $(p - p_i)$ 为气相传质推动力的气相分吸收系数，$kmol/(m^2 \cdot s \cdot Pa)$。

（2）液相分传质速率方程式为：以 $(x_i - x)$ 或 $(c_i - c)$ 为液相传质推动力，则液相传质速率方程式为：

$$N_A = k_x(x_i - x) \tag{6-18}$$

$$N_A = k_L(c_i - c) \tag{6-19}$$

式中　x_i，x——被吸收组分在液相主体和相界面上的摩尔分数；

　　c_i，c——被吸收组分在液相主体和相界面上的物质的量浓度，$kmol/m^3$；

　　k_x——以 $(x_i - x)$ 为液相传质推动力的液相分吸收系数，$kmol/(m^2 \cdot s)$；

　　k_L——以 $(c_i - c)$ 为液相传质推动力的液相分吸收系数，$kmol/[m^3 \cdot s \cdot (kmol \cdot m^{-3})]$，简化为 m/s。

（3）总传质速率方程：以一个相的虚拟浓度与另一相中该组分平衡浓度的浓度差为总传质过程的推动力，则分别得到稳定吸收过程的气相和液相总传质速率方程式。

气相总传质速率方程式：

$$N_A = K_y(y - y^*) \tag{6-20}$$

$$N_A = K_G(p - p^*) \tag{6-21}$$

K_y——以（$y - y_i$）为推动力的气相总吸收系数，$kmol/(m^2 \cdot s)$；

K_G——以（$p - p_i$）为推动力的气相总吸收系数，$kmol/(m^2 \cdot s \cdot Pa)$；

y^*——与液相主体中吸收质浓度成平衡的气相虚拟浓度；

p^*——与液相主体中吸收质浓度成平衡的气相虚拟分压，Pa。

液相总传质速率方程式：$N_A = K_x(x^* - x)$ \hfill (6-22)

$$N_A = K_L(c^* - c) \tag{6-23}$$

K_x——以（$x^* - x$）为推动力的液相总吸收系数，$kmol/(m^2 \cdot s)$；

K_L——以（$c^* - c$）为推动力的液相总吸收系数，m/s；

x^*——与气相中组分浓度相平衡的液相虚拟浓度；

c^*——与气相组分分压成相平衡的液相中被吸收组分的物质的量浓度，$kmol/m^3$。

6.3.4 吸收装置

气体污染物的吸收处理的装置一般使用吸收塔，按照气液接触方式，可分为填料塔、板式塔、文丘里洗涤器等，其中填料塔是较为常用的吸收塔类型。

填料塔的基本结构包括塔身、填料支撑板和填料、填料压板。填料塔的塔身一般是直立式圆筒，底部安装填料支撑板，填料放置在支撑板上形成填料层，顶部安装填料压板用于固定填料层（图 6-13）。填料塔吸收气体污染物时，液体吸收剂从填料塔的塔顶经液体分布器喷淋到填料层上，并沿填料表面向下流动。气体吸收质从塔底的气体入口进入，经气体分布器分布后，向上通过填料层的孔隙，气液两相以逆流形式在填料表面发生接触并进行传质，实现对气体污染物吸收去除的目的。

例如，采用吸收法去除二氧化硫气体时，通常可采用填料塔对废气中的二氧化硫进行吸收。由于二氧化硫在水中的溶解度不高，常采用化学吸收法，可选的吸收剂种类较多，例如 $NaOH$、Na_2CO_3、$Ca(OH)_2$ 等。

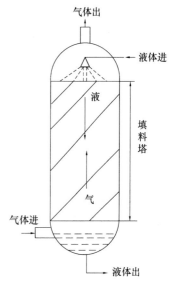

图 6-13 填料塔结构示意图

6.4 催化法净化气态污染物

6.4.1 催化原理

催化法净化气态污染物，是借助催化剂的催化作用使气体污染物在催化剂表面发生化学反应，转化为无害或易于处理和回收的物质的净化方法，在气体污染物净化领域得到了较多的应用。例如，Pt、Pd、Au、Cu、Mn 等金属及其氧化物常被用于催化降解甲醛和苯、甲苯等 VOCs 污染物。

催化作用是指催化剂在化学反应过程中起到的加快（或减慢）化学反应速率的作用。在气态污染物的催化净化过程中，催化剂的催化作用是加快气态污染物（反应物）转化为无害或易处理回收物质（产物）的化学反应速率。

1. 化学反应速率

在化学反应过程中，当反应物变为产物时，反应物的某些化学键要断裂，进行分子重排，生成产物。不同的化学反应进行的速率各不相同，有些反应进行得很快，有些反应则进行得很慢，例如臭氧与一氧化氮的反应可以很快发生，但与氨气反应则需要上百天才能进行。化学反应速率就是用来衡量化学反应进行得快与慢的指标。

化学反应速率是指单位时间内反应物或者生成物浓度的变化量（正值），用来衡量化学反应进行的快慢。

对于任意化学反应：$aA+bB=dD+eE$

可用单位时间内反应物（A，B）浓度的减少来表示平均化学反应速率：

$$\bar{v}(A) =- \frac{\Delta c_A}{\Delta t} \tag{6-24}$$

$$\bar{v}(B) =- \frac{\Delta c_B}{\Delta t} \tag{6-25}$$

也可以用单位时间内生成物（D，E）浓度的增加来表示平均化学反应速率：

$$\bar{v}(D) = \frac{\Delta c_D}{\Delta t} \tag{6-26}$$

$$\bar{v}(E) = \frac{\Delta c_E}{\Delta t} \tag{6-27}$$

式中　　　　　　　　Δt——时间变化量；

Δc_A、Δc_B、Δc_D、Δc_E——分别表示 Δt 时间内反应物或生成物的浓度变化。

一般来说，化学反应都不是等速变化的，只有瞬时速率才能表示化学反应中某一时刻的真实反应速率。瞬时化学反应速率是 Δt 趋近于 0 时的平均化学反应速率的极限值，其表达式是浓度 c 对时间 t 的微分。

$$v(A) =- \frac{dc_A}{dt} \quad v(B) =- \frac{dc_B}{dt}$$

$$v(D) = \frac{dc_D}{dt} \quad v(E) = \frac{dc_E}{dt} \tag{6-28}$$

化学反应速率是通过实验测定的，通过测定不同反应时刻的反应物或者生成物的浓度，绘制物质浓度随时间的变化曲线，然后从图中求出不同反应时间的速率 dc/dt（即 t 时刻该曲线的切线），测算出化学反应速率。

2. 化学反应速率方程

表示化学反应速率与浓度之间的关系，或表示浓度与时间之间关系的方程，称为化学反应速率方程，也称动力学方程。

化学反应速率方程可以表示为微分式或积分式，其具体形式随化学反应的类型而定，需要由实验来确定。基元反应的速率方程是其中最简单的一种。

（1）基元反应

反应物分子经一次碰撞后，在一次化学行为中就能直接转化为生成物分子的反应称为基元反应，也称为简单反应。

绝大多数的化学反应并不是基元反应，而是由两个或两个以上的基元反应构成，这样的化学反应称为非基元反应。例如，在气相中氢气与氯气的反应是一个非基元反应：

$$H_2 + Cl_2 = 2HCl$$

其反应历程包含了 4 步基元反应：

$$Cl_2 + M \longrightarrow 2Cl \cdot + M$$
$$Cl \cdot + H_2 \longrightarrow HCl + H \cdot$$
$$H + Cl_2 \longrightarrow HCl + \cdot Cl \cdot$$
$$Cl \cdot + \cdot Cl \cdot + M \longrightarrow Cl_2 + M \cdot$$

非基元反应是许多基元反应的总和，也称为总反应，这些基元反应代表了总反应所经过的途径，在化学反应动力学上称其为反应机理或者反应历程。

（2）反应速率方程

大量研究表明，基元反应的速率方程比较简单，基元反应的速率与反应物浓度（含有相应的指数）的乘积成正比，例如对于基元反应：

$$aA + bB = dD + eE$$

反应速率：

$$v = k \cdot c_A^a \cdot c_B^b \tag{6-29}$$

式中　v——化学反应速率，mol/(L·s)；

　　　k——化学反应速率常数；

　　　c——浓度，mol/L；

a，b——反应物 A 和 B 浓度的指数。

基元反应的化学反应速率（v）与各反应物的浓度以其计量数为指数的幂（c_A^a，c_B^b）的连乘积成正比，这就是基元反应的质量作用定律，质量作用定律只适用于基元反应。

将反应物浓度同反应速率定量地联系起来的数学表达式称为化学反应的速率方程。只有基元反应的速率方程可以依据反应方程式直接写出，非基元反应或者总反应的速率方程一般不能简单地从反应的计量方程式中获得，它与反应机理有关，必须通过实验、设计反应历程而获得。

（3）反应速率常数

k 是一个与浓度无关的常数项，称为反应速率常数。反应速率常数 k 取决于反应的本性，它随温度变化，也与反应介质、催化剂等有关。温度升高，速率常数通常增大。不同的化学反应具有不同的速率常数，其他条件相同时可以用速率常数衡量反应速率。

3. 具有简单级数的化学反应

在化学反应速率方程中，各反应物浓度的指数之和称为该反应的级数（Order of Reaction），用 n 表示。常见的简单级数反应有一级反应、二级反应和三级反应，比较特殊的级数有零级反应等。

例如，某反应的化学反应速率方程如果可用下式表示：

$$v = k \cdot c_A \cdot c_B \tag{6-30}$$

则对于反应物 A 来说是一级反应，对于反应物 B 也是一级反应，因此总反应级数是二级（$n=2$）。通常所说的反应级数都是指总反应的反应级数。例如，光气的合成反应：

$$CO(g) + Cl_2(g) \longrightarrow COCl_2(g)$$

根据实验测定该反应的速率方程为：

$$v = k \cdot c_{CO} \cdot c_{Cl_2}^{1.5} \tag{6-31}$$

则该反应对于 CO 来说是一级反应，对于 Cl_2 来说是 1.5 级反应，对于总反应来说是 2.5 级反应。

（1）一级反应

反应速率只与物质浓度的一次方成正比的反应称为一级反应。例如五氧化二氮的分解反应

$$N_2O_5 = N_2O_4 + \frac{1}{2}O_2$$

反应速率方程为

$$v = k_1 \cdot c_A \tag{6-32}$$

式中　v——化学反应速率，$mol/(L \cdot s)$；

k_1——该一级反应的速率常数；

c_A——反应物 N_2O_5 的初始浓度，mol/L。

假设当反应进行到 t 时刻时，生成物的浓度为 c_t，反应物的浓度为 $(c_A - c_t)$，则化学反应速率为：

$$v = k_1 \cdot (c_A - c_t) \tag{6-33}$$

$$v = \frac{dc_t}{dt} \tag{6-34}$$

因此：

$$\frac{dc_t}{dt} = k_1 \cdot (c_A - c_t) \tag{6-35}$$

对其进行定积分运算得到：

$$k_1 = \frac{1}{t} \ln \frac{c_A}{c_A - c_t} \tag{6-36}$$

当反应物消耗一半时的反应时间称为半衰期，记为 $t_{1/2}$。此时 $c_t = 1/2 c_A$，则：

$$t_{1/2} = \frac{\ln 2}{k_1} = \frac{0.6932}{k_1} \tag{6-37}$$

一级反应的半衰期与反应速率常数 k_1 成反比，与反应物的浓度无关。对于某个一级反应，由于 k_1 是定值，所以 $t_{1/2}$ 也是定值。这是一级反应的另一特点，可以据此判断一个反应是否属于一级反应。

（2）二级反应

反应速率和物质浓度的二次方成正比的反应称为二级反应。二级反应是最为常见的化学反应，例如碘化氢、甲醛的热分解反应，乙烯、丙烯、异丁烯的二聚反应。

以碘化氢的热分解反应为例，其化学反应方式为：

$$2HI = I_2 + H_2$$

反应速率方程为：

$$v = k_2 \cdot c_A^2 \tag{6-38}$$

式中　v——化学反应速率，$mol/(L \cdot s)$；

k_2——该二级反应的速率常数；

c_A——反应物 HI 的初始浓度，mol/L。

假设当反应进行到 t 时刻时，生成物的浓度为 c_t，反应物的浓度为 $(c_A - c_t)$，则化学反应速率为：

$$v = k_2 \cdot (c_A - c_t)^2 \tag{6-39}$$

$$v = \frac{dc_t}{dt} \tag{6-40}$$

因此：

$$\frac{dc_t}{dt} = k_2 \cdot (c_A - c_t)^2 \tag{6-41}$$

对其进行定积分运算得到：

$$k_2 = \frac{1}{t} \ln \frac{c_t}{c_A(c_A - c_t)} \tag{6-42}$$

当反应物消耗一半时的反应时间称为半衰期，记为 $t_{1/2}$。此时 $c_t = 1/2 c_A$，则

$$t_{1/2} = \frac{1}{k_2 c_A} \tag{6-43}$$

$$k_2 = \frac{1}{t_{1/2} c_A} \tag{6-44}$$

由此可见，二级反应的半衰期与反应物的初始浓度成反比，二级反应速率常数 k_2 与时间和浓度的乘积成反比，因此其单位为（时间）$^{-1}$·（浓度）$^{-1}$，这也是二级反应的特征之一。

（3）零级反应

零级反应是指反应速率与反应物浓度的零次方成正比，也即与反应物的浓度无关的化学反应。零级反应的化学反应级数为 0。零级反应并不多，其中最为常见的固体表面催化反应。例如，氨在钨、铁等催化剂表面发生分解反应时，由于反应只在表面进行，当催化剂钨（W）表面吸附的氨达到饱和时，再增加氨的浓度对反应速率不再有影响，此时反应为零级反应。

$$NH_3(g) \xrightarrow{W} \frac{1}{2}N_2(g) + \frac{3}{2}H_2(g)$$

对于零级反应，反应速率与反应物的浓度无关，则

$$v = -\frac{d(c_A - c_t)}{dt} = \frac{dc_t}{dt} = k_0 \tag{6-45}$$

式中　　v——化学反应速率，$mol/(L \cdot s)$；

k_0——该零级反应的速率常数；

c_A——反应物 NH_3 的初始浓度，mol/L。

假设当反应进行到 t 时刻时，生成物的浓度为 c_t。

因此，经移项积分运算得到：

$$c_t = k_0 \cdot t \tag{6-46}$$

当反应物消耗一半时的反应时间称为半衰期，记为 $t_{1/2}$。此时 $c_t = 1/2 c_A$，则：

$$t_{1/2} = \frac{c_A}{2k_0} \tag{6-47}$$

零级反应的半衰期与反应物的初始浓度成正比。

4. 温度对反应速率的影响——阿伦尼乌斯（Arrhenius）公式与活化能

（1）阿伦尼乌斯公式

化学反应速率的影响因素众多，除了反应物的浓度之外，温度对化学反应速率的影响早已被众多经验实验所证实。例如，van't Hoff[1] 对溶液反应的速率曾总结出：溶液温度每升高 10℃，反应速率将增加 2~4 倍，这个规律被称为 van't Hoff 近似规则。

瑞典物理化学家阿仑尼乌斯（Arrhenius）研究了许多气相反应的速率，通过大量实验与理论的论证，提出一个较为精确的描述反应速率与温度关系的经验公式，即阿仑尼乌斯公式：

$$k = Ae^{-\frac{E_a}{RT}} \tag{6-48}$$

式中　k——某一温度下的化学反应速率常数；

　　　A——指前因子，或称频率因子常数；

　　　e——自然对数的底，e＝2.718；

　　　R——摩尔气体常数，8.314J/(mol·K)；

　　　T——热力学温度；

　　　E_a——反应的表观活化能，通常简称为活化能。

（2）活化能

阿仑尼乌斯认为，在化学反应的体系中，并不是每一次的分子碰撞都能发生反应，只有能量足够高的分子之间的碰撞才能发生反应，这些能量高到能够发生反应的分子称为活化分子。由非活化分子转化为活化分子所需的能量称为活化能（E_a）。

活化能 E_a 可通过阿仑尼乌斯公式进行测算。对阿仑尼乌斯公式的左右两边取对数，可以得到：

$$\ln k = \ln A - \frac{E_a}{RT} \tag{6-49}$$

若假定 A 与 T 无关，则通过微分可以得到：

$$\frac{\mathrm{d}\ln k}{\mathrm{d}T} = \frac{E_a}{RT^2} \tag{6-50}$$

在一定的温度范围内，若以 $\ln k$ 对 $1/T$ 作图，可以得到一条直线，通过该直线的斜率和截距可以分别计算活化能 E_a 和指前因子 A。

（3）催化剂对活化能的改变

阿仑尼乌斯公式中描述了化学反应速率随活化能 E_a 的降低而呈指数增长的变化规律。当催化剂存在时，催化剂参与化学反应，改变反应途径，降低了化学反应的活化能，使活化分子的数量大幅增加，反应速率大幅加快。

例如，对于化学反应

$$A + B \longrightarrow AB$$

所需活化能为 $E_{a,1}$，加入催化剂 C 后，上述反应分为两步进行：

$$A + C \longrightarrow AC$$

$$AC + B \longrightarrow AB + C$$

---

[1]　荷兰化学家雅各布斯·赫尔曼·范·特·霍夫。

所需活化能分别为 $E_{a,2}$ 和 $E_{a,3}$，两者都小于 $E_{a,1}$。

显然，催化剂 C 的加入不改变原化学反应的产物（仍为 AB），但改变了反应的历程，降低了反应活化能，使整体的反应速率加快。

需要注意的是，催化剂可以改变化学反应速率，但不能改变自由能，即不能影响物质与物质之间是否能进行化学反应，以及反应可以进行到什么程度（反应的转化率）。从热力学来看，一个反应能否进行，是由反应体系的自由能所决定。不管催化剂的活性有多大，也不可能改变自由能，使一定热力学条件下不能发生的化学反应变得可以发生。化学反应的平衡常数与反应体系的自由能有关，催化剂不改变自由能，也就不会影响和改变化学反应的平衡常数，即不能改变反应所能达到的平衡状态，只能改变（缩短或延长）达到平衡所需的时间。

对于可逆反应，化学反应平衡常数等于正、逆反应速率常数之比。由于催化剂对正逆反应速率的影响相同（造成相同倍数的改变），因此催化剂不会改变由正逆反应速率常数之比计算得到的化学反应平衡常数，仅仅是改变达到反应平衡的时间。

6.4.2 催化剂

如果把某物质（可以是一种到几种）加到化学反应系统中，可以改变反应的速率而该物质本身在反应前后没有数量上的变化，同时也没有化学性质的改变，则该物质称为催化剂（Catalyst），这种作用称为催化作用（Catalysis）。当催化剂的作用是加快反应速率时，称为正催化剂（Positive Catalyst），当催化剂的作用是减慢反应速率时，称为负催化剂（Negative Catalyst）或阻化剂。由于正催化剂用得较多，所以一般不特别说明的话，都是指正催化剂。

催化剂改变反应速率的原因在于，改变了反应的活化能，并改变了反应历程。因此，催化剂（一般指正催化剂）的作用是降低化学反应的活化能，加速化学反应，其本身的化学性质在反应前后保持不变，也不影响反应的平衡状态。例如，在使用氧气氧化二氧化硫时，不论使用氧化铁、五氧化二钒还是铂作为催化剂，反应达到平衡时体系的组成是一样的，但不同类型的催化剂对反应速率的影响不一样。

1. 催化剂类型

催化剂按照存在状态可分为气态、液态和固态三类，其中固态催化剂应用最广泛，也是净化气体污染物时最常用的催化剂类型。

固态催化剂通常由活性成分、助催化剂和载体组成。活性成分是催化剂中加速化学反应速率的主要有效成分，可作为催化剂单独使用。助催化剂本身对化学反应并无催化作用，但与活性成分共同使用时能够提升活性成分的催化能力，因此常常与活性组分搭配使用。载体一般是用于承载活性组分和助催化剂，使催化剂具有适宜的形状、粒径和机械强度。

净化气态污染物常用催化剂材料如表 6-3 所示。

净化气态污染物常用催化剂材料　　　　　　　　表 6-3

活性成分	助催化剂	载体	催化净化效果
铂(Pt)、钯(Pd)	—	镍(Ni)或三氧化二铝 (Al_2O_3)	将苯(C_6H_6)、甲苯(C_7H_8) 等氧化为 CO_2 和 H_2O

活性成分	助催化剂	载体	催化净化效果
铂(Pt)、钯(Pd)	—	镍(Ni)	将 NO_x 还原为 N_2
氧化铜(CuO)、 三氧化二锰(Mn_2O_3)	—	三氧化二铝(Al_2O_3)	将碳氢化合物(HC)和一氧化碳(CO) 氧化为 CO_2 和 H_2O
五氧化二钒(V_2O_5)	氧化钾(K_2O)、 氧化钠(Na_2O)	二氧化硅(SiO_2)	将 SO_2 氧化为 SO_3

2. 催化剂性能

(1) 催化剂活性

催化剂活性是衡量催化剂性能最重要的指标,是衡量催化剂效能大小的标准。催化剂的活性可用在一定条件下,用单位质量(或体积)的催化剂在单位时间内可获得的产物的量来表示,即:

$$A = \frac{m_{产物}}{t \cdot m_{催化剂}} \tag{6-51}$$

式中　A——催化剂活性,g/(h·g);

　　　$m_{产物}$——产物质量,g;

　　　t——反应时间,h;

　　　$m_{催化剂}$——催化剂质量,g。

催化剂的活性还可用反应物的转化率 X 来表示:

$$X = \frac{m_{转化}}{m_{总量}} \tag{6-52}$$

式中　X——反应物的转化率,%;

　　　$m_{转化}$——反应物已转化或已反应的质量,g;

　　　$m_{总量}$——反应物流经催化剂的总质量,g。

(2) 催化剂选择性

催化剂选择性是指当反应物有几个反应方向时,某种催化剂在一定条件下只对其中的一个反应方向起加速作用的特性($S\%$):

$$S\% = \frac{目标产物的产率}{转化率} \times 100\% \tag{6-53}$$

(3) 催化剂稳定性

催化剂稳定性是指其在化学反应中保持活性的能力,包括化学稳定性、耐热稳定性、机械稳定性。催化剂的稳定性决定了催化剂的使用寿命。因此,也常用催化剂的使用寿命来表征其稳定性。

影响催化剂寿命的主要因素是老化和中毒。老化是指催化剂在正常工作条件下逐渐失去催化活性的过程,主要是由于活性组分流失、催化剂烧结、机械性粉碎等因素引起。温度对老化的影响较大,高温时容易加速低熔点活性组分的流失,导致老化速度加快。为延长催化剂的寿命,应使催化剂在适宜的温度范围(活性温度)内工作。

催化剂中毒主要是指反应物中少量的杂质使催化剂活性迅速下降的现象,这种导致催化剂中毒的杂质称为"毒物"。催化剂中毒的实质是毒物比反应物对催化剂的活性组分有更强的亲和力,占据了活性位点。为了避免催化剂中毒,应对反应物进行必要的预处理。

3. 催化剂的结构特性

为了使催化剂具有较高的催化活性和较长的使用寿命，对催化剂的结构特性也有一定要求。

（1）比表面积

催化剂的比表面积是指 1kg 催化剂所暴露的总表面积，单位为 m^2/kg。催化剂的比表面积越大，其活性位点越多，催化活性也就越高。为了获得巨大的比表面积，常将催化剂制成多孔颗粒。

（2）孔结构

催化剂的孔结构同样影响催化剂的比表面积，还影响催化剂的机械强度和使用寿命。孔隙率是多孔颗粒状催化剂孔结构的一种量度，是指孔隙体积与催化剂颗粒体积之比。催化剂的比表面积随孔隙率的增大而升高，但同时其机械强度也会随之降低。固体颗粒催化剂常用的孔隙率范围是 0.4～0.6。

（3）形状与粒径

固体催化剂可以制成不同的形状，例如颗粒状、蜂窝状、片状、网状等。不同形状的催化剂其传质传热性能和气流阻力各有差异，一般可根据实际使用场景进行优化。

对于颗粒状催化剂，其粒径越小，比表面积越大，有利于提高催化活性。但粒径减小时，其对气流阻力大幅上升，影响反应体系的流动性。

6.4.3 催化反应动力学

1. 催化反应过程

采用固态颗粒状催化剂净化气体污染物的反应属于气固催化反应，一般包括以下七个步骤：

（1）气体反应物从气相主体向催化剂颗粒外表面扩散传质。

（2）气体反应物从颗粒外表面沿微孔向颗粒内部传质。

（3）气体反应物在颗粒物内表面被吸附。

（4）吸附的反应物在催化剂内表面进行反应，生成产物。

（5）产物脱离颗粒物内表面。

（6）产物从颗粒微孔向颗粒外表面扩散。

（7）产物从颗粒外表面进入气相主体。

催化反应过程如图 6-14 所示。

上述七个步骤中，（1）和（7）是反应物和产物在催化剂颗粒外部的扩散过程，称为外扩散过程。（2）和（6）是反应物和产物在催化剂颗粒微孔内的扩散过程，称为内扩散过程。（3）（4）（5）是在催化剂内表面（活性表面）上进行化学反应的过程，称为表面反应过程，或化学动力学过程。

在气固催化反应的各个过程中，反应组分（反应物、产物）在催化剂不同区域的浓度分布是有差异的。对于反应物，其在气相主体中的浓度高于在催化剂外表面的浓度，因此，它会通过气相主体的层流边界层

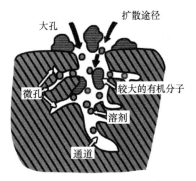

图 6-14 催化反应过程示意图

向催化剂外表面扩散，此即为外扩散过程。同理，反应物在催化剂外表面的浓度大于其在催化剂内表面上的浓度，导致反应物进一步向催化剂内部微孔扩散，即为内扩散过程。反应物沿微孔向催化剂颗粒中心扩散的过程中，边扩散边发生化学反应，导致其在接近催化剂中心处的浓度最低，形成了从气相主体到催化剂中心的浓度差。同理，产物在催化剂内表面生成以后，也形成了从催化剂内表面向气相主体延伸的浓度差。反应物和产物的这种浓度差，是气固催化反应过程得以进行的主要推动力。

气固催化反应包括外扩散、内扩散、表面化学反应这三个过程（步骤），因此，气固催化反应速率也受这三个过程（步骤）速率的影响。如果其中某一步骤的反应速率比其他各步的反应速率慢得多，以至于整个反应过程的速率取决于这一步的速率，则称这一步骤为控制步骤。

当扩散（内扩散或外扩散）是气固催化反应的控制步骤时，催化剂的活性无法充分利用，需要改变操作条件或改善催化剂的粒径，提升扩散性能。当化学反应是控制步骤时，优化反应的温度和压力，或者改善催化剂的组成及其微观结构，可以有效提升催化反应效率。

2. 催化反应速率方程

（1）表面化学反应速率

化学反应速率一般指单位时间内反应物或生成物的浓度变化量。在气固催化反应中，表面化学反应的速率方程通常也可以用单位体积中某反应物流量的变化率来表示：

$$v_A = -\frac{dc_A}{dt} = -\frac{dN_A}{dV} \tag{6-54}$$

式中　v_A——反应物 A 的化学反应速率；

c_A——反应物 A 的瞬时浓度，g/m^3 或 mol/m^3；

t——反应时间，h；

N_A——反应物 A 的瞬时流量，m^3/h；

V——反应体积，m^3。

由于气固催化反应是在催化剂表面发生，上式中的反应体积可以改用催化剂的质量或表面积等参数来表示，即：

$$v_A = -\frac{dN_A}{dm_R} \tag{6-55}$$

$$v_A = -\frac{dN_A}{dV_R} \tag{6-56}$$

$$v_A = -\frac{dN_A}{dS_R} \tag{6-57}$$

式中　m_R——催化剂质量，g；

V_R——催化剂体积，m^3；

S_R——催化剂表面积，m^2。

若以反应物的转化率 x 来表示反应速率，则：

$$x = \frac{c_{A0} - c_A}{c_{A0}} \tag{6-58}$$

$$v_A = -\frac{dc_A}{dt} = c_{A0}\frac{dx}{dt} \tag{6-59}$$

式中　　x——反应物转化率,%;

　　　c_{A0}——反应物的初始浓度,g/m^3 或 mol/m^3。

（2）化学反应速率方程

根据化学反应速率方程的定义,对于 $A \to B$ 的 n 级不可逆气固催化反应,其化学反应速率方程可以表示为:

$$v_A = k \cdot c_A^n \tag{6-60}$$

式中　　v_A——反应物 A 的化学反应速率;

　　　k——化学反应速率常数;

　　　c_A——反应物 A 的瞬时浓度,g/m^3 或 mol/m^3;

　　　n——反应级数。

对于可逆气固催化反应,例如:

$$aA + bB \rightleftharpoons cC + dD$$

反应速率用正、逆反应速率之差来表示

$$v_A = v_{正} - v_{逆} = k_1 \cdot c_A^{m1} \cdot c_B^{m2} \cdot c_C^{m3} \cdot c_D^{m4} - k_2 \cdot c_A^{n1} \cdot c_B^{n2} \cdot c_C^{n3} \cdot c_D^{n4} \tag{6-61}$$

式中　　k_1,k_2——正、逆反应速率常数;

c_A,c_B,c_C,c_D——反应物 A、B 和产物 C、D 的化学浓度,g/m^3 或 mol/m^3;

m_1,m_2,m_3,m_4——反应物 A、B 和产物 C、D 的正反应级数;

n_1,n_2,n_3,n_4——反应物 A、B 和产物 C、D 的逆反应级数。

对于基元反应,幂指数（m,n）与反应式中各物质的计量数（a,b,c,d）相等。对于非基元反应,幂指数需要由实验测定。

6.5 光催化法净化气态污染物

自 1972 年 Fujishima 和 Honda 发现 TiO_2 单结晶在光照条件下将水分解为氧和氢之后,光催化技术得到了迅速发展,从最初的催化制氢延伸发展到空气净化、抗菌等众多领域。例如,利用光和光催化剂将空气中的甲醛、VOCs 等污染物分解转化为二氧化碳、水等无害物质,实现空气污染物的净化处理。

光催化材料大多为 n 型半导体材料。与金属相比,半导体的能带由价带（VB）和导带（CB）以及两者之间的禁带组成,是不连续的。半导体的光吸收阈值 λ_g 与禁带宽度 E_g 有着密切的关系,两者之间的关系可用式（6-62）表示:

$$\lambda_g = \frac{1240}{E_g(eV)} \tag{6-62}$$

式中　E_g——半导体的禁带宽度,eV;

　　　λ_g——半导体的光吸收阈值,nm。

当用高于半导体吸收阈值的光照射半导体时,半导体价带上的电子（e^-）被激发出现带间跃迁,从价带越过禁带跃迁到导带,同时在价带上产生高活性的空穴（h^+）,它和电子（e^-）统称为载流子。价带空穴具有氧化性,而导带电子则具有还原性。这种受光激发产生的电子和空穴在向半导体粒子表面迁移的过程中,电子和空穴之间经历多个变化过程,如图 6-15 所示。一是在半导体粒子内部或表面直接发生复合,将吸收的光能以热的形式释放，使光催化效率降低；另一方面是在外电场作用下，h^+ 和 e^- 发生分离，并迁移到粒子表面的不同位置。此时吸附在光催化材料表面的氧俘获电子形成超氧负离子（$\cdot O_2^-$），空穴则将吸附在光催化材料表面的氢氧根（OH^-）和水（H_2O）氧化成羟基自由基（$\cdot OH$）。超氧负离子和羟基自由基具有很强的氧化性，可以将吸附在半导体光催化剂表面的污染物氧化分解。对于光催化过程来说，正是这些不稳定状态的电子和空穴所特有的强氧化/还原能力，与空气污染物产生作用，将其氧化分解或者还原，从而实现降解。

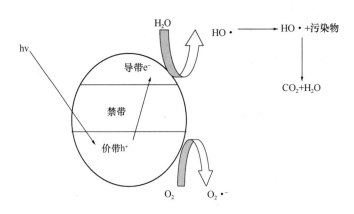

图 6-15　光催化降解反应原理图

常见的光催化剂大多为金属氧化物或硫化物，例如二氧化钛、氧化锌、氧化锡、二氧化锆、硫化镉等。目前最常用的光催化材料是纳米二氧化钛（TiO_2），它是一种 n 型半导体材料，具有廉价、易得、化学性质稳定、抗光腐蚀性强的特点，特别是其光致空穴的氧化性极高，具有很强的氧化还原催化能力，适合于环境污染物的催化去除应用。

二氧化钛光催化降解空气污染物时，首先发生光致电子和空穴的产生过程：

$$TiO_2 + hv \longrightarrow e^- + h^+$$

二氧化钛的带隙能（禁带宽度）E_g 是 3.2eV，因此只有波长小于 387.5nm 的紫外光才能激发二氧化钛产生导带电子和价带空穴。

$$\lambda = \frac{hc}{E_g} = \frac{6.63 \times 10^{-34} \times 3.0 \times 10^8}{3.2 \times 1.6 \times 10^{-19}} \times 10^6 \, nm = 387.5nm \tag{6-63}$$

式中　λ——光的波长，nm；

$\quad\quad E_g$——半导体的禁带宽度，eV；

$\quad\quad h$——普朗克常数；

$\quad\quad c$——光速。

当用波长小于或等于 387.5nm 的紫外光照射二氧化钛时，所生产的光致电子和空穴与吸附在催化剂表面的 O_2 和 H_2O 发生以下反应：

$$h^+ + H_2O \longrightarrow \cdot OH + H^+$$

$$h^+ + OH^- \longrightarrow \cdot OH$$

$$O_2 + e^- \longrightarrow \cdot O^{-2}, \quad \cdot O^{-2} + H^+ \longrightarrow \cdot OH$$

$$2HO_2 \cdot \longrightarrow O_2 + H_2O_2$$

$$H_2O_2 + \cdot O^{-2} \longrightarrow \cdot OH + OH^- + O_2$$

生成的羟基自由基（·OH）能与电子给体物质（例如，室内空气中的有机或无机污染物）作用，破坏这些物质的 C—C 键、C—H 键、C—N 键、C—O 键、H—O 键、N—H 键等化学键，将其降解为小分子，直至形成 CO_2 和 H_2O。表 6-4 列举了羟基自由基与室内空气中常见有机化合物的反应速率常数。

光催化技术利用光照能量产生强氧化性的·OH 降解污染物，是一种理想的气态污染物净化技术。目前，基于二氧化钛等材料研制的光催化剂已经在室内空气甲醛、苯、甲苯等污染物的去除中实现应用。

羟基自由基与室内空气中常见有机化合物的反应速率常数　表 6-4

化合物	反应速率常数 K（$ppb^{-1}s^{-1}$）	化合物	反应速率常数 K（$ppb^{-1}s^{-1}$）
莰烯	1.3	古巴烯	2.2
长叶松萜烯	1.2	d-苧烯	4.2
β-蒎烯	2.0	2-蒈烯	2.0
苯乙烯	1.4	α-萜品醇	4.7
α-木柏烯	1.6	里哪醇	3.9
Δ^3-蒈烯	2.1	萜品油烯	5.5
β-水芹烯	4.1	α-水芹烯	7.6
环己烯	1.3	石竹烯	4.9
α-蒎烯	1.3	α-石竹烯	7.1
桧烯	2.9	α-萜品烯	8.9
γ-萜品烯	3.2		

6.6 臭氧净化气态污染物

臭氧是一种具有强氧化性的物质，可以与多种无机物（例如硫化物、氮氧化物）和有机物（例如烯烃类化合物、萜烯类化合物等）发生氧化反应。在反应时间充分的条件下，室内空气中的大多数气态污染物都可与臭氧发生氧化反应。因此，可以利用臭氧氧化分解室内空气中的气态污染物[4]。臭氧的氧化途径包括臭氧直接氧化和催化臭氧氧化。

6.6.1 臭氧直接氧化

臭氧直接氧化是一个多步过程。首先，臭氧分子直接加成在反应物分子上，形成过渡型中间产物，然后再转化为最终反应产物。臭氧与不饱和碳氢化合物反应时，首先在不饱和碳氢化合物的 C=C 键处发生反应生成臭氧化物，随后臭氧化物又通过两种途径迅速降解生成烃基和二价自由基（$[R_3R_4C \cdot OO \cdot]^*$ 或 $[R_1R_2C \cdot OO \cdot]^*$）。

$$O_3 + R_1R_2C{=}CR_3R_4 \longrightarrow 臭氧化物 \tag{6-64}$$

$$臭氧化物 \longrightarrow R_1C(O)R_2 + [R_3R_4C \cdot O \cdot]^* \tag{6-65}$$

$$臭氧化物 \longrightarrow [R_1R_2C \cdot OO \cdot]^* + [R_3C(O)R_4] \tag{6-66}$$

反应过程机理如图 6-16 所示。

二价自由基（$[R_3R_4C \cdot OO \cdot]^*$ 或 $[R_1R_2C \cdot OO \cdot]^*$）能量较高，会继续发生碰撞反

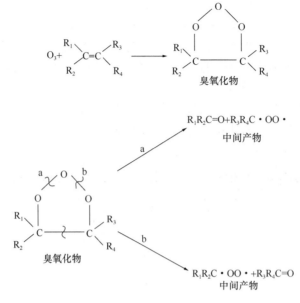

图 6-16 臭氧氧化不饱和碳氢化物反应过程

应生成一系列中的中间产物（如羟基、过氧羟自由基和烷基自由基）以及最终的稳定产物（如醛、酮和有机酸等）。

臭氧直接氧化法净化空气中的有机污染物时，产物通常是小分子醛类或羧酸，导致臭氧氧化有机物的矿化率低，净化效果不明显。例如，甲苯与臭氧反应时可以生成苯甲醇、苯甲醛、苯甲酸等一系列产物和中间产物。

6.6.2 催化臭氧氧化

催化臭氧氧化是在催化剂的存在下，臭氧分解产生反应速率更快、氧化性更强的活泼自由基，例如羟基自由基（·OH），对污染物进行深度降解。催化臭氧氧化法作为一种新型高级氧化技术，能够将臭氧直接氧化法中无法降解的小分子醛类或羧酸类物质进一步氧化降解，比臭氧直接氧化法具有更高的污染物净化能力。

催化臭氧氧化技术常以金属、金属氧化物和金属盐作为催化剂，其活性成分一般是过渡金属元素，例如铁、锰、铜，以及储量较为丰富的铈（Ce）稀土元素。以 TiO_2 作为光催化剂，分解臭氧产生活泼自由基。

催化臭氧氧化产生自由基过程的机理较为复杂，目前尚无统一理论。有研究认为，臭氧 O_3 吸附在特定类型的金属氧化物催化剂表面后，分解产生 $\cdot O_2^-$ 和 $\cdot HO_2$，引发自由基反应，产生大量的羟基自由基。

催化臭氧氧化法的氧化能力主要是依靠臭氧在催化剂的作用下产生活泼自由基，对催化剂的改性是提升其氧化能力的重要途径。例如，增加催化剂表面的活性位点，增大催化剂的比表面积，提高催化剂表面的电子转移速率等。

6.6.3 臭氧净化技术特征

臭氧作为一种气态污染物净化技术，具有较强的氧化能力，但由于臭氧本身也是一种对人体有害的空气污染物，在使用时需要有严格的限定条件。

使用臭氧净化室内空气时，需要确保净化区域内无人员停留，以免高浓度的臭氧对现场人员造成伤害。臭氧净化后，需要等待一定时间，待臭氧分解完全后才可重新开放净化区域。这种限定使臭氧氧化技术一般仅适用于特定场所的空气净化，而不适用于普通居室。例如，臭氧可以用于营业场所、工厂、车间、储存室等环境的室内空气净化。

电晕放电法是目前最常用的臭氧制取技术。通过将干燥的含氧气体流经电晕放电区产生臭氧：

$$e+O_2 \longrightarrow 2O+e$$
$$O+O_2+M \longrightarrow O_3+M$$

臭氧所具有的强氧化性，除了用于室内空气中气态污染物的净化，还非常适用于空气消毒杀菌。例如，臭氧可用于病房、手术室等特殊空间的室内空气消毒。

6.7 低温等离子体法净化气态污染物

等离子体是继固态、液态、气态之后的第四种物质存在形态，是由大量的电子、正负离子等带电粒子和原子、分子等中性粒子组成的导电性流体，因其正、负电荷的总数相等，故被称为"等离子体"。

等离子体可以分为"热等离子体（Thermal Plasma）"和"低温等离子体（Non-thermal Plasma，NTP）"两大类。低温等离子体虽然放电过程中电子的温度和能量很高（1～20eV），但离子和气体分子的温度则接近室温，整个体系呈低温状态，所以称为低温等离子体。由于低温等离子体中电子的温度远高于离子和气体分子的温度，局部存在热力学不平衡状态，因此也称之为"非平衡态等离子体"。

低温等离子体中存在大量的高能电子，能够产生不同类型的活性粒子，例如氧自由基、羟基自由基、氮自由基等，这些活性粒子可以进行许多催化反应，是净化室内气态污染物的有效手段之一[4]。

6.7.1 低温等离子体净化技术原理

低温等离子体净化空气中气态污染物时，首先在外加电场的作用下，空气中的少量自由电子获得能量并被加速成为高能电子（能量为1～10eV）。这些高能电子一方面可以与NO_2、SO_2、VOCs等气态污染物发生反应，破坏其分子结构；另一方面可以与空气中的背景成分N_2、O_2、H_2O等分子发生碰撞和电离等反应，将其能量传递给背景分子，产生不同类型的自由基（·OH）和激发态活性粒子（N_2^*和O_2^*）。

这些自由基和活性粒子具有很强的反应活性，可在常温条件下破坏NO_2、SO_2、VOCs等污染物分子的C—H、C—C或C=C化学键，将其分解和氧化，最终形成CO_2、H_2O等小分子或碎片，实现对室内空气气态污染物的净化去除。

低温等离子体技术处理空气气态污染物具有反应迅速、使用范围广、反应条件温和等特点，在近年来研究和应用发展较快。

6.7.2 低温等离子体发生技术

等离子体的产生需要能量，这些能量一般由电、光、热等其他形式的能提供。根据能量的提供方式，可将等离子体大致分为几类：放电等离子体、微波诱导等离子体、冲击波诱导等离子体、磁流体诱导等离子体、高能粒子束诱导等离子体、燃烧诱导等离子体和激光诱导等离子体等。

空气污染物净化领域使用的低温等离子体主要是通过气体放电方式产生。气体放电的方式有多种，包括介质阻挡放电、辉光放电、电晕放电、射频放电及微波放电等。其中，介质阻挡放电和电晕放电的结构较为简单，是目前研究和应用最多的放电方式[5]。

（1）介质阻挡放电

介质阻挡放电是一种被绝缘介质阻挡层隔开的两个电极之间的高压放电。该绝缘介质阻挡层可以覆盖在电极上，也可以悬挂于放电空间中。

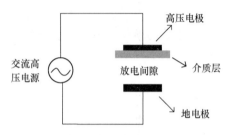

图 6-17　介质阻挡放电基本结构示意图

介质阻挡放电基本结构如图 6-17 所示。加在电极间的电压在气体空间形成电场，当电压足够高时，电极间的气体在大气压下被击穿而形成均匀稳定的放电。介质阻挡放电的电源形式包括交流和脉冲两大类，频率范围是 50Hz～0.5MHz，峰值电压通常在 10kV 量级。介质阻挡放电的放电特性主要取决于气体组分、介质材料、电压频率等条件，其反应器类型一般有体放电、表面放电、填充床式放电等。

介质阻挡放电的研究已经有一百多年的历史，已经发展得非常成熟，被认为是等离子体研究应用的模型工具。

（2）电晕放电

电晕放电是气体介质在不均匀电场中的局部自持放电，是一种常见的气体放电形式。在曲率半径很小的尖端电极附近，由于局部电场强度超过气体的电离场强，使气体发生电离，因而出现电晕放电。

电晕放电等离子体的电极，一般采用细线型电极、针电极、刀口电极等，利用电极小曲率半径的尖端效应，产生极强的局部磁场，使周围的气体击穿，产生放电并形成等离子体。根据电极的结构特征，电晕放电等离子体的反应器可以分为线筒型、线板型、针板型等。

6.8　微生物净化技术

室内空气中存在大量的微生物，包括细菌、病毒和真菌等，其中有一部分是致病微生物，通过呼吸道进入人体后会造成疾病的传播。例如，军团病、非典型肺炎（SARS）等都是由于病原微生物在空气中的传播而导致呼吸道传染病的大范围人群暴发。空气消毒是控制微生物污染、防止交叉感染的重要方法。室内空气消毒通常包括住宅、学校、医院等场所的空气消毒，紫外线和臭氧是最常用的空气消毒和杀菌技术[6]。

6.8.1　紫外线空气消毒技术

紫外线是一种有效的杀菌消毒技术。紫外线空气消毒是采用紫外线照射的方法破坏空气中细菌等微生物细胞内的遗传物质脱氧核糖核酸（DNA）和其他基团，导致微生物失去复制繁殖能力或直接死亡。

紫外线杀菌是一个光化学反应。紫外线的波长范围是在 100～400nm，微生物的遗传物质脱氧核糖核酸对该波长的紫外线具有较强的吸收作用。脱氧核糖核酸是重要的遗传物质，当其被紫外线照射并吸收紫外光后，组织结构会遭到破坏，导致其失去复制、转录能力，使微生物死亡或切断其繁殖能力。

不同种类的微生物对紫外光的吸收峰也不一样，除了个别微生物如烟草花叶病毒等的最大吸收峰在 230nm，其他微生物的吸收峰大多在 240～280nm 范围。研究表明，波长为 253.7nm 的紫外光灯具有很强的杀菌能力。

紫外线对微生物的蛋白质、酶等物质也具有破坏作用，可以起到杀菌消毒的效果。例如，紫外线可以破坏微生物内氨基酸上的化学基团的结构，使蛋白质失活，进而导致微生物死亡。紫外线可以钝化微生物生存活动所需要的酶，导致其活性下降，使微生物失活。不仅如此，空气中的水、氧气等分子经过 200nm 以下波长的紫外线照射后，会产生·OH、·O 等具有强氧化性的自由基，破坏微生物的细胞结构以及组织基团等，导致微生物死亡。

由于紫外线对人体的皮肤等组织也具有一定的伤害作用，因此在使用紫外线对室内空气进行消毒净化时，需要控制照射剂量，并注意防止紫外线照射到人体。住房和城乡建设部、国家卫生健康委员会部、科技部关于印发《建筑空调通风系统预防"非典"、确保安全使用的应急管理措施》中规定：对于无法按全新风运行的全空气空调系统，建议在空调回风总管内或其他部位安装紫外线灯，其照射强度时间为 6000～7000μW·s/cm^2，相当于在 1m^2 断面、7～8m 长风管内安装 30 支 C 波段无臭氧 30W 紫外线灯管（发射中心波长为 253.7 nm 紫外光）。采用空气-水空调系统的场所，有条件时可在出风口按房间面积每 10m^2 安装一支 C 波段无臭氧 30W 紫外线灯管，要注意防止紫外线照射到人体。

6.8.2 臭氧空气消毒技术

臭氧对空气中的细菌等微生物具有杀灭效应，是一种常用的空气消毒净化技术。

臭氧具有强氧化性，其杀菌消毒过程主要有两个步骤。首先，臭氧与细菌等微生物的细胞膜外部的脂类双键以及蛋白质等发生氧化反应，破坏细胞膜结构，使微生物细胞内的组织流出，然后逐渐死亡。第二步是臭氧进入微生物细胞内部后，继续与 DNA、RNA、蛋白质等生命关键物质发生氧化反应，并对这些物质的结构造成破坏，使微生物失去复制、转录能力，并起到杀灭微生物的效果。例如，臭氧与大肠杆菌接触时，可以破坏细胞物质的硫氢键，造成大肠杆菌细胞膜损伤，并破坏细胞内的 DNA 结构，使大肠杆菌被杀灭。

由于臭氧本身也是一种空气污染物，高浓度的臭氧对人体健康具有显著危害，因此，在室内环境使用臭氧消毒技术净化空气中的微生物时，首先需要考虑避免其对室内人群的健康产生危害和影响。

6.9 室内空气复合净化技术

室内空气中污染物类型十分广泛，过滤、吸附、催化等净化技术虽各有所长，但难以去除所有类型的污染物。因此，将不同类型的净化技术进行组合，建立复合净化技术，是提升室内空气净化效果的有效手段。下面将以吸附-催化复合技术为例进行介绍。

吸附和催化是常用的室内空气污染物净化技术。

吸附剂可以对 VOCs、SO_2、NO_2 等污染物进行吸附和富集，将其从空气中分离以实现净化空气的目的。但随着吸附量的增大，吸附剂逐渐达到饱和，需要定期进行脱附或更换，导致其使用寿命有限。不仅如此，吸附剂净化气态污染物仅是将其富集后与空气进行分离，并未实现将污染物组分进行彻底净化，还需要进一步地深度减灭处理。

催化剂是促进 VOCs、SO_2、NO_2 等污染物分解净化的有效手段，但室内空气中 VOCs、SO_2、NO_2 污染物的浓度通常较低，催化剂本身的吸附能力较弱，无法富集污染物组分提高催化反应过程中的反应物浓度，导致分解反应速率较慢，光子利用效率低。

若将催化与吸附两种技术复合，取长补短，则可避免各自的劣势，并将其优势更有效的发挥出来，大幅提升室内空气污染物的净化效果。

例如，二氧化钛（TiO_2）是一种典型的粉末状光催化剂，活性炭则是经典的吸附剂材料。活性炭具有多孔、易加工、机械强度高等特点，是优秀的催化剂载体。将催化活性成分二氧化钛颗粒负载于活性炭纤维上，可合成吸附-催化复合净化材料。活性炭能够对室内空气中的低浓度污染物组分进行快速吸附，使污染物在活性炭纤维上达到富集，可以显著提升二氧化钛对污染物组分的催化氧化反应效率。另一方面，二氧化钛对活性炭纤维上富集的污染物组分进行快速分解和消耗，大大延缓活性炭纤维达到吸附饱和的时间，提升活性炭吸附材料的使用寿命，也实现了将吸附富集的污染物组分进行彻底净化的目标。

室内空气净化是一项复杂的技术难题，通过深入学科交叉，将不同原理的净化技术的进行复合，取长补短实现高效协同，提升对室内空气污染物的净化效果，是一种非常具有发展潜力的技术方案。类似的复合净化技术还有将金属氧化物（如氧化锰、氧化铈等）负载于分子筛实现在室温下长时间、高效降解空气中的甲苯，采用铁-二氧化钛-沸石三元复合材料在常温常压下降解空气中的甲醛等。

6.10　空气净化设备净化性能评价指标

空气净化设备是指能够滤除或杀灭空气污染物、有效提高空气清洁度的产品，以清除室内空气污染的家用和商用空气净化设备。空气净化设备的核心功能包括除尘、除异味、除甲醛和杀菌等。国家现行标准《空气净化器》GB/T 18801—2022 规定了空气净化设备对目标污染物（颗粒物和气态污染物）净化能力的参数主要有两个：①洁净空气量（CADR，m^3/h）：表示空气净化设备提供洁净空气的速度；②累积净化量（CCM，mg）：表示空气净化设备的洁净空气量衰减至初始值的 50% 时，累积净化处理的目标污染物的总质量。此外，净化能效、使用面积以及一次通过净化效率等参数也是衡量空气净化设备净化性能优劣的评价指标。下面进行详细介绍。

6.10.1　洁净空气量

洁净空气量（Clean Air Delivery Rate）简称 CADR 值，是指空气净化设备在额定状态和规定的试验条件下，针对目标污染物（颗粒物和气态污染物）净化能力的参数，用单位时间提供洁净空气的量值表示，其单位是立方米每小时（m^3/h）。

空气净化设备对于可去除的每一种空气污染物都有一个对应的洁净空气量，洁净空气量与去除的空气污染物相对应，也就是说同一款空气净化设备针对不同污染物，其洁净空气量可能是不同的。

CADR 值是衡量空气净化设备净化能力的重要指标，通常按照《空气净化器》GB/T 18801—2022 中给出的以"衰减法"为原理设计的试验方法来进行测定。其大致流程为：

在密闭试验舱中进行测试，固态污染物用标准香烟烟雾，气态污染物一般直接使用化学试剂挥发；分别在样机不运行（自然衰减试验）和样机运行（总衰减试验）两种工况下于不同的时间点取样，测定污染物的浓度；利用指数衰减公式 $C_t = C_0 e^{-kt}$（其中 t 为时间，C_0 表示初始浓度）拟合实验数据，得到自然衰减常数 k_n 和总衰减常数 k_e，根据式 6-67 计算 $CADR$ 值：

$$CADR = 60 \times (k_e - k_n) \times V \tag{6-67}$$

式中 $CADR$——洁净空气量，m^3/h；

         k_e——总衰减常数，min^{-1}；

         k_n——自然衰减常数，min^{-1}；

         V——试验舱容积，m^3。

6.10.2 累积净化量

累积净化量（Cumulative Cleaning Mass）简称 CCM 值，是指在净化设备规定的试验条件下，针对目标污染物（颗粒物和气态污染物）累积净化能力的参数，表示净化设备的洁净空气量实测值衰减至初始值 50% 时，累积净化处理的目标污染物总质量，其单位为毫克（mg）。

按照《空气净化器》GB/T 18801—2022，空气净化设备 CCM 值的精确测定是在对 $CADR$ 值测定试验的基础上进行的，简而言之，通过控制实验舱污染物的通入量，在试验过程中，间断性进行 $CADR$ 测定，得到在不同的污染物加载量（即 CCM 值）下空气净化设备 $CADR$ 值，将不少于 6 组的试验数据进行数据拟合，得出当 $CADR$ 为初始 $CADR$ 的 50% 时，空气净化设备累积处理的污染物量值，即 CCM 值。

在不需要得到 CCM 的具体数值，只需检测空气净化设备的 CCM 值是否符合国标规定的情况下，一般根据空气净化设备的初始 $CADR$ 值，依据标准中所给出的 $CADR$ 与 CCM 关联表，确定 50%$CADR$ 值时对应的污染物加载量。在向试验舱中通入这一确定的污染物加载量之后，测定此时的 $CADR$ 值，如果此 $CADR$ 值大于初始 $CADR$ 值的 50%，则符合国家标准，如若最终的 $CADR$ 值低于初始 $CADR$ 值的 50%，则该空气净化设备 CCM 值不符合国家标准。

6.10.3 净化能效

净化能效 η 是指净化设备在额定模式下单位功耗产生的洁净空气量，即 $CADR$ 值除以输入功率，它反映了空气净化设备在单位能耗下所能处理的空气体积。单位为立方米每瓦时 $[m^3/(W \cdot h)]$。

$$\eta = \frac{CADR}{P} \tag{6-68}$$

式中 η——净化能效，$m^3/(W \cdot h)$；

   $CADR$——洁净空气量实测值，m^3/h；

      P——输入功率实测值，W。

国标规定，空气净化设备对颗粒物的净化能效值应不低于 $4.00 m^3/(W \cdot h)$；净化设备对气态污染物（单成分）净化能效值应不低于 $1.00 m^3/(W \cdot h)$。

6.10.4 适用面积

空气净化设备的适用面积 S，是指空气净化设备在规定条件下，能够满足对目标污染物净化要求所适用的房间面积，单位为 m²。根据国家现行标准《空气净化器》GB/T 18801—2022，适用面积的计算基于室内污染源的传递过程，如图 6-18 所示：

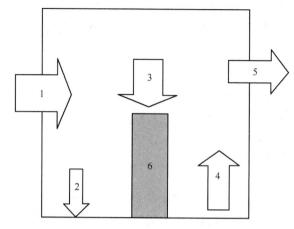

图 6-18　室内污染源的传递过程

1—由于通风作用由室外进入室内的颗粒物污染物；2—自然衰减的污染物；

3—由于空气净化设备的作用，去除的污染物；4—室内源带来的污染物；

5—由于通风作用，由室内排放到室外的污染物；6—空气净化设备。

以颗粒物为例，室内颗粒物污染物的质量传递过程满足质量守恒，如下式所示：

$$\frac{\mathrm{d}C}{\mathrm{d}t} = P_{\mathrm{p}}k_{\mathrm{v}}C_{\mathrm{out}} + \frac{E'}{S \times h} - (k_0 + k_{\mathrm{v}})C - \frac{CADR}{S \times h} \times C \tag{6-69}$$

式中　　C ——室内颗粒物污染物质量浓度，mg/m³；

　　　　P_{p} ——颗粒物从室外进入室内的穿透系数；

　　　　C_{out} ——室外颗粒物的质量浓度，mg/m³；

　　　　E' ——室内污染源产生的速率，mg/h；

　　　　S ——房间面积，m²；

　　　　h ——房间高度，m；

　　　　k_0 ——颗粒物的自然沉降率，h⁻¹；

　　　　k_{v} ——建筑物的换气次数，h⁻¹；

　　$CADR$ ——净化设备去除颗粒物的洁净空气量，m³/h。

当使用空气净化设备时，其室内稳态质量浓度 C_{t} 为：

$$C_{\mathrm{t}} = \frac{P_{\mathrm{p}}k_{\mathrm{v}}C_{\mathrm{out}} + \dfrac{E'}{S \times h}}{k_0 + k_{\mathrm{v}} + \dfrac{CADR}{S \times h}} \tag{6-70}$$

国家标准《空气净化器》GB/T 18801—2022 规定颗粒物污染物质量浓度上限值 $C_{\mathrm{t}} \leqslant$ 0.035mg/m³ 时空气质量为"优"。按照这个限值得到空气净化设备的适用面积：

$$S \leqslant \frac{0.035CADR - E'}{[P_{\mathrm{p}}k_{\mathrm{v}}C_{\mathrm{out}} - 0.035(k_0 + k_{\mathrm{v}})] \times h} \tag{6-71}$$

根据工程实际情况，确定式 6-71 右侧的参数之后，即可得到空气净化设备适用面积 S 的范围。

在工程上，对于适用面积的计算，一般采用估算法。针对室外空气重污染的情况下，空气净化设备的建议适用面积可直接根据式 6-72 估算：

$$S = (0.07 \sim 0.12)CADR \tag{6-72}$$

当室外污染较低时，或非常严重时，可适当增加或减小上式的系数。

6.10.5　一次通过净化效率

空气净化设备的一次通过净化效率（$Single\ Pass\ Efficiency$）是指空气净化设备在单位时间内对室内空气进行一次过滤的净化效果，即空气净化设备在一次循环中对特定粒子的去除效率，具体来说，就是指在一定的时间内，空气净化设备通过过滤、吸附、分解等过程，将室内空气中的污染物浓度降低到一定水平，从而改善室内空气质量的能力。一次通过净化效率 E_{sp} 是衡量净化设备对空气中污染物过滤效果的重要指标之一，通常情况下，可以通过下式计算：

$$E_{sp} = \frac{C_{in} - C_{out}}{C_{in}} \times 100\% \tag{6-73}$$

式中　　C_{in} ——进入净化设备前的粒子浓度；

　　　　C_{out} ——通过净化设备后的粒子浓度。

空气净化设备的 $CADR$ 值越高，说明空气净化设备在单位时间内处理的空气量越多，但其与一次通过净化效率并不完全等同。为了更准确地评估空气净化设备的净化效果，一般需要将一次通过净化效率与 $CADR$ 值结合起来考虑。

习　题

1. 选择题

(1) 气体 A 在催化剂 K 表面上反应的机理如下：

$$A + K \underset{k^{-1}}{\overset{k^{1}}{\rightleftharpoons}} AK \overset{k^{2}}{\longrightarrow} B + K$$

A 的吸附可以达平衡，催化剂表面是均匀的，则反应的速率方程式为（　　）

A. $r = kp_A$

B. $r = kp_A^2$

C. $r = (k_2 a_A p_A)/(1 + a_A p_A)$

D. $r = (k_2 a_A p_A)/(1 + a_A p_A + a_B p_B)$

(2) $CO(g) + NO_2(g) = CO_2(g) + NO(g)$ 为基元反应，下列叙述正确的是（　　）。

A. CO 和 NO_2 分子一次碰撞即生成产物

B. CO 和 NO_2 分子碰撞后，经由中间物质，最后生成产物

C. CO 和 NO_2 活化分子一次碰撞即生成产物

D. CO 和 NO_2 活化分子碰撞后，经由中间物质，最后生成产物

(3) $A + B \longrightarrow C + D$ 为基元反应，如果一种反应物的浓度减半，则反应速度将减半，依据是（　　）。

A. 质量作用定律　　　　　　　　　　　　B. 勒夏特列原理

C. 阿仑尼乌斯定律　　　　　　　　　　　D. 微观可逆性原理

(4) $Br_2(g) + 2NO(g) = 2NOBr(g)$，对 Br_2 为一级反应，对 NO 为二级反应，若反应物浓度均为 2mol/L 时，反应速度为 3.25×10^{-3} mol/(L·s)，则此时的反应速度常数为（　　）。$L^2/(mol·s)$。

A. 2.10×10^2　　　　　　　　　　　　B. 3.26

C. 4.06×10^{-4}　　　　　　　　　　　D. 3.12×10^{-7}

(5) 对一个化学反应来说，反应速度越快，则（　　　）。

A. ΔH 越负 　　　　B. E_a 越小 　　　　C. ΔG 越大 　　　　D. ΔS 越负

(6) 能使任何反应达平衡时，产物增加的措施是（　　　）。

A. 升温 　　　　B. 加压 　　　　C. 加催化剂 　　　　D. 增大反应物起始浓度

2. 填空题

(1) 某反应，当升高反应温度时，反应物的转化率减小，若只增加体系总压时，反应物的转化率提高，则此反应为＿＿热反应，且反应物分子数＿＿（大于、小于）产物分子数。

(2) 对于＿＿反应，其反应级数一定等于反应物计量系数＿＿，速度常数的单位由＿＿决定，若 k 的单位为 $L^2/(mol \cdot s)$，则对应的反应级数为＿＿。

(3) 可逆反应 $A(g) + B(g) \rightleftharpoons C(g) + Q$ 达到平衡后，再给体系加热正反应速度＿＿，逆反应速度＿＿，平衡向＿＿方向移动。

3. 计算题

(1) 已知 O_2 在金表面上吸附热与吸附量的见关系（表6-5），求微分吸附热和积分吸附热。

吸附热与吸附量的关系 　　　　　　　　　　　　　　　　表6-5

吸附量（mol）	1.25	2.50	3.72	5.23	7.13
吸附热（kJ）	5.23	10.46	15.56	21.88	29.83

(2) 含有 SO_2 有害气体的流量为 $3000m^3/h$，其中 SO_2 的浓度 $5.25mg/m^3$，采用固定床活性炭吸附装置净化该有害气体。设平衡吸附量为 $0.15kg/kg$ 炭，吸附效率为 96%。如有效使用时间（穿透时间）为 $250h$，所需装炭量为多少？

(3) 基元反应：$N_2O_5(g) \rightleftharpoons 4NO_2(g) + 1/2O_2(g)$

1) 写出该反应的速度方程式。

2) 计算温度为 300K 时，N_2O_5 转化率达 10% 时所需的时间，$k = 9 \times 10^{-6}/s$。

3) 对于反应：$C_2H_5Cl(g) \longrightarrow C_2H_4(g) + HCl(g)$，$A = 1.6 \times 10^{14}/s$，$E_a = 246.9kJ/mol$，求温度为 700K、710K、800K 时的速度常数。

(4) 根据实验，在一定范围内，NO 和 Cl_2 的基元反应方程式可用下式表示：

$$2NO + Cl_2 \longrightarrow 2NOCl$$

1) 写出该反应的质量作用定律表达式。

2) 该反应的级数是多少？

3) 其他条件不变，如果将容器的体积增加到原来的两倍，反应速度如何变化？

4) 如果容器体积不变，而将 NO 的浓度增加到原来的 3 倍，反应速度又如何变化？

(5) 某反应的活化能为 181.6 kJ/mol，加入某催化剂后，该反应的活化能为 151kJ/mol，当温度为 800K 时，加催化剂后的反应速率增大多少倍？

本 章 参 考 文 献

[1] 张淑娟. 室内空气污染概论[M]. 北京：科学出版社，2017.

[2] 郝吉明. 大气污染控制工程[M]. 北京：高等教育出版社，2010.

[3] 刘杰民. 环境异味污染分析与控制[M]. 北京：科学出版社，2023.

[4] 刘莹，何宏平，吴德礼，张亚雷. 非均相催化臭氧氧化反应机制[J]. 化学进展，2016，28(7)：1112-1120.

[5] 竺新波. 等离子体协同催化脱除挥发性有机物(VOCs)的机理研究[D]. 杭州：浙江大学，2015.

[6] 房小健. 紫外线联合臭氧催化对室内空气动态消毒的研究[D]. 哈尔滨：哈尔滨工业大学，2013.

第7章 洁 净 室

空气的洁净程度对现代医疗及工业发展有重要意义。尤其是在半导体器件领域，环境空气中的杂质影响半导体器件的加工成功率，如空气中的金属离子会破坏半导体器件的导电性能、尘埃粒子会破坏半导体器件的表面结构等，因此，半导体加工车间对空气洁净程度有非常高的要求。

洁净室是指经过特殊设计的密闭性较好的房间，可控制空气中的悬浮粒子浓度，并能将温度、湿度、压力、气流速度与分布、噪声及照明等参数控制在需求范围内。

除了洁净室外还有洁净区的概念，指空气悬浮粒子浓度受控的限定空间，同时空间内温度、湿度、压力等其他参数可按要求进行控制，洁净区可以是开放的或封闭的。

7.1 洁净室的分类

按照控制对象，洁净室分为工业洁净室与生物洁净室。工业洁净室着重控制悬浮粒子浓度，而生物洁净室着重控制微生物的产生、繁殖和传播，同时控制其代谢物。一般生物洁净室的内部一般保持正压，生物安全洁净室的内部一般保持负压。工业洁净室主要应用于电子、航天、航空、机械、能源等领域，生物洁净室主要应用于医疗、制药、食品、化妆品等领域。工业洁净室和生物洁净室在原理上都需要清除空气中微粒，因此，在本质上它们是一样的。

按气流流型，洁净室可分为单向流洁净室和非单向流洁净室。单向流洁净室中，装有高效过滤器的送风口和设在下部的回风口与房间具有相同的断面面积，室内气流流线平行，并且有均匀稳定的断面风速。送出的空气流像活塞一样置换室内被污染的气体，使房间保持很高的洁净度。非单向流洁净室中，装有高效过滤器的送风口设在上部，回风口设在两侧，借助空气的不均匀扩散来稀释室内的发尘量，以保持室内的洁净度。

按构造方式，洁净室分为土建式洁净室和装配式洁净室。土建式洁净室的构筑均在现场进行，要求工程设计图纸详尽，满足洁净要求的材料，构造节点往往不易实现，施工过程的工种配合要求高，工程周期长，经济效益欠佳。装配式洁净室在外围护结构完成的基础上，由专业生产厂家按工艺生产具有一定模数的隔断构件，在现场进行装配。装配式洁净室由专业厂家在批量生产和用材、构造节点、工种配合方面的成熟经验，比土建式洁净室的施工周期大大缩短，工程投产快，又具备日后变动的灵活性，故经济效益较高。

按洁净设备的装置方式，洁净室分为全室型洁净室、局部型洁净室和结合型洁净室。全室型洁净室一般利用集中式净化空调系统向全室送风，使整个房间获得相同的等级。局部型洁净室利用局部净化装置为工艺上有专门需要的地方提供洁净空气，使局部区域获得要求的洁净度。结合型洁净室将全室型和局部型两种洁净室合理结合，利用集中净化系统使房间获得一定的洁净度，同时在局部区域营造较高的洁净等级，达到既满足工艺要求、又获得较高经济效益的目的。

7.2　空气洁净度等级

空气洁净度标准的制定经历了从记重法到计数法的历程。20 世纪 50 年代，苏联制定了洁净室空气洁净度的国家标准，规定一级洁净度的空气含尘量为 0.0036mg/m³，二级为 0.5mg/m³，三级为 0.8mg/m³。这种方法就是记重标准，我国早期洁净室就是按照这个标准中的一级洁净度进行设计的。计数标准从 20 世纪 60 年代开始。1963 年美国制定了联邦标准 FS209，之后不断地修改和完善。1973 年美国颁布了 FS209B，此后又修改为 FS209C、FS209D、FS209E。目前，美国联邦标准 FS209E 仍在世界洁净技术领域中被采用。20 世纪 90 年代后期，国际标准化组织 ISO 的 TC209 委员会公布了《洁净室及相关控制环境》ISO14644-1，是我国《洁净厂房设计规范》GB 50073—2013 的参考标准。

7.2.1　空气洁净度等级标准

根据《洁净厂房设计规范》GB 50073—2013，洁净室及洁净区的洁净度等级应按表 7-1 确定。其中空气中悬浮粒子洁净度以等级序数 N 命名，被控粒径 D 的最大允许浓度 C_n 按下式确定：

$$C_n = 10^N \times \left(\frac{0.1}{D}\right)^{2.08} \tag{7-1}$$

式中　C_n——被控粒径的空气悬浮粒子最大允许浓度，pc[1]/m³，以四舍五入至相近的整数，有效位数不超过三位数；

　　　N——洁净度等级，数字不超出 9，洁净度等级整数之间的中间数以 0.1 为最小允许递增量（保留一位小数，其余尾数舍去）；

　　　D——被控粒径，μm。

洁净室及洁净区空气中悬浮粒子洁净度等级　　　　　　表 7-1

空气洁净度等级 N	大于或等于表中粒径的最大浓度限值（pc/m³）					
	0.1μm	0.2μm	0.3μm	0.5μm	1μm	5μm
1	10	2				
2	100	24	10	4		
3	1000	237	102	35	8	
4	10000	2370	1020	352	83	
5	100000	23700	10200	3520	832	29
6	1000000	237000	102000	35200	8320	293
7				352000	83200	2930
8				3520000	832000	29300
9				35200000	8320000	293000

美国联邦标准 FS209E 中可同时使用国际单位和英制单位（表 7-2）。当采用国际单位时，空气的洁净度等级名称为每立方米空气中粒径大于等于 0.5μm 尘粒的最大允许粒子

---

[1]　pc 代表 Particle Counts。

数的常用对数值（以 10 为底，到小数点后一位）。当采用英制单位时，洁净度等级名称为每立方英尺空气中粒径大于等于 $0.5\mu m$ 尘粒的最大允许粒子数。

当采用国际单位时，美国联邦标准 FS209E 中被控粒径 D 的最大允许浓度 C_n 按下式确定：

$$C_n = 10^M \times \left(\frac{0.5}{D}\right)^{2.2} \tag{7-2}$$

式中，M 为洁净度等级，整数之间的中间数以 0.1 为最小允许递增量（保留一位小数，其余尾数舍去）；C_n 和 D 的含义与式（7-1）相同。

当采用英制单位时，美国联邦标准《Airborne Particulate Cleanliness Classes in Clean Rooms and Clean Zones》FS209E 中被控粒径 D 的最大允许浓度 C_n 按下式确定：

$$C_n = N_C \times \left(\frac{0.5}{D}\right)^{2.2} \tag{7-3}$$

式中　C_n——被控粒径的空气悬浮粒子最大允许浓度，pc/ft^3，$1ft = 0.3048m$

　　　　N_C——英制单位洁净度等级。

美国联邦标准 FS209E 表 7-2

等级名称		最大浓度限值									
		$0.1\mu m$		$0.2\mu m$		$0.3\mu m$		$0.5\mu m$		$5\mu m$	
		容积单位		容积单位		容积单位		容积单位		容积单位	
国际单位	英制单位	m^3	ft^3	m^3	ft^3	m^3	ft^3	m^3	ft^3	m^3	ft^3
M1	—	350	9.91	75.7	2.14	30.9	0.875	10.0	0.283	—	—
M1.5	1	1240	35.0	265	7.50	106	3.00	35.3	1.00	—	—
M2	—	3500	99.1	757	21.4	309	8.75	100	2.83	—	—
M2.5	10	12400	350	2650	75.0	1060	30.0	353	10.0	—	—
M3	—	35000	991	7570	214	3090	87.5	1000	28.3	—	—
M3.5	100	—	—	26500	750	10600	300	3530	100	—	—
M4	—	—	—	75700	2140	30900	875	10000	283	—	—
M4.5	1000	—	—	—	—	—	—	35300	1000	247	7.00
M5	—	—	—	—	—	—	—	100000	2830	618	17.5
M5.5	10000	—	—	—	—	—	—	353000	10000	2470	70.0
M6	—	—	—	—	—	—	—	1000000	28300	6180	175
M6.5	100000	—	—	—	—	—	—	3530000	100000	24700	700
M7	—	—	—	—	—	—	—	10000000	283000	61800	1750

7.2.2　洁净度等级的表示方法

表述空气洁净度等级时，需明确洁净室或洁净区空气洁净度测试时的状态。洁净室或洁净区室内环境状态分为：空态（As-built）、静态（As-rest）和动态（Operational）三种状态。

空态（As-built）：设施已经建成，所有动力接通并运行，但无生产设备、材料及人员。

静态（As-rest）：设施已经建成，生产设备已经安装，并按业主及供应商同意的状态运行，但无生产人员、生产设备未投入运行。

动态（Operational）：设施以规定的状态运行，有规定的人员在场，并在规定的状态下进行工作。

进行洁净室或洁净区空气洁净度测试时，室内环境通常处于空态或者静态。

（1）洁净度等级的表示方法应包括以下3项内容：

1）等级级别 N；

2）被考虑的粒径 D；

3）检测时室内环境的占用状态。

（2）洁净度等级的两种表示方法[1]：

1）业主不要求使用英制单位时，表示方法如下：（N）□级（□μm）□态。第一个方格表示国际标准的洁净度等级，第二个方格表示被控粒子的粒径值，第三个方格表示检测时的室内环境状态。

2）业主要求使用英制单位时，表示方法如下：（N）□级（□级、□μm）□态。第一个方格表示国际标准的洁净度等级、第二个方格表示英制单位等级、第三个方格表示被控粒子的粒径值，第四个方格表示检测时的室内环境状态。

洁净度等级的表示方法示例：（N）100级（0.1μm）静态。

【例 7-1】经检测，某洁净室的空气中 $0.5\mu m$ 悬浮粒子的浓度为 $18000pc/m^3$。问该洁净室的洁净度等级是国际标准的多少级？

【解】将检测结果代入式（7-1），得到

$$18000 = 10^N \left(\frac{0.1}{0.5}\right)^{2.08} \tag{7-4}$$

求得 $N = \ln 511835.2 = 5.709$。保留1位小数，得 $N=5.7$ 级。

7.2.3 洁净度的检测

在洁净室或洁净区内，在不同的空间点上悬浮粒子的浓度可能存在差异，因而一般需要多点采样，采样点应均匀分布，并位于工作区的高度（离地点 0.8m）。

最小采样点数按下式求出：

$$N_L = A^{0.5} \tag{7-5}$$

式中 N_L——最少采样点（四舍五入取整数）；

A——洁净室和被控洁净区的面积，m^2，当气流组织形式为水平单向流时，面积 A 为与气流方向垂直的断面面积。

采样点的每次采样量应按下式确定：

$$V_s = \frac{20}{C_{n,m}} \times 1000 \tag{7-6}$$

式中 V_s——采样点的每次采样量，L；

$C_{n,m}$——洁净空间内被测粒径的浓度限值，pc/m^3。

为减小随机误差，每个采样点的最小采样时间为 1min，采样量应至少为 2L。当洁净室或洁净区仅有一个采样点时，则在该点应至少采样 3 次。

7.3 洁净负荷

洁净空间空气中的悬浮粒子和微生物都有室外大气和室内物体两个来源。

7.3.1 大气含尘浓度

大气含尘浓度一般有三种表示方法：

（1）计数浓度：以单位体积空气中含有的粒子个数表示（pc/m³）。

（2）计重浓度：以单位体积空气中含有的粒子质量表示（mg/m³）。

（3）沉降浓度：以单位时间单位面积上沉降下来的粒子数表示［pc/(cm²·h)］。

大气含尘浓度在一定范围内变化，因地域、时间的不同而有较大区别，工程中一般可按表 7-3 选用。

大气含尘浓度计算值（pc/m³）　　　　　表 7-3

地区 ＼ 粒径	$\geqslant 0.5\mu m$	$\geqslant 0.3\mu m$	$\geqslant 0.1\mu m$
严重污染区	200×10^7		
工地区	30×10^7	30×10^5	30×10^3
城市郊区	20×10^7		
清洁地区	10×10^7		

7.3.2 室内发尘源

室内发尘源包括人员、装饰材料和设备，其中人员发尘占室内总发尘量的 $80\%\sim90\%$，装饰材料发尘占室内发尘量的 $10\%\sim15\%$。设备发尘量与设备种类、结构、数量、运行情况有关，设计时不计入洁净负荷，可在安全系数中考虑。

（1）人员发尘量

人员发尘量取决于洁净服的材料与形式、衣着状况以及人员活动情况。人员发尘量根据人体活动综合强度的取值如表 7-4 所示。

人员发尘量　　　　　表 7-4

人体活动综合强度	人员发尘量 $[\times10^4 pc/(人·min)]$
人员全部处于禁止状态	10
大部分人员处于静止状态，少部分人员处于活动状态	30
静止和活动人员约各占一半	50
大部分人员处于活动状态，少部分人员处于静止状态	70
人员全部处于活动状态	100

（2）室内单位容积发尘量

室内单位容积发尘量可按下式计算：

$$G = \left(q + \frac{q'P}{F}\right)/H \qquad (7-7)$$

式中　G——室内单位容积发尘量，pc/(min·m³)；

　　　q——单位面积洁净室的装饰材料发尘量，pc/(min·m²)；

H——洁净室高度，m；

q'——人员发尘量，pc/（人·min）；

P——洁净室内人数，p；

F——洁净室面积，m^2。

7.3.3 大气含菌浓度

空气中存在的微生物，大多是附着在可供给其养分和水分的尘粒上。来自人体的微生物主要是附着在 $12\sim15\mu m$ 的微粒上，空气中的真菌多数是以单个孢子的形式悬浮于空气中。大气含菌浓度与大气含尘浓度一样，随地区、气象等条件的不同在较大的范围变化（表 7-5）。

不同场所空气中的细菌总数（pc/L）[2]　　　　　　　　　表 7-5

地点	范围	中位数
城区		
交通干道	4941～39154	11496
小巷	0～4724	2874
车站广场	1594～8839	2500
商场广场	3248～21102	12303
影院广场	2618～11043	5610
公园草地	2303～3327	2894
公园树林	906～3091	1280
公园水面	846～2185	1280
乡村		
交通干道	4744～52677	22205
小巷	512～6535	2697
田野	630～1476	906
水面	1201～1969	1634

7.3.4 室内微生物源

室内微生物主要来源于室内人员的活动。正常人在静止条件下每分钟可向空气排放 $500\sim1500$ 个微生物，而活动时每分钟向空气中排放数千至数万微生物。散发量的大小还与人的衣着有关。当穿着手术服时，在专门设计的实验箱内测试的人体散发细菌量见表 7-6。其中踏步的频率是 90 次/min，起立坐下为 20 次/min，抬臂为 30 次/min。被测人员身着半新手术内衣、长裤、外罩手术大褂，头戴棉布帽，手戴手术手套，脚穿尼龙丝袜和拖鞋。衣、裤等均进行高温灭菌。

穿着手术服时的人体散发细菌量[3]　　　　　　　　　表 7-6

动作	温度（℃）	湿度（%）	浮游菌数	沉降菌数	附着菌数	人体散发菌量 [个/（人·min）]	平均值 [个/（人·min）]
踏步	29.8	70	1573	509	188	2270	2391
	27.4	85	2753	389	330	3472	
	25.8	67	1770	407	212	2389	
	25.4	84	1750	156	232	2138	
	26.0	65	1376	329	165	1870	
	21.4	30	982	160	118	1260	
	20.0	29	2556	479	306	3341	

续表

动作	温度(℃)	湿度(%)	浮游菌数	沉降菌数	附着菌数	人体散发菌量[个/(人·min)]	平均值[个/(人·min)]
起立坐下	26.0	68	179	182	141	1502	1172
	25.2	63	786	134	94	1014	
	23.4	65	740	84	140	964	
	21.4	31	393	312	447	752	
	20.0	28	1375	86	165	1627	
抬臂	25.2	62	589	63	70	722	681
	25.2	63	408	114	55	577	
	20.0	28	609	76	60	745	

7.4 洁净空间的气流组织

合理的气流组织能使室内空气符合洁净度设计标准，同时保证室内空气的温度、湿度、流速等满足工艺及人员舒适度的要求。

洁净室的气流组织有三个原则：

（1）要求送入洁净房间的洁净气流扩散速度快，以尽快稀释室内污染源所散发的污染物质，维持生产环境所要求的洁净度；

（2）保证气流分布均匀，使散发到洁净室的污染物质能迅速排出室外，尽量避免或减少气流涡流和死角，缩短污染物质在室内的滞留时间；

（3）满足洁净室内温度、湿度等空调送风要求和人员的舒适要求。

7.4.1 单向流洁净室

单向流洁净室是指气流以均匀的截面速度，沿平行流线以单一方向在全室截面上通过的洁净室。其基本原理是靠充满全室断面的洁净气流所产生的"活塞效应"，迅速把室内污染物排出，可以营造比较高的洁净度，通常用于 ISO 1～ISO 5 级洁净室。单向流洁净室的流向又分为垂直单向流和水平单向流，其中垂直单向流洁净室在大型高级别工业洁净室中应用更为广泛。

1. 特性指标

单向流洁净室有流线平行度、乱流度、下限风速三个特性指标。

（1）流线平行度：作用是保证尘源散发的尘粒不作垂直于流向的传播。流线从直线逐渐倾斜，其倾斜程度不大于 0.5°/cm。要求流线之间要尽量平行，相距 0.5m 的两条流线夹角最大不能超过 25°。如果流线是渐变流的曲线，那么其和工作区下限平面的交点以及和下限平面之上 1.05m 处的平面的交点之间的连线，与水平方向的倾角应大于 65°（图 7-1、图 7-2）。

（2）乱流度：说明速度场的集中或离散程度。速度场均匀对于单向流洁净室是极其重要的，不均匀的速度场会增加速度的脉动性，促进流线间的质点的掺混。

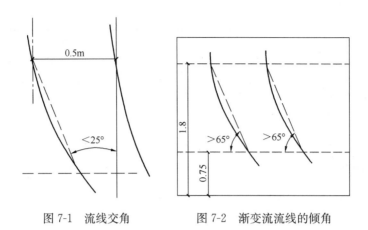

图 7-1　流线交角　　　　图 7-2　渐变流流线的倾角

乱流度的计算公式：

$$\beta_\mathrm{u} = \frac{\sqrt{\dfrac{\sum (u_i - \bar{u})^2}{n}}}{\bar{u}} \tag{7-8}$$

式中　β_u——乱流度；

　　　u_i——各测点的速度，m/s；

　　　n——测点数；

　　　$\bar{u}$——平均速度，m/s。

对于单向流洁净室，乱流度不能大于0.2。

（3）下限风速：是保证洁净室能满足下面四项要求的最小送风风速。

1）污染气流多方位散布时，送风气流能有效控制污染范围。不仅要控制上升高度，还要控制横向扩散距离。

2）污染气流与送风气流同向时，送风气流能有效控制污染气流到达下游的扩散范围。

3）污染气流与送风气流逆向时，能将污染气流抑制在必要的距离之内。

4）在全室被污染的情况下，要能以合适的时间迅速使室内空气自净。对于垂直或水平单向流的下限风速建议值见表7-7。

下限风速建议值　　　　　　　　　表7-7

洁净室	下限风速（m/s）	条件
垂直单向流	0.12	平时无人或很少有人进出，无明显热源
	0.3	无明显热源
	≯0.5	有人，有明显热源。如0.5仍不行，则宜控制热源尺寸和加以隔热
水平单向流	0.3	平时无人或很少有人进出
	0.35	一般情况
	≯0.5	要求高或人员进出频繁的情况

2. 断面风速计算

垂直单向流洁净室平均断面风速可参考表7-8。

单向流洁净室平均断面风速　　　　表 7-8

空气洁净度等级 N	平均断面风速（m/s）	气流流型
1～4	0.3～0.5	单向流
5	0.2～0.5	单向流

送风量为横断面积乘以断面风速。

《洁净室及相关控制环境》ISO 14644-1 标准对单向流洁净室建议的平均风速：ISO 5 级（100 级）0.2～0.5m/s；高于 ISO 5 级 0.3～0.5m/s。

7.4.2　非单向流洁净室

非单向流洁净室（旧称乱流洁净室）是气流流线不平行、气流速度不一致、伴有回流或涡流的洁净室。非单向流洁净室的原理是靠洁净送风气流扩散、混合，不断稀释室内空气，最终达到符合洁净要求的平衡粒子浓度（图 7-3）。ISO 6～ISO 9 级洁净室通常采用非单向流气流流型。在工程实际中，也有 ISO 5 级洁净室采用非单向流气流流型。

非单向流洁净室的流场可划分为主流区、涡流区和回风区。主流区靠近送风口，有一定的送风速度，室内尘源无法逆着气流均匀分布到整个主流区，因而洁净度最高。在涡流区和回风区内，尘源散发的微粒与送风一定程度地混合，洁净度降低。因而，在非单向流洁净室内，空气含尘浓度分布是不均匀的。影响洁净室内空气含尘浓度分布均匀性的主要因素为气流组织形式、送风口数量、送风口形式和换气次数。

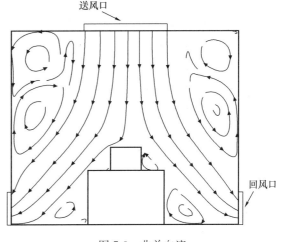

图 7-3　非单向流

（1）气流组织形式的影响

不同的气流组织在洁净室内形成的流场和浓度场是不同的。侧送风洁净室内含尘浓度实测值一般高于按均匀分布方法计算值，顶送下回洁净室内含尘浓度实测值接近于按均匀分布方法计算值，顶回洁净室含尘浓度实测值一般高于按均匀分布方法计算值。

（2）送风口数量的影响

送风口数量多、布置均匀，洁净室内涡流区小，洁净室内含尘浓度实测值相对较低。送风口数量少、分布不均匀，洁净室内含尘浓度相对较高。

（3）送风口形式的影响

送风口形式影响涡流区的大小，进而影响洁净室的含尘浓度。

（4）换气次数的影响

换气次数大，洁净室内含尘浓度实测值一般低于按均匀分布方法计算值。换气次数少，洁净室内含尘浓度实测值一般高于按均匀分布方法计算值。当换气次数在 70～80 次/h 时，洁净室内含尘浓度与按均匀分布方法计算值相近。

1. 特性指标

表示非单向流洁净室性能的特性指标有换气次数、气流组织及自净时间。

（1）换气次数

换气次数就是洁净室送风量除以其净容积的结果，其作用是保证有足够进行稀释的干净气流。洁净室净容积是不变的，因而换气次数越大，用于稀释室内微粒的洁净送风量就越大，可使室内洁净度越高。

换气次数的多少应根据计算和经验确定。通常情况下，ISO 6 级洁净室的换气次数不应小于 50 次/h；ISO 7 级洁净室的换气次数不应小于 15 次/h；ISO 8 级洁净室的换气次数不应小于 10 次/h。

（2）气流组织

气流组织的作用是保证能均匀地送风和回风，充分发挥干净气流的稀释作用。为此，要求单个风口有足够的扩散作用，全室回风布置均匀，尽量减少涡流和气流回旋。

非单向流洁净室的气流组织形式有顶送下回、顶送下侧回、侧送下回、顶送顶回等，其中顶送下回方式最佳。

气流组织的效果可通过测定流速场流线来进行评价，也可采用数值模拟方法，利用 CFD 软件得到速度矢量分布来进行分析。

（3）自净时间

洁净室从某种污染状态到达要求的洁净状态所需要的时间称为自净时间。自净时间体现洁净室控制污染的能力。自净时间越短，说明洁净室控制污染的能力越强。

洁净室的自净时间与末端过滤器的形式有关。末端采用高效过滤器时，自净时间短；采用亚高效过滤器时，自净时间长。当送回风口的形式、数量及布置位置确定后，换气次数越大，自净时间越短。

在确定自净时间时，应综合考虑洁净室的性质及用户的需求。非单向流洁净室的自净时间一般不超过 30min。

2. 换气次数计算方法

非单向流换气次数计算包括均匀分布计算方法和不均匀计算方法。两种方法都需使室内空气含尘浓度最高的区域仍然满足工艺要求，但在计算方法上各有特点。为了简化计算，两种方法都做如下假定：

1）室内发尘源分布均匀，发尘量稳定；

2）大气含尘浓度稳定不变；

3）过滤器效率不受室内外灰尘的密度和分散度的影响；

4）忽略室内尘埃沉降、集聚和分裂。

（1）均匀分布计算方法

均匀分布计算方法的假定前提是洁净室内空气含尘浓度分布是均匀一致的，均匀分布计算方法的洁净室换气次数可按下式计算：

$$n = 60 \frac{G}{N - N_s} \tag{7-9}$$

式中　n——按均匀分布方法计算的洁净室换气次数，次/h；

  G——室内单位容积发尘量，pc/(min·m³)；

  N——按均匀分布计算时室内平均含尘浓度，pc/m³；

  N_s——送风含尘浓度，pc/m³。

（2）不均匀分布计算方法

不均匀分布计算方法考虑了非单向流洁净室内空气含尘浓度分布的不均匀性，引入不均匀系数对换气次数进行修正。

洁净室换气次数可按下式计算：

$$n_v = \phi n \tag{7-10}$$

式中 n——按均匀分布方法计算的洁净室换气次数，次/h；

  n_v——按不均匀分布方法计算的洁净室换气次数，次/h；

  ϕ——不均匀系数，对于顶送下回气流组织方式的 ϕ 值见表7-9。

不均匀系数 ϕ 值   表7-9

n（次/h）	10	20	40	60	80	100	120	140	160
ϕ	1.55	1.22	1.16	1.06	0.99	0.90	0.86	0.81	0.77

7.4.3 辐射流洁净室

辐射流洁净室在气流组织上属于非单向流，但效果上比较接近于单向流，空气洁净度等级可近似地达到 ISO 5 级，而在构造上比单向流简单。辐射流洁净室主要采用扇形或半球形高效过滤器送风口，从洁净室的一侧上部采用扇形送风口侧送，在对侧下部回风，或者从洁净室顶部中间位置采用半球形送风口向室内送风，在两侧下部回风（图7-4）。

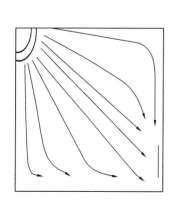
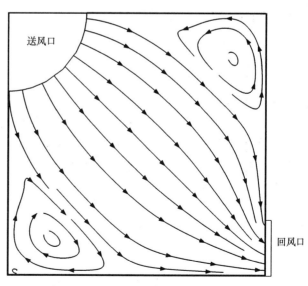

图7-4 扇形送风口示意图

根据实验结果，辐射流洁净室的参考设计参数是：

（1）房间高度/房间宽度＝0.5～1；

（2）扇形送风口面积≈1/3 风口所在侧墙面积；

（3）回风口面积≈（1/5～1/6）送风口面积。

7.5　洁净室的室压控制与风量

7.5.1　正压洁净室、负压洁净室

洁净室的压差就是洁净室与周围空间所必须维持的静压差。

洁净室的室内压力高于外部压力，称为正压洁净室，可防止外部污染物进入洁净室内。洁净室的室内压力低于外部压力，称为负压洁净室，可防止洁净室内污染物溢出。

正负压关系是相对的。一个洁净室对大气而言是正压的，但对另外一个洁净室而言可能是负压的。工业洁净室和一般生物洁净室都维持正压。使用有毒、有害气体或使用易燃易爆溶剂或粉尘、生产致敏性药物、高活性药物的洁净室以及其他有特殊要求的生物洁净室需要维持负压。

7.5.2　压差值

不同等级的洁净室以及洁净室与非洁净室之间的压差应不小于 5Pa，洁净区与室外的压差应不小于 10Pa。

对于沿海、荒漠等室外风速较大的地区，应根据室外风速复核计算迎风面压力，压差值应高于迎风面压力 5Pa。迎风面压力计算公式：

$$P = C\frac{v^2 \rho}{2} \tag{7-11}$$

式中　P——迎风面压力，Pa；

　　　v——迎风面风速，m/s；

　　　ρ——空气密度，kg/m³；

　　　C——风压系数，取 0.90。

7.5.3　压差控制方法

压差控制的基本原理是利用送风量与回风量、排风量、渗漏风量之间的平衡来建立压差。当送风量大于回风量、排风量之和时，洁净室为相对正压，渗漏空气由洁净室渗入相邻的空间。当送风量小于回风量、排风量之和时，洁净室为相对负压，渗漏空气由相邻的空间渗入洁净室。

利用缝隙法计算维持静压风量的公式：

$$L_C = \Sigma \mu_P A_P \sqrt{\frac{2\Delta P}{\rho}} \times 3600 \tag{7-12}$$

式中　L_C——维持洁净室压差值所需的压差风量，m³/h；

　　　μ_P——流量系数，通常取 0.2～0.5；

　　　ΔP——静压差，Pa；

　　　ρ——空气密度，kg/m³。

7.6 空气洁净主要设备

7.6.1 空气过滤器

1. 空气过滤器的性能指标

空气过滤器的主要性能指标包括：额定风量、效率、阻力、容尘量。

（1）额定风量

额定风量是在过滤器可保证设计效率条件下的最大允许空气体积流量。

《高效空气过滤器》GB/T 13554—2020 中列出了有隔板和无隔板高效过滤器的常用规格型号，见表 7-10 和表 7-11。

有隔板高效空气过滤器常用规格表

表 7-10

序号	常用规格（mm）	额定风量（m³/h）	序号	常用规格（mm）	额定风量（m³/h）
1	484×484×220	1000	11	320×320×150	300
2	484×726×220	1500	12	484×484×150	700
3	484×968×220	2000	13	484×726×150	1050
4	630×630×220	1500	14	484×968×150	1400
5	630×945×220	2250	15	630×630×150	1000
6	630×1260×220	3000	16	630×945×150	1500
7	610×610×292	2000	17	630×1260×150	2000
8	610×915×292	3000	18	610×610×150	1000
9	610×1220×292	4000	19	610×915×150	1500
10	320×320×220	400	20	610×1220×150	2000

无隔板高效空气过滤器常用规格表

表 7-11

序号	常用规格（mm）	额定风量（m³/h）	序号	常用规格（mm）	额定风量（m³/h）
1	305×305×69	250	9	610×915×90	1500
2	305×305×80	250	10	570×1170×69	1500
3	305×305×90	250	11	570×1170×80	1500
4	610×610×69	1000	12	570×1170×90	1500
5	610×610×80	1000	13	610×1220×69	2000
6	610×610×90	1000	14	610×1220×80	2000
7	610×915×69	1500	15	610×1220×90	2000
8	610×915×80	1500			

（2）效率 E、穿透率 P

过滤效率是指在额定风量下，过滤器前后空气含尘浓度差与过滤器前空气含尘浓度之比的百分数。

依据不同测试方法，常用的过滤器效率表示方法有计重效率、比色效率和计数效率。

计重法用于粗效和中效过滤器效率测试，测试粉尘粒径大于等于 $5\mu m$。测试时将过滤器安装在标准试验风洞内，上风端连续发尘，每隔一段时间测量穿过过滤器的粉尘质量，由此得到过滤器在该阶段的过滤效率。

比色法用于中效过滤器的效率检测，测试粉尘粒径大于等于 $1\mu m$。测试时在过滤器前后采样。含尘空气经过滤纸，将污染的位置放在光源下照射，再用光电管比色计测出过滤器前后滤纸的透光度，在粉尘的成分大小和分布相同的条件下，利用光密度与积尘量成正比的关系，计算出过滤器效率。

粒子计数法用于洁净室高效过滤器的检验，在洁净空调工程中广泛应用。测试时将含尘气流以很小的流速通过光照区，被测空气中的每个尘粒通过时产生光散射，形成一个光脉冲信号，根据光脉冲信号的大小与粒子表面的大小成正比的关系，由光电倍增管测得的粒子数确定其过滤效率。

过滤器的效率计算：

$$\eta = \frac{C_1 - C_2}{C_1} \times 100\% = \left(1 - \frac{C_2}{C_1}\right) \times 100\% \tag{7-13}$$

式中　　η——过滤器效率；

C_1、C_2——分别为空气过滤器上游和下游含尘浓度。

对于洁净空调系统，不同级别的过滤器通常是串联使用的。当 n 个过滤器串联使用时，则其总效率：

$$\eta_T = 1 - (1 - \eta_1)(1 - \eta_2) \cdots\cdots (1 - \eta_n) \tag{7-14}$$

穿透率是指过滤后空气的含尘浓度与过滤前空气的含尘浓度之比的百分数，反映有多少粒子穿透了过滤器，用它评价过滤器的性能更为直观。穿透率 P 的定义及与效率 η 的关系为：

$$P = \frac{C_2}{C_1} \times 100\% = 1 - \eta \tag{7-15}$$

（3）阻力和容尘量

空气过滤器通过风量的能力可以用面速或滤速来衡量。过滤器面速是指过滤器断面上通过单位面积的空气流量，过滤器滤速是指通过单位面积滤料上的空气流量。滤速反映滤料的通过能力，一般高效和超高效过滤器的滤速为 $2\sim3cm/s$，亚高效过滤器的滤速为 $5\sim7cm/s$。

空气过滤器的阻力是指空气过滤器通过额定风量时，过滤器前和过滤器后的静压差，由滤料阻力和过滤器结构阻力构成。

纤维过滤的滤料阻力是由气流通过纤维层时的迎面阻力造成的，该阻力的大小与纤维层中的气流状态有关。一般情况下，由于纤维极细、滤速很小，纤维层内的气流呈层流状态，滤料阻力与滤速为线性关系。

过滤器滤料阻力计算公式：

$$\Delta P_1 = \frac{120 \mu v H \alpha^{m_2}}{\pi d_f^2 \varphi^{0.58}} \tag{7-16}$$

式中　μ——动力黏度，$Pa \cdot s$；

　　　v——滤料的滤速，m/s；

　　　H——滤料的厚度，m；

　　　α——充填率，%；

　　　d_f——纤维的直径，m；

　　　m_2——与 d_f 有关的系数；

　　　φ——纤维的断面形状系数。

除滤速 v 外，公式右边的参数均与结构有关，对于特定的过滤器而言为常数，因而上式也可简写成

$$\Delta P_1 = Av \tag{7-17}$$

式中，A 代表与结构有关的常数，可通过实验获得。

结构阻力是气流通过过滤器时支撑材料造成的阻力，与面风速有直接关系。由于结构的扰动，气流特性已不是层流，结构阻力与面风速是非线性的关系。

过滤器结构阻力计算公式：

$$\Delta P_2 = Bv^n \tag{7-18}$$

以滤速来表示全阻力公式：

$$\Delta P = Av + Bv^n \approx Cv^m \tag{7-19}$$

对于国产高效过滤器，C 值在 $3 \sim 10$ 之间，m 在 $1.1 \sim 1.36$ 之间。当滤速小于 $3cm/s$ 时，其阻力和风量近似为线性关系。亚高效过滤器的全阻力有与高效过滤器类似的特点，但不同厂家粗效和中效过滤器的结构相差很大，全阻力没有上述共性。

过滤器的阻力在使用过程中是不断变化的。空气过滤器处于清洁状态时，对应的阻力为初阻力。随着过滤器工作时间的增加，其阻力也不断增大。当过滤器容尘量达到其额定容尘量时，测得的阻力为终阻力。一般情况下，过滤器的额定容尘量指在一定风量作用下，因积尘作用使阻力达到 2 倍初阻力时的积尘量。《洁净厂房设计规范》GB 50073—2013 中规定，高效空气过滤器的阻力达到初阻力的 $1.5 \sim 2$ 倍时，应更换高效空气过滤器。

常需要一个有代表性的阻力值作为设计时选择过滤器的依据，称为设计阻力，通常取初阻力与终阻力的平均值。

2. 空气过滤器分类

中国、美国和欧洲制订有不同的空气过滤器分类标准。根据我国的国家标准《空气过滤器》GB/T 14295—2019，空气过滤器分成四类：粗效过滤器、中效过滤器、高中效过滤器和亚高效过滤器。《高效空气过滤器》GB/T 13554—2020 将高效空气过滤器也分为四类：高效 A 过滤器、高效 B 过滤器、高效 C 过滤器和高效 D 过滤器。具体分类依据见表 7-12。

空气过滤器的分类　　　　　　　　表 7-12

性能指标 类别	额定风量下的效率（%）		20%额定风量下的效率（%）	额定风量下的初阻力（Pa）	备注
亚高效	粒径≥0.5μm	99.9>E≥95	NR	≤120	—
高中效		95>E≥70	NR	≤100	—
中效 1		70>E≥60	NR	≤80	—
中效 2		60>E≥40	NR		—
中效 3		40>E≥20	NR		—
粗效 1	粒径大于等于 2.0μm	E≥50	NR	≤50	—
粗效 2		50>E≥20	NR		—
粗效 3	标准人工尘 计重效率	E≥50	NR	≤50	—
粗效 4		50>E≥20	NR		—
高效 A	99.99>E≥99.9		NR	≤190	—
高效 B	99.999>E≥99.99		99.99	≤220	—
高效 C	E≥99.999		99.999	≤250	—
高效 D	99.999		—	≤250	扫描检测
高效 E	99.9999		—	≤250	扫描检测
高效 F	99.99999		—	≤250	扫描检测

（1）粗效过滤器

粗效过滤器主要用于过滤大颗粒粒子及各种异物，其滤芯形式一般采用板式、折叠式、楔形袋式和自动卷绕式等，滤料多采用容易清洗和更换的金属网、泡沫塑料、无纺布、DV（Dacron：涤纶；Vinylon：维纶）型化学组合纤维等。为防止空气中带油，不应选用浸油式过滤器。

（2）中效过滤器

中效过滤器可作为一般空调系统的最后过滤器，或在净化空调系统中用于保护末级过滤器。其滤芯形式一般为插片板式，楔形袋式，板式和折叠式等多种形式，滤料多采用中、细孔泡沫塑料或其他纤维滤料，如玻璃纤维毡、无纺布、复合无纺布和长丝无纺布等。

在一些洁净度等级要求高的工程中，设置粗效、中效、高效三级过滤器，以保证末级高效过滤器的使用寿命。

（3）亚高效过滤器

亚高效过滤器可用于洁净室末端，作高效过滤器的预过滤器，或作为净化空调系统新风的末级过滤，提高新风品质。滤芯有玻璃纤维滤纸、棉短纤维滤纸和静电过滤器等形式。

（4）高效过滤器

净化系统三级过滤的末级过滤器采用高效空气过滤器（HEPA）或超高效空气过滤器（ULPA）。滤芯有玻璃纤维滤纸、石棉纤维滤纸和合成纤维等形式。

高效空气过滤器选型应与洁净度等级和控制粒子相适应。ISO 7 级、ISO 8 级洁净室的末级过滤器可采用我国标准高效 A、高效 B、高效 C 类过滤器；受控粒子小、洁净度高的洁净室可采用更高类别的过滤器，如高效 D、高效 E、高效 F。

3. 空气过滤器的安装位置

（1）中效（高中效）空气过滤器宜集中设置在空调系统的正压段。

（2）亚高效和高效过滤器作为末级过滤器宜设置在净化空调系统的末端。

（3）超高效过滤器必须设置在净化空调系统的末端。

（4）生物安全实验室的排风高效过滤器应设在室内排风口处。

7.6.2　余压阀

余压阀是单向开启的风量调节装置，用于维持洁净室与外界环境或其他级别洁净室之间的静压差，是洁净厂房配套使用的空气净化设备，如图 7-5 所示。

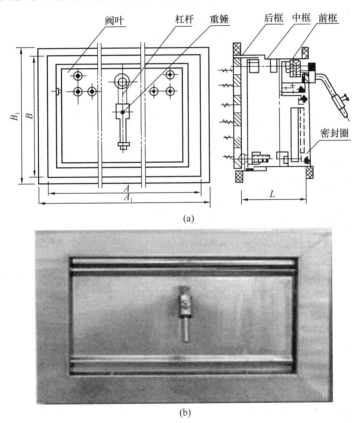

图 7-5　余压阀
（a）结构；（b）外形

余压阀对静压的急剧变化有良好的适应性，通过余压阀的风量一般在 $5\sim20\text{m}^3/\text{min}$ 之间，压差在 $5\sim40\text{Pa}$ 之间。

余压阀可以实现以下功能：

（1）室内正压状态下，使得多余的空气顺利排出，从而维持室内与室外的稳定正压差。

（2）室内负压状态下，自动关闭，避免室外不洁空气倒流到室内。

（3）室内发生火灾时，灭火气体喷出后，在压力的作用下，余压阀作为泄压阀，阀体开度达到最大，将室内空气急剧排出，维持均衡压力，起到泄压作用，避免室内气压骤然过大，造成门窗挤压变形影响灭火效果。

1. 余压阀工作原理

余压阀按静压差调整开启度，用重锤的位置来平衡风压。将余压阀安装在洁净室的墙体上，当室内压力超过设定压力时，余压阀的阀门打开，使得多余的空气顺利排出，从而维持室内与室外的正压差。重锤位置可以根据环境所需风量、压差进行调节。

2. 余压阀的特点

优点：（1）纯机械结构，不耗能源。

（2）排出风速不影响室内气流状态。

（3）重锤位置可根据风量、压差进行调节。

缺点：（1）通过重锤，无法准确调节，精度低。

（2）金属结构，易生锈腐蚀。

（3）开孔尺寸大，影响结构强度，施工成本高。

3. 余压阀的安装与使用

（1）选择能够承受余压阀重量的墙壁结构，当墙壁没有足够的支撑能力，或者不能稳定地支撑余压阀时，应增加辅助支撑结构。

（2）安装余压阀要做到横平竖直，避免倾斜状态，以免造成箱体变形等故障。

（3）对于新安装的或长期未使用的余压阀，使用之前必须用吸尘器或不产生灰尘的工具认真进行清洁工作，必要时对转轴部分进行润滑。

（4）安装余压阀的墙壁厚度应在 30~50mm 的范围之内。

（5）禁止用于以下场所：低温、高温、多湿、结露、多尘以及有油烟、雾气的地方。

（6）根据环境的清洁程度，定期（一般为每周一次）用无尘布清洁余压阀的外表面。

习　题

1. 举例说明大气含尘浓度的三种表示方法分别可以适用于什么场景。

2. 思考洁净室的气流组织和民用建筑的气流组织有何不同点。

3. 思考日常生活中存在的类似"单向流"的场景。

4. 试分析比较单向流洁净室和非单向流洁净室的优缺点。

5. 总结洁净气流组织换气次数的计算方法，并与民用建筑气流组织换气次数计算方法进行比较，分析二者计算结果的差别大还是小。

6. 举例现实生活中正压、负压洁净室的应用。

7. 思考在可以达到指定过滤效果的前提下，使用一个亚高效过滤器或高效过滤器比较好，还是使用多个粗效过滤器比较好。

8. 已知，某新建 6.8 级洁净室的空气中 $0.3\mu m$ 悬浮粒子的浓度为 $620000pc/m^3$，验证该洁净室中该粒径粒子浓度是否符合国际标准。

9. 某 $25m \times 4m \times 4m$ 的房间，装饰材料发尘量为 $20 \times 10^4\ pc/(min \cdot m^2)$，工作人员 6 人，假设大部分人员处于活动状态，少部分人员处于静止状态。请估计该房间单位容积发尘量。

10. 已知，某洁净室需要与相邻房间维持 5Pa 压差，缝隙长度为 1.8m，缝隙高度为 0.5cm。请利用缝隙法计算出维持静压需要提供的风量。

11. 室外大气含尘浓度为 $25 \times 10^4 \, \text{pc/L}$ ($\geqslant 0.5 \mu m$)。预过滤器效率（$\geqslant 0.5 \mu m$）为 12%，终过滤器效率为 90%（$\geqslant 0.5 \mu m$），求室外空气经过该组合过滤器后出口处的空气含尘浓度。

12. 某洁净室在新风上安装了粗效、中效和亚高效过滤器，对 $0.5 \mu m$ 以上的粒子的过滤总效率为 99%，回风部分安装的亚高效过滤器对 $0.5 \mu m$ 以上的粒子的过滤总效率为 96%，新风和回风混合后经过高效过滤器，过滤器对 $0.5 \mu m$ 以上的粒子的过滤总效率为 99.9%。已知室外新风中大于 $0.5 \mu m$ 以上的粒子为 $1.1 \times 10^6 \, \text{pc/L}$，回风中大于 $0.5 \mu m$ 以上的粒子总数为 $3.6 \, \text{pc/L}$，新风比为 $1:3$，求高效过滤器出口大于 $0.5 \mu m$ 以上的粒子浓度。

本 章 参 考 文 献

[1] 王唯国. 关于〈洁净度等级〉的表述方法[J]. 洁净与空调技术，2006(2)：29-30.

[2] 许钟麟. 大气尘计数效率与计重效率的换算方法[J]. 洁净与空调技术，1995(1)：16-20.

附录 空气净化技术实验

附录1 室内颗粒物浓度的测定

1.1 实验目的

(1) 掌握中流量总悬浮颗粒物采样器的使用;

(2) 掌握重量法测定大气中总悬浮微粒（TSP、PM2.5、PM10）的方法。

1.2 实验仪器和试剂

(1) 中流量采样器：流量 50~150L/min，滤膜直径 8~10cm。

(2) 流量校准装置：经过罗茨流量计校准的孔口校准器。

(3) 气压计。

(4) 滤膜：超细玻璃纤维或聚氯乙烯滤膜。

(5) 滤膜储存袋及储存盒。

(6) 分析天平：感量 0.1mg。

(7) 塑料无齿镊子。

1.3 实验原理

颗粒物通过 TSP、PM2.5、PM10 切割器受惯性作用，较大颗粒被底部玻璃纤维滤膜捕获，小于 $100\mu m$、$2.5\mu m$ 或 $10\mu m$ 的颗粒物随气流从侧边通道流出，被环形玻璃纤维滤膜捕获，根据采样前后滤膜之差及采气体积计算 TSP、PM2.5、PM10 的浓度（附表1）。

浓度限值《环境空气质量标准》GB 3095—2012　　　　　　　附表1

项目	平均时间	浓度限值（$\mu g/m^3$）	
		一级（一类区适用）	二级（二类区适用）
TSP	年平均	80	200
	24h 平均	120	300
PM10	年平均	40	70
	24h 平均	50	150
PM2.5	年平均	15	35
	24h 平均	35	75

1.4 实验步骤

(1) 实验步骤

1) 滤膜准备

对光检查滤膜是否有针孔或其他缺陷，然后放入分析天平（精度 0.1mg）中称重，记下滤膜重量 W_0（g），将其平放在滤膜袋内。

　　2）仪器准备

　　安装好空气采样器，打开采样头顶盖，取出滤膜夹，擦去灰尘，取出称过的滤膜平放在滤膜支持网上（绒面向上），用滤膜夹夹紧，对正，拧紧，使不漏气。

　　3）采样

　　以 7.2L/min 的流量采集样品 1～2h。记录采样流量和采样时间，同时读取现场气温和气压。用镊子轻轻取出滤膜，绒面向里对折，放入滤膜袋内。

　　4）称量和计算

　　将采样后的滤膜称重，30s 内称完，记下滤膜重量 W_1（g），计算 TSP、PM2.5、PM10 的浓度。

　　（2）计算公式

　　悬浮颗粒物含量　　　　　　$(mg/m^3) = (W - W_0) \times 1000 / V_t$　　　　　　　　　　（1）

式中　W——样品滤膜质量，g；

　　　　W_0——空白滤膜质量，g；

　　　　V_t——换算为参比状态下的采样体积，m^3。

1.5　数据处理

　　（1）数据记录及处理（附表 2）

数据记录
附表 2

采样日期：　　　　　　　采样地点：

测量指标	采样流量	采样时间	采样体积	空白滤膜质量	样品滤膜质量	质量增加量	颗粒物含量
	L/min	h	m^3	g	g	g	mg/m^3
TSP							
PM10							
PM2.5							

　　（2）结果分析（略）。

附录 2　室内总挥发性有机污染物的测定

2.1　实验目的

　　（1）使学生掌握室内空气中总挥发性有机物测定的基本原理和方法；

　　（2）熟悉各种仪器的使用。

2.2　实验仪器和试剂

　　（1）Tenax 采样管。

　　（2）便携式空气采样器。

　　（3）气相色谱仪。

　　（4）热解析装置：该装置由加热器、温控器、测温器及气体流量控制器等部分组成。热解析气体为氮气。

1. TVOC实验视频（浏览方式详见封底说明）

2.3　实验原理

用采样管采集一定体积的空气样品，空气流中的挥发性有机化合物保留在采样管中。采样后，将采样管加热，解析挥发性有机化合物，待测样品随惰性载气进入气相色谱仪，用保留时间定性，峰高或峰面积定量。

TVOC 的主要成分包括：烃类、卤代烃、氧烃和氮烃等。

2.4　实验步骤

（1）TVOC 浓度标准曲线

气相色谱仪测得 VOC 浓度显示的是一个个的峰，若要得知峰面积和浓度的关系，则需要进行已知浓度的标定。将不同浓度的溶液每隔几分钟注入气相色谱仪的进样口中，得到不同浓度的 TVOC 对应的峰，计算峰面积。最终得到的浓度和峰面积的关系应该是过原点的正相关关系。

操作步骤：

1）打开气相色谱仪主机和氢空一体机进行预热，打开软件"GC 联机"和"7820AGC Remote Controller"。

2）在"GC 联机"软件中按如下要求配置方法：

"色谱柱"选 HP-5 毛细柱，开启控制模式，选定恒定流量模式，流量为 6.5mL/min，压力 0.2MPa，平均线速度 88.068cm/s，滞留时间 0.56774min；"进样口"温度为 250℃，模式选择不分流进样，到分流出口的吹扫流量为 60mL/min，吹扫时间为 0.75min；"柱箱"温度为 150℃，保持时间 60min，运行时间 60min；"检测器"温度为 300℃，空气流量为 350mL/min，氢气燃气流量 30mL/min，尾吹气（N_2）流量 25mL/min；"事件"以 2min 为采样频率，设定阀从开启到关闭历时 0.5min，即阀每次开启时间为 0.5min，每隔 2min 开启一次；"信号"中勾选"保存"项，不选"归零"项。配置完成后保存方法，可视情况命名，如"TVOC 浓度标定实验"。

3）在软件空白处点右键，将"方法下载到 GC"，待 GC 处就绪状态时点击工具栏中"控制""单次运行"。

4）制备 0、0.01mg/mL、0.1mg/mL、1.0mg/mL、10.0mg/mL 的 TVOC 标准溶液，待状态栏下方显示"正等待触发时"，将样品注入进样口，然后立即按下主机上"Start"按钮，每种样品重复几次，以出现次数最多的数据为准。

5）根据出峰结果及软件记录的峰面积、峰高数据，并计算出 TVOC 质量及浓度，将数据记录于附表 3 中。

6）根据附表 3 进行数据拟合，得到浓度与峰面积之间的线性关系。

（2）TVOC 测定实验

室内空气质量的研究人员通常把他们采样分析的所有室内有机气态物质称为 TVOC（Total Volatile Organic Compound）。主要成分为烃类、卤代烃、氧烃和氮烃等。国家颁布的《住宅设计规范》GB 50096—2011 规定：TVOC≤0.5mg/m³（一类建筑）。当 TVOC 浓度为 3.0～25.0mg/m³ 时，会产生刺激和不适，与其他因素联合作用时，可能出现头痛；当 TVOC 浓度大于 25.0mg/m³ 时，除头痛外，可能出现其他的神经毒性作用。

操作步骤：

1）采样：将采样管与空气采样器入口垂直连接，以 0.5L/min 的速度，抽取约 10L 空气，精确计时。采样后，将采样管两端及时套上塑料帽。

2）样品解析：将采样管安装在热解析仪上，加热至 300℃，解析时间为 3min，将解析出口与气相色谱仪进样口相连，用氮气以 25mL/min 的流速进行解析，通过六通阀进样。

3）色谱仪分析条件：柱箱程序升温，初始温度 50℃，保持时间 10min，终止温度 250℃，升温速度 5℃/min。载气：氮气 25mL/min，空气 400mL/min，氢气 30mL/min。

4）采室内空气样品和所采室外空气空白样品同法测定，以保留时间定性，记录峰面积并从标准曲线上查得样品中各个组分的量。

2.5 数据处理

（1）甲苯的标定数据记录见附表 3。

附表 3

甲苯的标定数据记录

编号	体积（μL）	峰面积	峰高	质量	浓度
1					
2					
3					
4					
5					

（2）计算浓度时应按以下公式将采样体积换算成标准状态下的体积：

$$V_0 = V \times \frac{T_0}{T} \times \frac{P}{P_0} \tag{2}$$

式中　V_0——换算成标准状态下的采样体积，L；

　　V——采样体积，L；

　　T_0——标准状态下的绝对温度，273K；

　　T——采样时采样点现场的温度（t）与标准状态的绝对温度之和，$(t+273)$K；

　　P_0——标准状态下的大气压力，101.3kPa；

　　P——采样时采样点的大气压力，kPa。

（3）空气中各组分的含量，应按下式计算：

$$C_i = \frac{m_i - m_0}{V_0} \tag{3}$$

式中　C_i——空气样品中 i 组分含量，mg/m³；

　　m_i——被测样品中 i 组分的量，μg；

　　m_0——室外空气空白样品中 i 组分含量，μg；

　　V_0——标准状态下的采样体积，L。

（4）空气样品中总挥发性有机化合物（TVOC）的含量计算：

$$\text{TVOC} = \sum_{n=1}^{i=n} C_i \tag{4}$$

式中　TVOC——标准状态下空气样品中总挥发性有机化合物的含量，mg/m³。

注意事项：

（1）测标准曲线，进液样时，手不要拿注射器的针头和有样品部位、不要有气泡（吸样时要慢、快速排出再慢吸，反复几次），进样速度要快，但不宜特快，每次进样保持相同速度，且进样要稳、准。

（2）严禁一切烟火。用氢气作载气时，一定要将尾气排入室外，且严禁任何烟火！

（3）严格按照试验步骤，开机、关机和各操作顺序不能颠倒。

附录3 空气中臭氧的测定

3.1 实验目的

（1）使学生掌握大气中臭氧测定的基本原理和方法；

（2）熟悉各种仪器的使用。

3.2 实验仪器和试剂

（1）吸收瓶：内装 10mL、25mL 或 50mL 吸收液的多孔玻板吸收瓶。

（2）硅胶管：内径约 6mm。

（3）便携式空气采样器：流量范围 0～1L/min。

（4）分光光度计。

（5）恒温水浴或保温瓶。

（6）水银温度计。

（7）磷酸盐缓冲溶液：$[c(KH_2PO_4 - Na_2HPO_4) = 0.050mol/L]$：称 6.80g 磷酸二氢钾（$KH_2PO_4$）、7.10g 无水磷酸氢二钠（$Na_2HPO_4$）溶于水，稀释至 1L，此溶液 pH=6.8。

（8）靛蓝二磺酸钠标准储备液：称取 0.25g 靛蓝二磺酸钠溶于水，稀释在 500mL 棕色容量瓶内，在室温暗处存放 24h 后标定。标定后的溶液在冰箱内可稳定 1 个月。

（9）吸收液：量取 25mL 靛蓝二磺酸钠标准储备液，用磷酸盐缓冲液稀释至 1L 棕色容量瓶中，冰箱内贮放可使用 1 个月。

标准曲线绘制所需溶液过于繁琐，在此不作讲述，有兴趣的同学可以翻阅相关资料。

3.3 实验原理

空气中的臭氧，在磷酸盐缓冲溶液存在下，与吸收液中蓝色的靛蓝二磺酸钠等摩尔反应，褪色生成靛红二磺酸钠。在 610nm 处测定吸光度，根据蓝色减退的程度定量空气中臭氧的浓度。

3.4 实验步骤

（1）采样

用硅橡胶管连接两个内装 9.00mL 吸收液的多孔玻板吸收管，配有黑色避光套。0.3L/min 流量采气 5～20L，当第一支吸收管中的吸收液颜色明显减退时立即停止采样，如不褪色，采气量应不小于 20L。

（2）标准溶液的测定

取 6 支 10mL 具塞比色管，按附表 4 制备标准色列。

管号	0	1	2	3	4	5
IDS标准工作溶液（mL）	10.00	8.00	6.00	4.00	2.00	0.00
磷酸盐缓冲溶液（mL）	0.00	2.00	4.00	6.00	8.00	10.00
臭氧含量（µg/mL）	0.00	0.20	0.40	0.60	0.80	1.00

臭氧标准色列的配制　　　　　　　　　　　　附表4

各管混匀，用10mm比色皿，以水为参比，在波长610nm之间处，测量吸光度。

（3）样品测定

将采样后的两支吸收管中样品分别移入比色管中，用少量水洗吸收管，使总体积分别为10.0mL。按2中绘制标准曲线的步骤操作，测定样品吸光度。

若样品的吸光度超过标准曲线的上限，应用空白试验溶液稀释，再测其吸光度。

3.5　数据处理

（1）标准曲线的绘制：以标准系列中零浓度与各标准管吸光度之差为纵坐标，臭氧含量（µg）为横坐标，绘制标准曲线，并计算回归线的斜率。以斜率的倒数作为样品测定的计算因子 Bs。

（2）浓度计算：空气中臭氧浓度按式（5）计算 。

$$c = \frac{[(A_0 - A_1) + (A_0 - A_2)] \times Bs}{V_0} \tag{5}$$

式中　c——空气中臭氧浓度，mg/m^3；

　　　A_0——试剂空白溶液的吸光度；

　　　A_1——第一支样品管溶液的吸光度；

　　　A_2——第二支样品管溶液的吸光度；

　　　Bs——计算因子，µg/吸光度；

　　　V_0——标准状况下的采气体积，L。

附录4　空气中氮氧化物的测定

4.1　实验目的

（1）使学生掌握大气中二氧化氮测定的基本原理和方法；

（2）熟悉各种仪器的使用。

4.2　实验仪器和试剂

（1）吸收瓶：内装10mL、25mL或50mL吸收液的多孔玻板吸收瓶。

（2）硅胶管：内径约6mm。

（3）便携式空气采样器：流量范围0~1L/min。

（4）分光光度计。

（5）N-(1-萘基）乙二胺盐酸盐贮备液：称取 0.50g N -(1-萘基）乙二胺盐酸盐 $[C_{10}H_7NH(CH_2)_2 \cdot 2HCl]$ 于500mL容量瓶中，用于溶解稀释至刻度。此溶液贮于密封的棕色试剂瓶中，在冰箱中冷藏，可稳定3个月。

（6）显色液：称取 5.0g $[NH_2C_6H_4SO_3H]$ 对氨基苯磺酸溶于约200mL热水中，将溶液冷却至室温，全部移入 1000mL 容量瓶，加入 50mL 冰乙酸和 50.0mL N-(1-萘基) 乙二胺盐酸盐贮备液，用水稀释至刻度。此溶液于密闭的棕色瓶中，在 25℃ 以下暗处存放，可稳定 3 个月。

（7）吸收液：使用时将显色液和水按 4+1(V/V) 比例混合，即为吸收液。此溶液于密闭的棕色瓶中，在 25℃ 以下暗处存放，可稳定 3 个月。若呈现淡红色，应弃之重配。

（8）亚硝酸盐标准储备溶液：$250mgNO_2^-/L$，准确称取 0.3750g 亚硝酸钠（$NaNO_2$ 优级纯，预先在干燥器内放置 24h），移入 1000mL 容量瓶中，用水稀释至标线。此溶液储于密闭瓶中于暗处存放，可稳定 3 个月。

（9）亚硝酸盐标准工作溶液：$2.50mgNO_2^-/L$，用亚硝酸盐标准储备溶液稀释，临用前现配。

4.3　实验原理

空气中的二氧化氮与吸收液中的对氨基苯磺酸进行重氮化反应，再与盐酸乙二胺盐偶合，生成粉红色的偶氮染料，于波长 540～545nm 处，测定吸光度。

相关反应：

（1）歧化反应：$NO_2 + H_2O \longrightarrow HNO_2 + HNO_3$

（2）$HNO_2 + $ 对氨基苯磺酸 $ + $ 乙酸 $\longrightarrow$ 重氮化合物

（3）偶氮反应：重氮化合物 $ + $ 盐酸萘乙二胺 $\longrightarrow$ 偶氮染料（粉红色）

4.4　实验步骤

（1）采样

取一支多孔玻板吸收瓶，装入 10.0mL 吸收液，以 0.4L/min 流量采气 6～24L。

（2）标准溶液的测定

取 6 支 10mL 具塞比色管，按附表 5 制备标准色列。

二氧化氮标准色列的配制　　　　　　　　　　　　　　　　　　附表 5

管号	0	1	2	3	4	5
标准工作溶液（mL）	0.00	0.40	0.80	1.20	1.60	2.00
水（mL）	2.00	1.60	1.20	0.80	0.40	0.00
显色液（mL）	8.00	8.00	8.00	8.00	8.00	8.00
NO_2^- 浓度（$\mu g/mL$）	0.00	0.10	0.20	0.30	0.40	0.50

各管混匀，于暗处放置 20min（室温低于 20℃ 时，应适当延长显色时间。如室温为 15℃ 时，显色 40min），用 10mm 比色皿，以水为参比，在波长 540～545nm 之间处，测量吸光度。

（3）样品测定

采样后放置 20min（气温低时，适当延长显色时间。如室温为 15℃ 时，显色 40min），用水将采样瓶中吸收液的体积补至标线，混匀，以水为参比，在 540～545nm 处测量其吸光度和空白试验样品的吸光度。若样品的吸光度超过标准曲线的上限，应用空白试验溶液稀释，再测其吸光度。

4.5　数据处理

（1）标准曲线的绘制：扣除空白试验的吸光度后，对应 NO_2^- 的浓度（$\mu g/mL$），用最小二乘法计算标准曲线的回归方程。

（2）用硝酸盐标准溶液绘制标准曲线时，样品中二氧化氮浓度 C_{NO_2}（mg/m^3）的计算：

$$二氧化氮（mg/m^3）= \frac{(A - A_0 - a) \times V \cdot D}{b \cdot f \cdot V_0} \tag{6}$$

式中　A——样品溶液的吸光度，无量纲；

A_0——空白试验溶液的吸光度，无量纲；

b——1 中测得的标准曲线的斜率，$mL/\mu g$；

a——1 中测得的标准曲线的截距；

V——采样用吸收液体积，mL；

D——样品的稀释倍数；

V_0——换算为标准状态（273K、101.3kPa）下的采样体积，L；

f——Saltman 实验系数（$f = 0.88$，当空气中二氧化氮浓度高于 $0.720mg/m^3$ 时，应为 0.77）。

附录 5　室内可察觉空气质量的检测

2. 室内可察觉
空气质量的检测

5.1　实验目的

掌握室内空气质量主观评价方法。

5.2　实验仪器和试剂

$3m^3$ 环境舱、TES-1340 风速仪。

5.3　实验原理

室内空气质量可以用一系列的污染物指标来评价，也可以用人的主观感受来评价。丹麦的 P. O. Fanger 教授以及英国的 CIBSE[1] 都曾提出空气质量的判断标准，两者的共同点都是将空气质量变成了人们的主观感受，这种简单而且直观的评价现在成为国际上对室内空气质量评价的主流。

5.4　实验步骤

实验前请同学在环境舱中简单运动 3～5min，通过在环境舱改变送风量构造 2 种不同的空气环境，让学生依次对不同环境进行感受和评价，最后进行整理和分析。

（1）测量环境舱的通风率，并对受试者进行主观评估。

（2）把调查表从连续的可接受性范围中读数，保留到毫米。

（3）可接受量的编码如下：

1 ＝明显可接受

0 ＝可接受/不可接受

－1＝明显不可接受

读数时，量取所标记位置到 0 处的距离，除以标尺总长度得到纯小数结果。

（4）根据所得的调查表计算空气的平均可接受性（$\overline{ACC}$）。

---

[1]　英国皇家注册设备工程师协会（Chartered Institution of Building Services Engineers）

（5）计算不满意百分比：

$$PD = \left(\frac{\exp(-0.18 - 5.28 \cdot \overline{ACC})}{1 + \exp(-0.18 - 5.28 \cdot \overline{ACC})}\right) \times 100 \tag{7}$$

式中　　PD——空气质量不满意百分比，%；

$\overline{ACC}$——空气平均可接受性。

（6）计算存在污染源的环境舱空气质量感知值（C_{sp}）：

$$C_{sp} = 112 \left[\ln(PD) - 5.94\right]^{-4} \text{ (dP)}❶ \tag{8}$$

（7）计算存在污染源的环境舱（G_{sp}）的感官污染负荷：

$$G_{sp} = 0.1 \cdot Q_{sp} \cdot (C_{sp} - C_0) \text{ (olf)}❶ \tag{9}$$

其中：

Q_{sp}＝环境舱的室外空气供应率（L/s）；

＝$v \cdot A$（v 为风速，A 为风口面积）

C_0＝户外感知空气质量（C_0＝0.1dP）

5.5 数据处理

对两种不同环境计算 $\overline{ACC}$、PD、C_{sp} 和 G_{sp}。

3.空气微生物
检测视频

附录6 空气中微生物浓度的测定

6.1 实验目的

（1）掌握检测和计数空气中微生物的基本方法；

（2）掌握无菌操作技术和微生物实验的基本操作；

（3）学习对室内空气进行初步的微生物学评价。

空气中细菌总数常作为室内空气质量和空气受到微生物性污染程度的指标，用于医院、公共场所等空气质量的评价。

6.2 实验仪器和试剂

普通琼脂平板，采样器，恒温箱。

6.3 实验原理

（1）自然沉降法（沉降平板法）

根据空气中携带微生物气溶胶粒子在地心引力的作用下，以垂直的自然方式沉降到琼脂培养基上，经过24h，37℃温箱培养计算出菌落数。

特点：此法简单方便，但稳定性差，直径 $1\sim5\mu m$ 的粒子在 5min 中内沉降距离有限，使小粒子采集率较低。

（2）撞击法

Anderson 采样器原理：多级筛孔型采样器。由 6 个带有微细针孔的金属撞击盘构成，

---

❶ 丹麦科学家 P.O. Fanger 教授提出采用人的嗅觉器官来评价室内空气质量。他定义一个标准人的污染物散发量作为污染源强度单位，称为 1olf。标准人是指处于热舒适状态静坐的成年人，平均每天洗澡 0.7 次，每天更换内衣，年龄为 18～30 岁，体表面积 1.7m²，职业为白领阶层或大学生。在 10L/s 未污染空气通风的前提下，一个标准人引起的空气污染定义为 1decipol（dP），即 1dP＝0.1olf. s/L。

盘下放置有培养基的平皿，每个圆盘上有 400 个环形排列小孔，由上到下孔径逐渐减小。气流从顶罩进第一级后，较小的粒子会由于动量不足随气流绕过平皿进入下一级。经过 6 次撞击后，可把绝大部分微生物采下。

各级撞击盘捕获粒子范围及孔径大小：

Ⅰ：>7μm　　　　孔径 1.18mm

Ⅱ：4.7~7μm　　　孔径 0.91mm

Ⅲ：3.3~4.7μm　　孔径 0.71mm

Ⅳ：2.1~3.3μm　　孔径 0.53mm

Ⅴ：1.1~2.1μm　　孔径 0.34mm

Ⅵ：0.65~1.1μm　孔径 0.25mm

特点：1）采集粒谱范围广，一般在 0.2~20μm 以上；

2）采样效率高，逃逸少；

3）微生物存活率高。

6.4　实验步骤

（1）自然沉降法

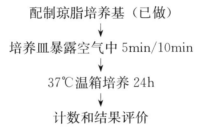

配制琼脂培养基（已做）

↓

培养皿暴露空气中 5min/10min

↓

37℃温箱培养 24h

↓

计数和结果评价

采样布点原则：

1）根据室内面积进行对角线或者梅花式均匀布点，小于 50m² 的房间应设 3 个点，50~100m² 设 3~5 个；100m² 以上至少 5 个点；

2）采样高度和人呼吸高度一致（1.2~1.5m）；

3）采样点应避开风口，离墙壁距离应大于 0.5m，采样时关闭门窗，减少人员走动。

（2）撞击法

调整采样器高度为呼吸带高度（1.2~1.5m）

↓

将平皿依次放入圆盘，固定并做好标记

↓

接通电源，开打电源开关，调整流量到 28.3L/min

↓

采样 5min/10min 后，取出平皿，经过 24h，37℃培养，计数

具体操作步骤：

1）采样器流量校正：六级筛孔撞击式空气微生物采样器是 28.3L/min，采样前校正好流量。

2）将三脚架支开并锁紧，把三脚架顶部的圆盘调至水平，撞击器放置在圆盘上，主机放在桌上或地上，用橡胶管连接撞击器出气口→主机进气口。

3）调整采样器高度为呼吸带高度（1.2~1.5m）。

4）顺序放入采样平皿，一手打开平皿盖，另一手迅速盖上撞击盘，然后按住撞击器上部，挂上三个弹簧挂钩。放入和取出采样平皿时，必须戴口罩，以免口鼻排出细菌污染平皿。

5）打开撞击器进气口上盖，离开采样点 2m 之外，即可启动采样。可用定时器设定采样时间。

6）采样时间长短视所采空气环境的污染程度而定，但最好不超过 30min，以免长时间的气流冲击致使采样介质脱水而影响微生物生长。为了保持菌落计数的准确性，每个平皿的菌落在 250 个以下为宜。因此一般室外空气环境采 10min，室内空气环境采 1～5min 即可。

7）采样完毕后，取出采样平皿扣上盖子，注意顺序和编好号码，切勿弄错。

8）将采样后的平皿倒置于 37℃恒温箱中培养 24h。

9）计数各级平皿上的菌落数，一个菌落即是一个菌落形成单位（cfu）。

10）计数结束，记录结果。

6.5 数据处理

（1）自然沉降法

根据奥梅梁斯基建议，面积为 100cm^2 的平板培养基，暴露于空气中 5min，于 37℃温箱培养 24h 后所生长的菌落数相当于 10L 空气中的细菌数。

$$空气中细菌数(cfu/m^3)=1000\times[(100/A)\times(5/t)\times(1/10)]\times N=50000N/(A\times T) \quad (10)$$

式中　A——平板面积，cm^2；

　　　t——暴露时间，min；

　　　N——平均菌落数，cfu/皿。

自然沉降法数据记录见附表 6。

自然沉降法数据记录表　　　　　　　　　　　　　　　　附表 6

平板面积（cm^2）： 暴露时间：5min	菌落数 （cfu/皿）	空气中细菌数 （cfu/m^3）
布点 1		
布点 2		
布点 3		

（2）撞击法

$$空气含菌量(cfu/m^3)=[六级采样板的总菌数(cfu)\div28.3(L/min)$$
$$\times 采样时间(min)]\times1000 \quad (11)$$

计算空气中微生物大小分布：各级微生物粒子数％＝该级菌落数/六级总菌落数

撞击法数据记录见附表 7。

撞击法数据记录表　　　　　　　　　　　　　　　　附表 7

平板面积（cm^2）： 暴露时间：5min	采样板的总菌数（cfu）						空气含菌量 （cfu/m^3）
	一级	二级	三级	四级	五级	六级	
菌落数							
该级微生物粒子数（％）							

6.6　结果评价

（1）比较两种检测方法的结果。哪种测定的菌落总数更多？可能的影响因素有哪些？

（2）根据 Anderson 采样器的实验结果，计算空气中微生物大小分布（以各级的菌落数占六级总菌落数的百分比表示）。

（3）空气微生物卫生标准，是以细菌作为标准。细菌选用的指标是菌落总数，表示方法为 cfu/皿或者 cfu/m³。我国现行标准是根据空气中实测细菌数和流行病学观察结果为主要依据。查询《室内空气质量标准》GB/T 18883—2022、《公共场所卫生指标及限值要求》GB 37488—2019 等，评价所检测场所的微生物卫生水平。

（4）对测试结果进行误差分析。

附录 7　微生物形态测定

7.1　实验目的

（1）掌握普通光学显微镜的原理、结构、各部分的功能和使用方法。

（2）了解微生物个体形态特征。

7.2　实验原理

显微镜成像原理：目镜、物镜各自相当于一个凸透镜，被检标本置于聚光器与物镜之间，即物镜下方 1～2 倍焦距之间，物镜可使标本在物镜的上方形成一个倒立放大实像（倒像），该实像正好位于目镜的下焦点（焦平面）之内，目镜进一步将它放大成一个虚像，通过调焦可使虚像落在眼睛的明视距离处。

7.3　实验仪器和材料

微生物装片。

显微镜、擦镜纸等。

7.4　实验方法

（1）观察前的准备

1）将显微镜置于平稳的实验台上，镜座距实验台边沿约为 3～4cm，接通电源。

注意：显微镜移动时切忌用单手拎提。

2）调节光源：将低倍物镜转到工作位置，把光圈完全打开，聚光器升至与载物台相距约 1mm。调节照明度，观察染色装片时，光线宜强；观察未染色装片时，光线不宜太强。

（2）低倍镜观察

调粗调旋钮使载物台下降，向外拉开机械式载物台样本夹自前向后将标本切片放入平台，标本放稳后，再将标本夹轻轻放回原位。

对焦要领为：从侧面看，转动粗调旋钮，使物镜尽可能接近标本；一边看目镜，一边调粗调旋钮，使载物台下降；看到标本后，再用细调旋钮正确对焦，调节到物象清楚为止。

调整瞳距：一边看目镜，一边移动双目镜筒，让左右视野一致。

通过垂直旋转移动杆和水平旋转移动杆来上下和左右移动标本，在低倍镜找到合适目的菌将其移到视野中央。

（3）高倍镜观察

1）转换高倍镜：眼睛从侧面注视物镜，用手转动转换器，换高倍镜。

2）调焦：眼睛向目镜内观察，同时微微上下转动细调旋钮，直至视野内看到清晰物像为止。一般情况下，当物像在一种物镜中清晰聚焦，转动物镜转换器将其他物镜转到工作位置进行观察时，物像将保持基本的准焦状态，称为物镜同焦，利用物镜同焦，可以保证在使用高倍镜时仅用细调旋钮即可对物像清晰聚焦，从而避免使用粗调旋钮时可能误操作损坏镜头或载玻片。将最适宜观察部位移至视野中心，绘图。

（4）显微镜用毕后处理

1）下降载物台，取下标本。

2）用擦镜纸清洁物镜及目镜。

3）将各部分还原：载物台下降到最低位置；聚光器下降到最低位置；物镜镜头呈八形，使物镜处于非光路位置；关好电源。

7.5 实验结果

将实验结果填写在附图 1 中。

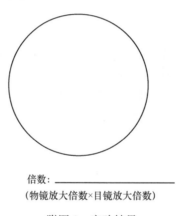

倍数：＿＿＿＿＿＿＿

（物镜放大倍数×目镜放大倍数）

附图 1 实验结果

4. 甲醛分析

附录 8 气相色谱法测量催化材料去除甲醛的净化效率

8.1 实验目的

使用现有的贵金属催化剂，测量催化剂对甲醛的净化能力，计算一次净化效率。

了解气相色谱仪进行 VOC 浓度测定的原理。

进行已知甲醛浓度标定实验，得到甲醛的标准曲线。

8.2 实验仪器和试剂

实验原理如附图 2 所示，其中 K 表示阀门，M 表示质量流量控制器。

甲醛通过洗气瓶法进行投放，由流量控制器控制甲醛气体的量。将待测净化材料被放到一个聚四氟乙烯管中，催化剂呈粉末状，直接放在气体管路中会被吹到管路中，所以我们用致密金属网将放置催化材料的 PV 管两侧包住，这样 PV 管中只能通过气体。如附图 2 所示。由闸阀 K_1 和 K_2、K_3 的切换选择测试背景甲醛浓度（即净化前甲醛的浓度）或

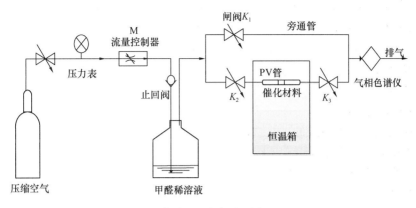

附图 2　试验原理图

净化浓度（即净化后浓度）。这样可得到催化剂对甲醛的净化效果。

　　实验时，打开压缩空气瓶的阀门，调整好流量控制器的数值，将恒温箱的温度调整到80℃（之前证明高温有利于催化反应），首先关闭闸阀 K_2、K_3，打开闸阀 K_1，测得的是未被净化前的甲醛浓度，即背景甲醛浓度；然后打开闸阀 K_2、K_3，关闭闸阀 K_1，则气体不经旁路直接进入装有催化材料的反应器，测得的是被净化后的甲醛浓度，即净化浓度。为了排除甲醛浓度降低的原因是漏气等因素，继续打开闸阀 K_1，关闭闸阀 K_2、K_3，测量背景甲醛浓度，观察与之前是否一致。背景浓度与净化浓度之差即为被催化材料吸附的甲醛量。

　　附图 3 为 500 目金属网。

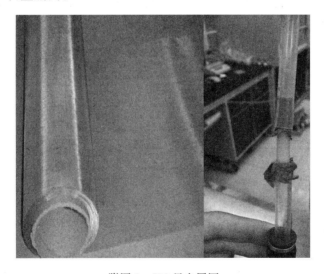

附图 3　500 目金属网

8.3　实验原理

　　（1）气相色谱仪；

　　（2）氢空一体机（产生氢气和空气）；

　　（3）质量流量控制器：量程 0～2L/min，精度，重复率 0.2%；

（4）恒温箱：量程 20～500℃，精度±0.5℃；

（5）电子天平：量程 240g，精度±0.0001g；

（6）反应器：内径 8mm，长度 40mm 聚四氟乙烯管；

（7）金属网：500 目，微孔 25μm；

（8）1μL 微升进样器、5μL 微升进样器；

（9）瓶装空气：10MPa；

（10）瓶装氮气：做甲醛的尾吹气；

（11）甲醛溶液，含甲醛 36％～40％（分析纯）；

（12）贵金属催化剂，粉末状。

8.4　实验步骤

（1）浓度标定实验

气相色谱仪的纵坐标为离子产生的电流值，横坐标为时间。若要得知峰面积和甲醛浓度的关系，则需要进行已知甲醛浓度的标定。将不同浓度的甲醛溶液每隔几分钟注入气相色谱仪的进样口中，得到不同浓度的甲醛对应的峰，计算峰面积。最终得到的甲醛浓度和峰面积的关系应该是过原点的正相关关系。按如下步骤操作：

1）～3）同 2.4 实验步骤（1）TVOC 浓度标准曲线操作步骤的 1）～3）。

4）将甲醛原溶液用去离子水稀释 100 倍，用微升进样器抽取 0.2μL，待状态栏下方显示"正等待触发时"，将样品注入进样口，然后立即按下主机上"Start"按钮。

5）等气相色谱仪运行完该方法后，用微升进样器依次抽取 0.4μL、0.6μL、0.8μL、1.0μL，重复步骤 3）、4），逐次进样。

6）根据出峰结果及软件记录的峰面积、峰高数据，并计算出甲醛质量及浓度，将数据记录于附表 8 中。

7）根据附表 8 进行数据拟合，得到甲醛浓度与峰面积之间的线性关系。

甲醛的标定数据　　　　　　　　　　　　　　　　　附表 8

编号	体积（μL）	峰面积	峰高	质量	浓度
1	0.2				
2	0.4				
3	0.6				
4	0.8				
5	1.0				

（2）净化实验

1）同 8.4(1) 浓度标定实验步骤 1）、2）、3）。

2）配制合适浓度（一般为 10～50ppm）的甲醛溶液，放入洗气钢瓶中，并接入试验台，打开通风橱。

3）用电子天平称量适当质量的催化剂，放入反应器中。

4）关闭闸阀 K_2、K_3，打开闸阀 K_1，调节流量控制器和压缩空气瓶分压阀。

5）打开方法，将方法下载到 GC，待气相色谱仪呈就绪状态。

6）按下"Start"按钮，待 GC 出到稳定的峰后（即得到了甲醛背景浓度），关闭闸阀

K_1，打开闸阀 K_2、K_3，记录实际压力、温度、流量值。

7) 出峰稳定后，再测量一次背景甲醛浓度和净化浓度，观察效果。

8) 根据软件出峰结果及记录的峰面积、峰高数据，将数据记录于附表9中。

9) 调入关机方法"Turnoff 关机方法"，关闭空气瓶总压力阀，关闭试验台上各开关，关闭氢空一体机并拧松其前端的排气阀。待 GC 显示就绪状态时，关闭"GC 联机"和"7820AGC Remote Controller"软件，然后关闭 GC 主机、电脑主机、各电源开关。

气体进样记录表 附表 9

实验次数	催化剂质量（g）	背景浓度（ppm）	出口浓度（ppm）	净化后浓度（ppm）	一次通过净化效率（%）

8.5 数据处理

（1）根据标定试验数据绘制甲醛的标准曲线，并根据标准曲线拟合出甲醛浓度与峰面积之间的线性关系。

（2）根据下面公式计算一次净化效率：

$$\theta = (C_{in} - C_{out})/C_{in} \times 100\% \tag{12}$$

式中 C_{in}——平均背景浓度，ppm；

C_{out}——稳定后的出口污染物浓度，ppm。

注意事项：

（1）进液样时，手不要拿注射器的针头和有样品部位、不要有气泡（吸样时要慢、快速排出再慢吸，反复几次），进样速度要快，但不宜太快，每次进样保持相同速度，且进样要稳、准。

（2）严禁一切烟火。用氢气作载气时，一定要将尾气排入室外，且严禁任何烟火。

（3）严格按照试验步骤，开机、关机和各操作顺序不能颠倒。

（4）由于甲醛属危险气体，若吸入过多会导致不良反应，所以接触液体或者气体样品时，一定要戴上专用手套、眼罩及防毒面罩。

附录9 主要符号表

主要符号表

拉丁字母	
符号	含义
a	换气次数，h^{-1}或次/h；扩散反射系数；标准曲线的截距；发射系数（常数）；质量吸光系数，$L/(g \cdot cm)$
ACC	空气质量评价值
A	面积，m^2；吸光度；催化剂活性，$g/(h \cdot g)$；频率因子常数（指前因子）
A_0	吸收液空白的吸光度

拉丁字母

符号	含义
b	液层厚度，cm；工作曲线的斜率，μg^{-1}；自吸系数（常数）
B	粒子的迁移率，$cm/(s \cdot g)$
c	物质化学浓度，g/m^3 或 mol/m^3
c_s	物质在固定相中的浓度
c_M	物质在流动相中的浓度
C	污染物浓度，$\mu g/m^3$；空气中细菌数，cfu/m^3；室内空气品质的感知值；风压系数
C_0	室外空气品质的感知值
C_i	呼吸区的污染物浓度，$\mu g/m^3$
C_{Ein}	由室外进入室内的颗粒物的质量浓度，$\mu g/m^3$
C_{Din}	通风管道输运过程中进入室内的颗粒物的质量浓度，$\mu g/m^3$
ΔC_{in}	室内质量浓度变化量，$\mu g/m^3$
$\bar{C}_{in}$，$\bar{C}_{out}$，$\bar{Q}_{is}$	分别为 Δt 时间段内 $C_{in}(t)$，$C_{out}(t)$ 和 Q_{is} 的平均值，$\mu g/m^3$
C_m	材料内部气态污染物浓度，$\mu g/m^3$
C_a	空气中气态污染物的浓度，$\mu g/m^3$
C_{ad}	吸附相 VOCs 浓度，$\mu g/m^3$
C_D	阻力系数
C_v	气体的定容比热，$J/(kg \cdot K)$
$CADR$	洁净空气量，m^3/h
CCM	累积净化量，mg
D	颗粒物粒径，m；扩散系数，m^2/s；样品的稀释倍数；被控粒径
d_p	粒子的半径，m
Δd_p	颗粒物粒径间隔，m
D_B	布朗扩散系数
e	基本电荷，$e=1.6 \times 10^{-19}C$；自然对数的底，$e=2.718$
E_g	气体的热传导系数，$W/(m^2 \cdot K)$
E_p	粒子的热传导系数，$W/(m^2 \cdot K)$
E	光量子能量
E_a	活化能
E'	室内污染源产生的速率，mg/h
E_{sp}	一次通过净化效率，%
f	Saltzman 系数
f	相对校正因子
f'_i	被测物质的绝对校正因子
f'_s	标准物质的绝对校正因子

拉丁字母

符号	含义
F	库仑力，N；面积，m^2
F_{INF}	渗透系数
G	重力，N；世代❶时；污染物源强，olf；室内单位容积发尘量，pc❷/（min·m^3）
h	对流传质系数；普良克常数，$h=6.626 \times 10^{-34}$ J/s
I	综合评价指数；光强度；特征谱线强度
I_0	入射光光强
J	扩散通量，kg/（m^2·s）
k	沉降系数；玻尔兹曼常数，$k=1.38 \times 10^{-16}$ ［erg/K］；化学反应速率常数
k_a	吸附常数
k_e	总衰减常数，min^{-1}
k_n	自然衰减常数，min^{-1}
k_0	颗粒物的自然沉降率，h^{-1}
k_v	建筑物的换气次数，h^{-1}
k_d	解吸常数
K	吸光系数；分配系数
K_p	孔吸附相和气相分配系数
K_e	有效分配系数
K_v	吸收系数
K_m	坎宁安修正系数
K_0	单分散气溶胶粒子的布朗凝聚常数（凝聚速度常数）
m	质量，kg 或 g
M	物质的分子量
n	繁殖代数；反应级数；粒子上的电荷数目
N	微生物数量；洁净度等级；平均菌落数（cfu/皿）
p	穿透系数；气体压力，Pa；吸附质在气相中的分压，Pa
PD	不满意率
P	大气压力，Pa；穿透率；输入功率实测值，W
PDA	室内空气品质指标
P_{di}^{E}	室外不同粒径颗粒物的围护结构穿透系数检测值
P_p	颗粒物从室外进入室内的穿透系数
q	粒子上所带电荷，C；吸附量，mL/g 或 g/g；单位面积洁净室的装饰材料发尘量，pc/（min·m^2）
q_s	换算为标准状况下的采样流量，m^3/min
Q	体积流量，m^3/h；新风量，L/s
Q_{ds}	室内颗粒物源的散发率，μg/h

❶ 世代是世代时间的简称，指微生物繁殖一代的时间。

❷ pc 代表 Particle Counts。

拉丁字母	
符号	含义
r	微元点的曲率半径，m
Re	雷诺数
R	阻力；摩尔气体常数，8.314J/(mol・K)
S	适用面积，m²
S_i	污染物 i 的评价标准
S^*	停止距离
S_R	催化剂表面积
t	时间
t_p	穿透时间
t_k	沉降时间
Δt	稳态时间段，h
T	热力学温度 K；透光率；采样时间，min
TSP	总悬浮颗粒物浓度，mg/m³
$\bar{u}$	气体分子平均速度，m/s
V	体积，m³；电容器极板间电压，V；粒子的运动矢量，m/s
V_s	换算成标准状态下（101.325kPa，273K）的采样体积，L
v	速度，m/s；频率
v_p	颗粒物速度，m/s
v_f	流体的速度，m/s
v_r	相对速度，m/s
v_s	最终沉降速度，m/s；重力作用下粒子的垂直速度，m/s
v_x	粒子的水平速度，m/s
W	概率密度函数
$\overline{x^2}$	均方值变位
$|\bar{x}|$	绝对平均变位
x	反应物转化率，%
X_T	被吸附的吸附质质量与吸附剂质量之比
X_e	饱和吸附量分数
h、L、z、H	高度、长度、距离、间距、厚度，m
希腊字母	
ε_v	通风有效性
ε	材料孔隙率；摩尔吸光系数，L/(mol・cm)
$\Delta\Phi$	颗粒物质量百分数
ρ	气体的密度，kg/m³
ρ_f	空气的密度，kg/m³

希腊字母

符号	含义
μ	动力黏性系数，Pa·s
η	沉降效率；过滤器效率；净化能效，$m^3/(W·h)$
Φ	单位时间单位面积上的扩散沉附量（扩散流束）
λ	室内空气的混合比例，$0<\lambda<1$；气体分子平均自由程，cm；光的波长
α	充填率，%
θ	角度，rad；吸附质在吸附剂表面的覆盖率
下标含义	
e	排风参数
s	送风参数
in	室内参数
out	室外参数
0	初始时刻
di	不同粒径下的颗粒物所对应的参数
t	经过时间 t 后的参数值；透过光
a	吸收光
r	反射光
R	催化剂

习　题

描述气相色谱法氢火焰离子化学检测器（FID）的工作原理。